基于S5PV210处理器的嵌入式开发

完全攻略

- 欧阳骏　谢德华　张凯之　等编著
- 粟思科　审

化学工业出版社

·北京·

本书基于 S5PV210 处理器的开发平台，深入浅出地介绍了嵌入式 Linux 裸机开发和 Android 应用程序开发完全攻略。本书分为上下两篇，分别为嵌入式 ARM Linux 裸机开发初体验和 Android 应用开发连连看，详细介绍了 ARM 嵌入式开发的基础知识以及典型的开发实例讲解；并结合典型的实例和精彩的语言，一步步激发读者的学习兴趣，使读者轻轻松松地学会在 Linux 环境中进行嵌入式开发和 Android 应用程序开发。

本书内容新颖、实用性强，可供从事嵌入式开发的技术人员学习使用，也可作为高等院校相关专业的师生学习使用。

图书在版编目（CIP）数据

基于 S5PV210 处理器的嵌入式开发完全攻略/欧阳骏等编著. —北京：化学工业出版社，2015.5
ISBN 978-7-122-23369-1

Ⅰ.①基… Ⅱ.①欧… Ⅲ.①Linux 操作系统-程序设计 Ⅳ.①TP316.89

中国版本图书馆 CIP 数据核字（2015）第 055594 号

责任编辑：李军亮　　　　　　　　　　文字编辑：吴开亮
责任校对：宋　玮　　　　　　　　　　装帧设计：刘丽华

出版发行：化学工业出版社（北京市东城区青年湖南街 13 号　邮政编码 100011）
印　　刷：北京云浩印刷有限责任公司
装　　订：三河市瞭发装订厂
710mm×1000mm　1/16　印张 17½　字数 356 千字　　2015 年 8 月北京第 1 版第 1 次印刷

购书咨询：010-64518888（传真：010-64519686）　售后服务：010-64518899
网　　址：http://www.cip.com.cn
凡购买本书，如有缺损质量问题，本社销售中心负责调换。

定　　价：68.00 元

前言

目前介绍 S5PV210 嵌入式开发的图书较少，已有的资料基本上要么只讲原理很少讲应用，要么只集中在操作系统移植与应用层的开发，很少针对处理器本身的底层裸机开发进行详细的介绍。再加上 S5PV210 处理器自身功能的多样性与复杂性，初学者很难对 S5PV210 处理器整体的硬件资源有一个深入的理解，以至于在进行嵌入式 Linux 开发过程中举步维艰，不得不回头再看硬件知识。因此我们编写了本书。

书中详细讲解了 S5PV210 的硬件资源，每个模块配有专门的实验，可以使初学者快速入门。本书理念：实验能证明一切，所有的理论都是为实践服务的，只有真正地做过实验后，才能体会到各个控制寄存器的用法，从而为以后的开发打下一个坚实的基础。

1. 本书特点

本书在内容编排和目录组织上力求使读者快速掌握嵌入式 Linux 开发的能力。本书以 ARM 公司 Cortex-A8 内核的高性能应用处理器 S5PV210 处理器为例，通过精心设计的一些编程实例，介绍 S5PV210 处理器嵌入式裸机程序以及 Android 应用程序开发的基本方法，避免枯燥和空洞，在不知不觉之中使读者学会 Linux 环境中的嵌入式开发和 Android 应用程序的开发，从而激发读者对网络编程的兴趣。

概括来讲，本书具有如下特点：

❑ 取材广泛，内容丰富。本书中的实例都是读者在嵌入式处理器开发过程中经常碰到的典型模块，具有广泛的代表性和实用性。

❑ 实例完整，结构清晰。本书选择的实例以及代码实现都是由浅入深、循序渐进，并且做到尽量展现出嵌入式 Linux 开发的全貌和开发过程中的细节。

❑ 讲解通俗，步骤详细。每个实例的开发步骤都以通俗易懂的语言阐述，并穿插详细的图片和表格。

❑ 代码准确，注释清晰。本书所有实例的代码都有详尽的注释，基本做到逐行解释，并从代码的结构上做概要地讲解，以便于读者理解核心代码的功能和实现细节。

此外，在本书中还将穿插"注意"、"说明"等内容，重点强调读者在开发过程中需要特别澄清的概念和问题，"提示"是对实际操作有帮助的一些经验性的方法和技巧。

2. 本书的结构安排

本书以"快速掌握 S5PV210 裸机开发"为目标，共分两篇，共 13 章。第一篇第 1～9 章为嵌入式 ARM Linux 裸机开发初体验篇。该篇详细地讲解了嵌入式 Linux 开发环境的搭建、开发步骤与方法，对各种裸机程序的下载方法结合具体实例进行了具体分析，系统阐述了 ARM 汇编指令的使用方法及汇编语言编程的技巧，以实例为背景初步阐述了 ARM 汇编语言和 C 语言混合编程的技术，对 ARM 处理器各个功能模块进行了展开讲述，分析了硬件连接原理以及软件编程方法，同时给出了详细的代码分析，理论与实践相结合，从浅到深，从模块到系统，详细阐述了基于 ARM 处理器的裸机开发流程及注意事项。

第 10～13 章为 Android 应用开发连连看篇。该篇在第一篇裸机开发的基础上，介绍了当下最为火爆的 Android 应用开发，通过简单实用且容易入门的例子，使读者快速掌握基于 S5PV210 处理器平台的 Android 应用程序开发的基本步骤、方法，以期为读者学习嵌入式处理器 Android 应用开发提供一条快速有效的途径。

3. 提供资料下载

在本书配套资料中，提供了本书文中所有项目的源代码和可执行文件，资料中附带的代码都是在 Ubuntu 操作系统中开发完成的。下载地址：download.cip.com.cn，在"配书资源"一栏中下载。

4. 读者对象

- ❑ 从事嵌入式开发与应用的技术人员。
- ❑ 大中专院校嵌入式相关专业学生。

5. 编者与致谢

本书主要由欧阳骏、谢德华、张凯之等编著，粟思科审校。参与本书编写的还有王小强、李英花等。在本书编写过程中，笔者得到了广州天嵌计算机科技有限公司、成都智造者科技有限公司工程师们的支持与帮助，全书内容与结构由欧阳骏规划、统稿，并完成编写第 1 章、第 4 章和第 6 章全部内容；谢德华完成编写第 2 章、第 3 章、第 5 章、第 7～9 章的全部内容；张凯之完成编写第 10～13 章全部内容。本书第一篇中的全部源代码编写与调试工作由谢德华完成，第二篇的源代码由王小强编写与调试。

同时参与本书资料整理工作的人员还有：王治国、钟晓林、王娟、胡静、杨龙、张成林、方明、王波、雷晓、李军华、陈晓云、方鹏、龙帆、刘亚航、凌云鹏、陈龙、曹淑明、徐伟、杨阳、张宇、刘挺 、单琳、吴川、李鹏、李岩、朱榕、陈思涛和孙浩，在此一并表示感谢。欢迎读者就本书的反馈意见来信交流，电子邮箱：hwhpc@163.com。由于编者水平有限，加之时间仓促，书中难免有不恰当的地方，恳请广大读者及同行专家批评指正。

配套服务

我们为 S5PV210 嵌入式开发读者和用户尽心服务，围绕相关技术、产品和项目市场，探讨应用与发展，发掘热点与重点；开辟了本书的讨论专区并提供技术支持，俱乐部 QQ：183090495，欢迎读者讨论交流。

编者

目录

第一篇　嵌入式 ARM Linux 裸机开发初体验

第二篇　Android 应用开发连连看

第一篇

嵌入式 ARM Linux 裸机开发初体验

第❶章

S5PV210 处理器的
前世今生

ARM 处理器由英国剑桥的 ARM 公司设计。ARM 公司成立于 1990 年，该公司是知识产权（IP）提供商（不生产芯片）。

ARM 公司作为嵌入式 RISC 处理器的知识产权 IP 供应商，公司本身并不直接从事芯片生产，而是将设计许可授权给合作公司，合作公司添加自己的外设，进而生产各具特色的 SoC 芯片，利用这种合伙关系，ARM 很快成为许多全球性 RISC 标准的缔造者。

目前，全世界有几十家大的半导体公司都使用 ARM 公司的授权，其中包括 Intel、IBM、Samsung、LG 半导体、NEC、SONY、PHILIP 等公司。因此，采用 ARM 处理器进行嵌入式系统开发时，开发者可以获得更多的第三方工具和技术支持，进而从一定程度上降低整个系统的研发成本，缩短研发周期，从而使产品更具市场竞争力。

至今，ARM 体系结构发生了很大的变化。从最初的 ARMv1 到现在的 ARMv8，ARM 体系结构已经历了 8 种主要的版本。值得一提的是，从 ARMv7 体系结构开始，ARM 处理器的体系结构有了明显的变革，出现了 3 种不同系列的体系结构，分别是：ARMv7-A、ARMv7-R、ARMv7-M。其中：

ARMv7-A——应用型处理器，主要针对高性能、高端的应用型场合使用；

ARMv7-R——实时型处理器，主要针对时间要求苛刻以及低中断延迟的场合使用；

ARMv7-M——微控制器型，主要针对一般的工业控制等中低端领域使用。

S5PV210 是 ARM 公司于 2009 年设计的一款低功耗、高性能、成本高效的 32 位 RISC（精简指令集计算机）微处理器，采用了 ARMv7-A 体系结构，完全兼容 Cortex-A 系列处理器，内部集成了 Cortex-A8 内核，且包含了丰富的外设资源。它为智能手机、平板电脑和高端应用等提供了很好的解决方案。S5PV210 处理器的片上资源整体框图如图 1-1 所示。

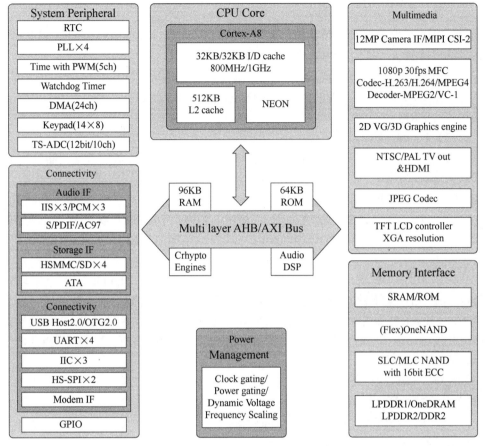

图 1-1　S5PV210 处理器的片上资源的整体框图

1.1　数据类型

　　与 S3C2440 一样，所有的 ARMv7-A 架构处理器均支持如下的数据类型，如表 1-1 所示。

表 1-1　ARMv7-A 架构处理器支持的数据类型

Byte（字节）	8 位
Halfword（半字）	16 位
Word（字）	32 位
Doubleword（双字）	64 位

1.2 处理器状态

S5PV210 处理器有三种状态，分别是 ARM 状态、Thumb 状态、ThumbEE 状态。处理器的状态是由 CPSR 的 T 位和 J 位控制的。

（1）ARM 状态

当 T=0、J=0 时，S5PV210 处于 ARM 状态。ARM 状态下，处理器执行 32 位、字对齐的 ARM 指令集。

（2）Thumb 状态

当 T=1、J=0 时，S5PV210 处于 Thumb 状态。Thumb 状态下，处理器执行 16 位或 32 位、半字对齐的 Thumb-2 指令集。

（3）ThumbEE 状态

当 T=1、J=1 时，S5PV210 处于 ThumbEE 状态。ThumbEE 状态下，处理器执行 16 位或 32 位半字节对齐的 ThumbEE 指令集，该指令集属于 Thumb-2 指令集的变种。

为了更好地掌握 S5PV210 裸机开发的全貌，关于 Thumb-2 指令集以及 ThumbEE 指令集不做具体地讨论，读者可以查阅相关的文献。对于初学者，请大胆略过 Thumb 指令集和 ThumbEE 指令集。这将有助于加快熟悉 S5PV210 处理器裸机开发的步伐，当对该处理器有了一定的熟悉后，可根据实际需要来选择性地学习其他两种指令集。

注 意

① S5PV210 处理器不支持 jazelle 状态。即当 T=0，J=1 时，处理器的状态不属于任何状态。

② 处理器状态之间的切换不影响处理器的工作模式以及寄存器的内容。

1.3 存储器格式

目前在各种体系的计算机中通常采用的存储机制主要有两种：大端（big-endian）和小端（little-endian），当不同端模式的计算机进行通信时，需要进行相应的转换。S5PV210 处理器同样支持大端和小端两种存储格式。

- 大端：数据的高位存放在存储器低地址端，数据的低位存放在存储器高地址端。
- 小端：数据的高位存放在存储器高地址端，数据的低位存放在存储器低地址端。

例如：变量 A，A=0xFF7744CC，在内存中的起始地址为 0x30000000；变量 B，B=0xFF7744CC，在内存中的起始地址为 0x30000000，其在内存中的存放格式如图 1-2 所示。

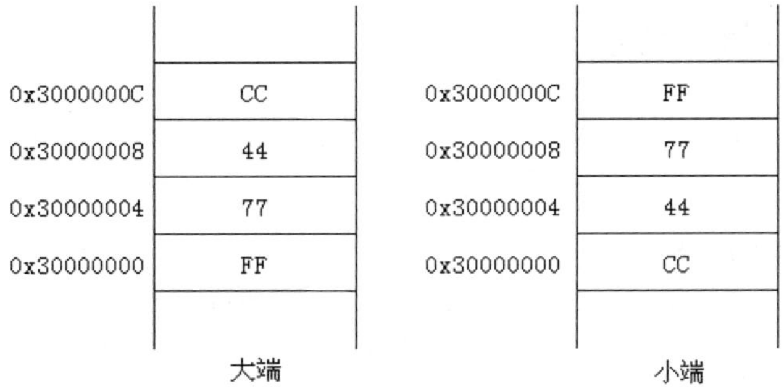

0x3000000C	CC
0x30000008	44
0x30000004	77
0x30000000	FF

大端

0x3000000C	FF
0x30000008	77
0x30000004	44
0x30000000	CC

小端

图 1-2　数据在内存中的存放格式

1.4　工作模式

S5PV210 处理器有 8 种工作模式，如表 1-2 所示。

表 1-2　S5PV210 处理器工作模式

工作模式	模式类型	NS=1	NS=0	说明
用户模式（User）	用户	非安全	安全	程序正常运行的模式
快速中断模式（FIQ）	特权	非安全	安全	用于处理快速中断的模式
外部中断模式（IRQ）	特权	非安全	安全	用于处理普通中断的模式
特权模式（Supervisor）	特权	非安全	安全	用于操作系统的保护模式
终止模式（Abort）	特权	非安全	安全	数据或指令预取异常模式
未定义模式（Undefined）	特权	非安全	安全	未定义指令异常模式
系统模式（System）	特权	非安全	安全	运行特权级的操作系统任务
监控模式（Monitor）	特权	安全	安全	安全监控模式

　　S5PV210 处理器的工作模式分为用户模式和特权模式，除用户模式外的其他 7 种工作模式为特权模式。S5PV210 微处理器的运行模式可以通过软件改变，也可以通过外部中断或异常处理来改变处理器的工作模式。大多数的应用程序运行在用户模式下，当处理器运行在用户模式下时，某些被保护的系统资源是不能被访问的。

注　意

　　本书旨在帮助读者尽快掌握 S5PV210 处理器的裸机开发，达到熟练掌握 S5PV210 处理器硬件资源和软件编程的目的。因此，主要使用的工作模式有用户模式、系统模式和外部中断模式。当然，系统上电后进入管理模式。其实各种工作模式是为以后移植操作系统准备的。作为初学者，可以跳过这个地方，等到后面做实验的时候再复习这里。

1.5 寄存器介绍

与 S3C2440 不同的是，由于 S5PV210 增加了 Monitor 工作模式，因此 S5PV210 处理器总共有 40 个寄存器。包括 33 个 32 位的通用寄存器及 7 个 32 位的状态寄存器，具体情况如图 1-3 所示。

ARM state general registers and program counter

System and User	FIQ	Supervisor	Abort	IRQ	Undefined	Secure monitor
R0	R0	R0	R0	R0	R0	R0
R1	R1	R1	R1	R1	R1	R1
R2	R2	R2	R2	R2	R2	R2
R3	R3	R3	R3	R3	R3	R3
R4	R4	R4	R4	R4	R4	R4
R5	R5	R5	R5	R5	R5	R5
R6	R6	R6	R6	R6	R6	R6
R7	R7	R7	R7	R7	R7	R7
R8	R8_fiq	R8	R8	R8	R8	R8
R9	R9_fiq	R9	R9	R9	R9	R9
R10	R10_fiq	R10	R10	R10	R10	R10
R11	R11_fiq	R11	R11	R11	R11	R11
R12	R12_fiq	R12	R12	R12	R12	R12
R13	R13_fiq	R13_svc	R13_abt	R13_irq	R13_und	R13_mon
R14	R14_fiq	R14_svc	R14_abt	R14_irq	R14_und	R14_mon
R15	R15(PC)	R15(PC)	R15(PC)	R15(PC)	R15(PC)	R15(PC)

ARM state program status registers

CPSR	CPSR	CPSR	CPSR	CPSR	CPSR	CPSR
	SPSR_fiq	SPSR_svc	SPSR_abt	SPSR_irq	SPSR_und	SPSR_mon

图 1-3　S5PV210 处理器的寄存器

如前所述，S5PV210 有 8 种工作模式，每种工作模式下，会有一组特定的寄存器组与之相对应。其中的 R0～R13 为通用寄存器，R14 为链接寄存器（LR），R15 为程序计数器（PC）。CPSR 和 SPSR（特权模式下才能访问）为程序状态寄存器。上述的寄存器中，有些是各个模式共用的，即它们是同一个物理寄存器，因此在切换工作模式时，有必要对要用到的共用寄存器进行压栈保护。其他的寄存器（如图 1-3 中标有阴影的三角号的寄存器）为各个模式下特有的寄存器。

1.5.1 堆栈指针寄存器 R13 和链接寄存器 R14

对 S5PV210 处理器而言，R13 被称为堆栈指针寄存器，每种工作模式都有自己的堆栈指针寄存器，即每种工作模式下，都有一个物理的 R13。因此，当系统启动时，用户需要将所用到的所有模式下的 R13 初始化（在后面讲解启动代码部分会详细展开），在启动代码里面，所谓的初始化各个模式的堆栈其实就是将对应模式下的 R13 赋给适当的值即可（当然，用户需要了解自己所设计的系统的内存空间，一般而言，将堆栈放在内存的高地址端）。

R14 又被称为链接寄存器（Link Register），主要用于存放子程序的返回地址。当执行汇编指令 BX 或 BLX 时，处理器会自动地将返回地址保存在切换后模式下的链接寄存器中（即 R14 中）。与 R13 一样，每种工作模式都有自己的 R14，在后面讲解工作模式切换时会详细讲解。

1.5.2 程序计数器 R15

寄存器 R15 常被用作程序计数器，记作 PC。要注意一点，ARM 采用流水线机制，程序计数器 PC 的值并不是执行当前正在执行的指令，对于 ARM 指令集而言，PC 总是指向当前指令的下两条指令的地址。因此，当异常发生时处理器进入相应的异常工作模式，但是处理完异常后，会返回到发生异常的地方接着执行，这时如何计算从异常模式返回的地址呢？这就涉及到对 PC 指针的调整，后面中断处理程序部分有详细的讲解。

1.5.3 程序状态寄存器

S5PV210 处理器包括 1 个当前程序状态寄存器（CPSR）和 6 个异常模式下的备份状态寄存器（SPSR）。顾名思义，SPSR 为当前模式下 CPSR 的一个备份，常常用来恢复异常处理完后的 CPSR 值。它们具有相同的格式，如图 1-4 所示。

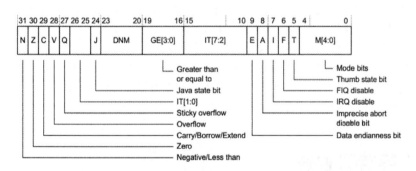

图 1-4 程序状态寄存器格式

其中，N、Z、C、V 为条件标志位，主要用来支持 ARM 指令集的条件执行功能。J 位和 T 位共同决定 S5PV210 处理器的工作状态，具体见 1.2 节所述。DNM 段（Do Not Modify）为不可修改段，程序中不要修改该段。对于 Q 标志位、A 标志位、GE[3:0]以及 IT[7: 0]段，在本书中不做具体探究，可将其略过，不影响掌握 S5PV210 裸机开发的学习。E 位为处理器的大小端指示位。I、F 标志位分别为 IRQ 和 FIQ 禁止位，用于禁止或使能 IRQ 和 FIQ 中断功能。M[4:0]段为处理器工作模式段。值得注意的是，PSR（CPSR 和 SPSR 的通称）的最后 8 位即 PSR[7:0]为控制位，它们的状态在出现异常的时候改变。此外，当处理器处于特权模式时，程序可以通过这个字段来改变处理器的状态。

下面以一个表格来总结 S5PV210 的处理器工作模式以及相对应的可见寄存器情况，如表 1-3 所示。

表 1-3　模式控制位 M[4:0]及可见寄存器集

M[4:0]	工作模式	可见的寄存器集（ARM 状态下）
b10000	User	R0～R14，PC，CPSR
b10001	FIQ	R0～R7，R8_fiq～R14_fiq，PC，CPSR，SPSR_fiq
b10010	IRQ	R0～R12，R13_irq，R14_irq，PC，CPSR，SPSR_irq
b10011	Supervisor	R0～R12，R13_svc，R14_svc，PC，CPSR，SPSR_svc
b10111	Abort	R0～R12，R13_abt，R14_abt，PC，CPSR，SPSR_abt
b11011	Undefined	R0～R12，R13_und，R14_und，PC，CPSR，SPSR_und
b11111	System	R0～R14，PC，CPSR
b10110	Secure Monitor	R0～R12，R13_mon，R14_mon，PC，CPSR，SPSR_mon

注　意

在之前的 ARM 架构中，MSR 指令在任何模式可以修改标志域，即 bits[31:24]。其他三个域只能在特权模式下修改。从 ARMv6 架构以后，CPSR 的各位被分成了以下三类。

● 任何模式下可修改的位。其中包括 N、Z、C、V、Q、GE[3:0]、E 位。这些位可以通过 MSR 指令或其他的指令的附带作用影响修改。

● 不能被 MSR 指令修改，但可被其他指令的附带作用修改的位。包括 J 位和 T 位。

● 只能在特权模式下被修改的位。其中包括 A、I、F、M[4:0]位。用户模式下若要修改这些位，只能通过异常进入特权模式后修改。

只有安全特权模式下才能直接对 CPSR 模式控制位进行修改以进入 Monitor 模式，在其他模式下，处理器忽略对 CPSR 模式控制位的修改。此外，对于程序状态寄存器中的保留位，在程序中不要改变这些位。

1.6　存储器映射

S5PV210 处理器是基于 Cortex-A8 内核的，其体系架构为 ARMv7-A。ARM 处理器从 Cortex 开始，分为了三个系列，分别是 Cortex-A、Cortex-R 及 Cortex-M，它们分别对应于 ARMv7-A、ARMv7-R、ARMv7-M 架构。ARMv7 架构对以上三个系列提供了不同形式的存储器系统结构支持。其中，ARMv7-A 架构采用虚拟存储器系统结构（Virtual Memory System Architecture，VMSA），具体而言即采用了一个称为存储器管理单元（Memory Management Unit，MMU）及系统控制协处理器 CP15 来支持对存储器的访问与控制。MMU 部件控制着地址转换、访问权限、存储属性确定及校验等事务。它由系统控制协寄存器控制。ARMv7-R 架构则采用了保护存储器系统结构（Protected Memory System Architecture，PMSA），即基于称为存储器保护单元（Memory Protection Unit，MPU）的部件来简化存储器的管理。当然，对于不同的物理实现，各处理器采用的内存管理方式可能有所区别。此外，对某一具体的应用领域和硬件环境采用的内存管理方式也不同。这些内容本身就较为复杂，尤其是如果对虚拟存储技术没有一定的理解，学习难度也很大。因此，本书采用的是平板模式（Flat），即不采用所谓的虚拟存储技术（MMU 机制），这样有利于更快速地掌握 S5PV210 处理器的开发全貌。

1.6.1 S5PV210 处理器的地址空间

S5PV210 处理器为 32 位系统。显然，它的地址空间为 0x00000000～0xFFFFFFFF，即最大的寻址空间为 4GB。本书旨在引导读者快速理解 S5PV210 处理器的裸机开发并熟悉该处理器的硬件资源。因此并不打算进行复杂的地址映射，而是采用了与单片机系统一样的物理地址模式，即平板式（Flat）的地址映射模式。这将有利于熟悉单片机的读者理解和掌握。

1.6.2 S5PV210 处理器的存储器地址映射

S5PV210 处理器的存储器地址映射空间如图 1-5 所示。

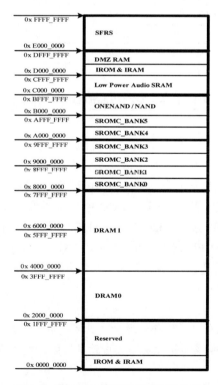

图 1-5 S5PV210 处理器存储器地址映射

如图 1-5 所示，S5PV210 处理器的存储器地址空间主要包括特殊功能寄存器区、片内 ROM/RAM 区、SROM 区、DRAM 区以及系统启动区域。各个区的地址范围及空间大小如表 1-4 所示。

表 1-4　S5PV210 功能部件的地址空间

起始地址	结束地址	大小	功能部件
0x0000_0000	0x1FFF_FFFF	512MB	启动区域
0x2000_0000	0x3FFF_FFFF	512MB	DRAM 0
0x4000_0000	0x7FFF_FFFF	1024MB	DRAM 1
0x8000_0000	0x87FF_FFFF	128MB	SROM BANK 0
0x8800_0000	0x8FFF_FFFF	128MB	SROM BANK 1
0x9000_0000	0x97FF_FFFF	128MB	SROM BANK 2
0x9800_0000	0x9FFF_FFFF	128MB	SROM BANK 3
0xA000_0000	0xA7FF_FFFF	128MB	SROM BANK 4
0xA800_0000	0xAFFF_FFFF	128MB	SROM BANK 5
0xB000_0000	0xBFFF_FFFF	256MB	ONENAND/NAND
0xC000_0000	0xCFFF_FFFF	256MB	MP3_SRAM 输出缓冲区
0xD000_0000	0xD000_FFFF	64KB	片内 ROM
0xD001_0000	0xD001_FFFF	64KB	保留区
0xD002_0000	0xD003_7FFF	96KB	片内 RAM
0xD800_0000	0xDFFF_FFFF	128MB	DMZ ROM
0xE000_0000	0xFFFF_FFFF	512MB	特殊功能寄存器区

1.7　天嵌 TQ210 开发板硬件资源概述

TQ210 开发板是广州天嵌计算机科技有限公司基于三星公司 S5PV210 处理器设计的一套开发板。该开发板硬件资源丰富，提供了按键、LED、蜂鸣器、RTC 实时时钟、红外传感器、温度传感器等常见的功能部件，同时还包括了多个 RS232/TTL 接口的串口电路、ADC、WiFi 接口、LCD 接口、摄像头接口、USB 接口、HDMI 接口、音频接口、RS485 接口、I2C 接口、SD/TF 卡接口、网口等功能部件。此外，TQ210 还外扩了 NAND FLASH、DDR2 SDRAM 等。详细的硬件资源请读者参考 TQ210 开发板的用户手册。图 1-6 给出了本书所涉及的部分模块。

说　明

　　TQ210 开发板上包括的硬件资源和外扩接口非常丰富，本书精选部分常用的模块进行讲解，旨在使读者快速地掌握该开发板的开发流程。

TQ210 开发板沿用了 TQ2440 开发板的设计模式，即仍然采用了底板+核心板的设计模式。核心板主要包括了 S5PV210 处理器、NAND FLASH、DDR2 RAM 等；底板主要包括了电源电路、RS232 串口、LED、用户按键、外扩接口、JTAG 接口、USB 接口等。首先来了解下 TQ210 开发板的基本结构及各个部件在开发板上的位置。

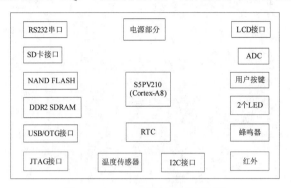

图 1-6　TQ210 开发板部分外设框图

核心板正面的俯视图如图 1-7 所示。核心板的主要正面包括了一颗 S5PV210 处理器、一颗 1G 的 NAND FLASH 芯片以及 4 片 128MB 的 DDR2 SDRAM 芯片。

图 1-7　核心板正面俯视图

反面俯视图如图 1-8 所示。主要包括了 4 片 128MB 的 DDR2 SDRAM 芯片。因此，这 8 片 128MB 的 DDR2 SDRAM 构成了 1GB 的 SDRAM。

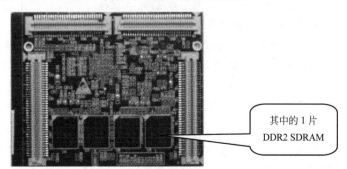

图 1-8　核心板反面俯视图

图 1-9 展示了底板上各个功能部件的位置。

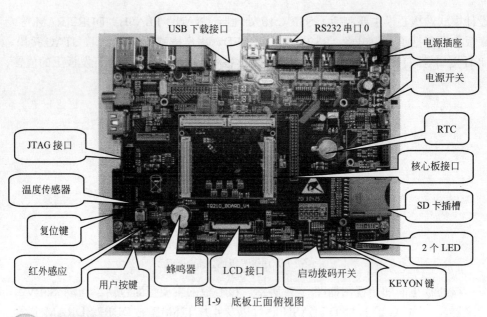

图 1-9 底板正面俯视图

> **注 意**
>
> 由于 TQ210 开发板版本的不同，底板和核心板的配置可能会有所不同，以上的图片仅为展示各个功能部件在板上的位置及感性的认识。因此，请以到手的开发板实物为准。

通过前面的介绍，相信读者对 TQ210 开发板以及 S5PV210 处理器大致有了一个感性的认识。但是，对于初学者而言，面对如此多的板载资源可能会产生如下的疑问：

- 什么是片内 ROM、片内 RAM，起什么作用？
- 什么是 DDR2 SDRAM，与以往的 SDRAM 有什么区别？
- S5PV210 怎样启动的，第一条指令从哪里开始执行？
- 程序存放在什么地方，如何下载程序到开发板上运行？
- 如何操纵处理器上的外设，怎样编写用户程序？……

带着上述困扰初学者的问题，本书将带领读者一起，从最简单的点亮一个 LED 灯开始，一步一步地揭开以上的疑惑，进而快速地掌握一款新的处理器的使用。

1.8 本章小结

本章主要介绍了 S5PV210 处理器的基础知识。包括处理器的数据类型、工作状态、工作模式、寄存器以及存储器映射等。与此同时，还简要地介绍了 TQ210 开发板的部分板载资源，使读者对 TQ210 开发板有一个整体的概念。最后试探性地提出了一些常见问题，引发读者一起思考，带领读者一起开启 S5PV210 处理器裸机开发实战之旅。

第❷章

搭建嵌入式交叉
编译环境

要进行嵌入式开发，首先需要做的就是搭建嵌入式交叉编译环境。无论是Windows 环境下的集成开发环境，如 ARM 公司之前推出的 SDT、ADS1.2，Realview公司发布的 RVDS2.2/4.0，Keil 公司开发的 MDK 开发套件，还是 Linux 下的嵌入式开发环境，或是基于 Eclipse 跨平台开发环境，其最核心的东西之一都少不了交叉编译环境的搭建。因此，搭建好嵌入式开发环境是进行嵌入式开发的第一步。

选择在什么样的平台搭建嵌入式开发环境呢？具体地说，究竟是选择在Windows 平台下的集成开发环境，还是选择在 Linux 平台下的交叉编译工具链，或者选择 Eclipse 这样的跨平台开发环境进行开发呢？

不同的人基于不同的考虑会更给出不同的建议。笔者的建议是：若是要刚入门或是想加快产品开发的速度，选择一款优秀的集成开发环境作为一个利器，会对开发助一臂之力；若是想对嵌入式开发有一个比较深入的学习，那么建议在 Linux 交叉编译环境下进行嵌入式开发的学习。

考虑到 S5VP210 是 ARMv7-A 架构的 Cortex-A8 处理器，市场推出的时间并不长，因此相应的集成开发环境并没有很好地及时跟上，这就给选择集成开发环境作为 S5VP210 开发环境的开发者造成了一定的困难。当然，还有一种选择就是Eclipse，因为 Eclipse 作为一款著名的跨平台集成开发环境，使用者只要配置需要的编译器、链接器，安装相应的插件，就能搭建一款符合要求的集成开发环境，此外，该平台还是一个开源软件，因此具有通用的集成开发环境的潜质。但同样也存在一些问题。譬如，搭建一个完整的基于 Eclipse 嵌入式开发环境存在一定的困难，可以参考的资料有限等。

鉴于以上各方面的考虑，本书中采用了在 Windows 平台的虚拟机上，搭建 Linux嵌入式开发环境，这样综合了 Windows 和 Linux 两者的优势。更为重要的是：在Linux 环境下，交叉编译环境更容易搭建，且能为以后的 BootLoader 移植、操作系统移植等奠定良好的基础。

2.1 交叉编译简介

在进行嵌入式开发时，运行程序的目标平台通常只有有限的存储空间和运算能力，比如常见的 ARM 平台，其静态存储空间大概只有 16～32MB，CPU 的主频大概在 200～1000MHz 之间。在这种情况下，在目标平台上进行本地编译就不太可能了，这是因为一般的编译工具链（compilation-tool-chain）需要很大的存储空间，并要求很高的 CPU 处理能力。此外，嵌入式设备最初不存在基本的软件系统，无法像宿主机一样编辑、编译程序。为了解决这些矛盾，交叉编译就应运而生了。通过交叉编译工具链，可以在 CPU 处理能力很强、存储空间足够的主机平台编译出符合目标平台的可执行程序。

交叉编译涉及到三个基本的要素：宿主机、目标机以及交叉编译工具链。构建嵌入式 Linux 开发环境主要就是围绕这三个方面来展开的。所谓的宿主机是指用来编辑、编译程序的通用计算机，它们通常运行通用的 Windows 或 Linux 操作系统，一般就是指人们所用的 PC 机。嵌入式目标机（简称为目标机）则是运行、调试由宿主机编译出来的可执行程序的目标机，在本书中，采用了 TQ210 开发板作为目标机。交叉编译则是在宿主机平台，通过交叉编译工具链，编译出适合嵌入式目标机运行的可执行程序。这就是所谓的交叉编译的概念。

一般而言，宿主机应该满足以下基本的要求：

① 支持网络；
② 具有 9 针的 RS232 串行接口；
③ 具有足够的硬盘空间。

注 意

现在的笔记本和许多的台式机都没有 RS232 串行接口了，可以使用 USB-串口转换器来代替 RS232 串行接口。

目标机就是本书所采用的 TQ210 开发板，板上具有丰富的资源，足以满足进行 S5PV210 裸机开发的需要。具体的资源可参考第 1 章相关内容或者 TQ210 的用户手册。

至于交叉编译工具链，可以有两种方法获得。第一种方法是自己制作交叉编译工具链。相应的步骤如下。

首先是从相关的网站下载以下资源：

① binutils；
② gcc；

③ glibc；

④ linux（内核）；

⑤ linux-libc-headers；

⑥ glibc-linuxthreads。

然后进行复杂的编译过程，主要包括以下几个步骤：

① 根据目标平台配置内核源代码，生成内核头文件；

② 编译 binutils；

③ 编译器的自举（bootstrap），也就是先编译出 gcc 的部分功能（没有 glibc 支持，只有 C 编译器没有 C++编译器）；

④ 编译 glibc；

⑤ 编译完整的 gcc。

第二种方法是从相应的网站下下载已经制作好的针对某一款特定目标板的交叉编译工具链。由于制作交叉编译工具链步骤本身复杂，且工具的版本之间可能存在匹配问题。本着快速掌握嵌入式开发的宗旨，因此建议采用已经制作好的交叉编译工具链。

接下来，笔者将带领读者一起构建嵌入式 Linux 开发环境。主要工作包括：VMware 虚拟机的安装、Ubuntu12.04 的安装、必要的辅助工具的安装以及交叉编译工具链的安装。

说　明

> 如需自己制作交叉编译器，应在构建好交叉开发环境后，按照以上步骤进行。建议读者初学阶段使用已经制作好的交叉编译器。

2.2　在主机上构建嵌入式 Linux 开发环境

VMware Workstation 是一款非常好用的虚拟机软件，利用 VMware 虚拟机软件可以让使用者在一台 PC 机上同时使用多种操作系统，且互不干扰。嵌入式开发者可以在 PC 机上安装 Windows 作为主操作系统，利用 VMware 虚拟机软件安装 Linux 作为客户操作系统，并利用 VMware 相关的工具以及其他的工具实现主操作系统和客户操作系统之间的通信。

2.2.1　VMware Workstation 的安装

本书就是采用在 VMware 上安装 Ubuntu12.04 虚拟机的方式来构建嵌入式 Linux 开发环境的。

首先从 VMware 的官方网站 http://www.vmware.com/下载 VMware 虚拟机软件，本书使用的 VMware 版本为 VMware Workstation 9.0。下面简要地说明下 VMware

的安装过程。

首先是双击安装文件，出现如图 2-1 所示的界面，单击"Next"选项。然后在安装类型选项中，选择"Typical"（典型安装）方式，如图 2-2 所示。

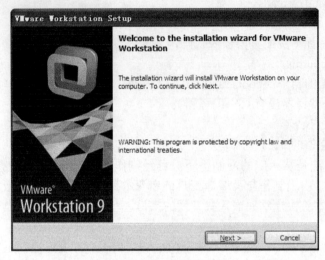

图 2-1　VMware 开始安装

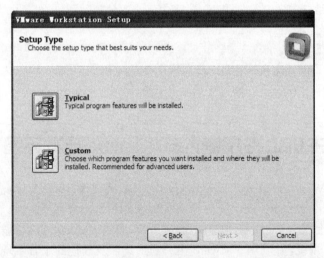

图 2-2　安装方式选择

然后选择默认的安装路径，且单击"Next"选项，如图 2-3 所示。

出现下一个界面如图 2-4 所示，这里选择去掉软件更新功能，并继续单击"Next"选项。

然后按照软件默认的方式单击继续安装，最后当出现图 2-5 的界面时，单击"Finish"，完成 VMware 虚拟机的安装。

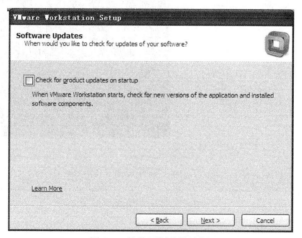

图 2-3　选择安装路径

图 2-4　软件更新功能选择

图 2-5　VMware 安装完成

2.2.2　Ubuntu12.04 的安装

在安装 Ubuntu12.04 之前，首先需要从 Ubuntu 的官方网站 http://www.ubuntu.com/download/desktop/zh-CN 下载 Ubuntu 桌面版 12.04 LTS，需要注意的是，在选择镜像时需要结合本机的硬件配置做出选择。笔者使用的 PC 机为 32 位系统，因此选择 ubuntu-12.04.2-desktop-i386.iso 镜像。

打开安装好的 VMware 虚拟机，选择新建一个虚拟机，如图 2-6 所示。

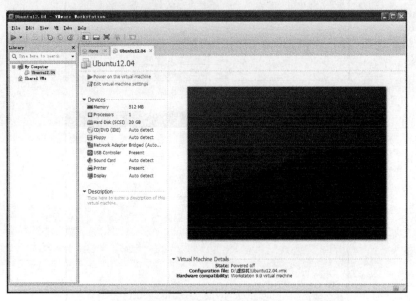

图 2-6　VMware 启动画面

然后选择"Custom"自己定制虚拟机方式，并单击"Next"，如图 2-7 所示。

图 2-7　选择定制虚拟机

在后续的界面中，使用默认的选项，并单击"Next"选项，当出现如图 2-8 所示的界面时，选择从镜像文件安装，然后找到 Ubuntu12.04 镜像的存放路径并单击"Next"选项。

图 2-8　选择从镜像文件安装 Ubuntu12.04

接下来，按照自己的喜好，输入全名、用户名、密码。如图 2-9 所示。输入完成后，单击"Next"选项，继续安装。

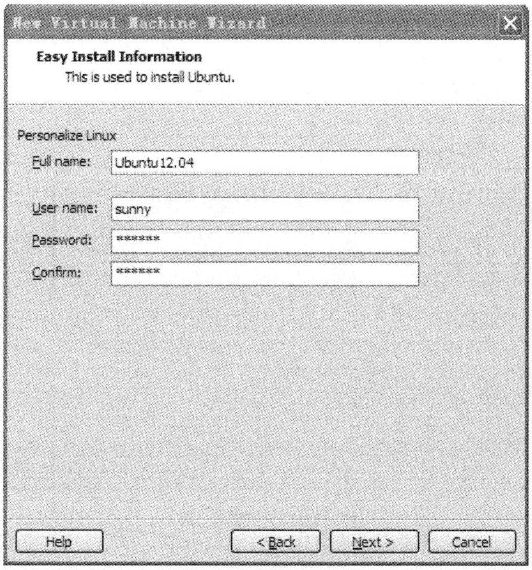

图 2-9　设置用户名和密码

　　然后设置虚拟机的名字和存放的路径，如图 2-10 所示。并继续单击"Next"选项。

图 2-10　设置虚拟机的名字和存放路径

在处理器配置界面，选择默认的配置，继续单击"Next"，如图 2-11 所示。

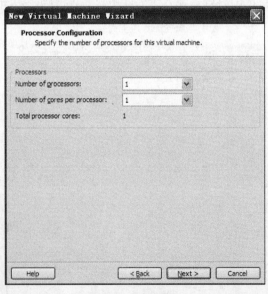

图 2-11　处理器配置

　　接下来是设置虚拟机的内存大小。虚拟机的内存大小取决于 PC 机的物理内存大小。若 PC 的物理内存是 2GB，则建议将虚拟机的内存设置为 512MB，若在 4GB

或以上，可以设置为 1GB。需要说明的是，虚拟机的内存设置过大，将导致 PC 运行起来很卡。笔者将虚拟机的内存大小设置为 512MB，设置好后单击 "Next" 选项，如图 2-12 所示。

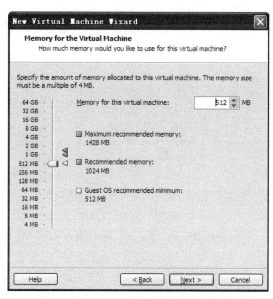

图 2-12 虚拟机内存容量设置

虚拟机的网络连接类型按照默认配置，选择为 "bridged" 桥接方式，如图 2-13 所示。然后单击 "Next" 选项继续安装。

图 2-13 设置虚拟机的网络连接类型

在接下来的安装界面中，选择虚拟机默认的配置即可，相应的截图如图 2-14～图 2-19 所示。

图 2-14　选择"I/O Controller"

图 2-15　选择创建新的虚拟硬盘

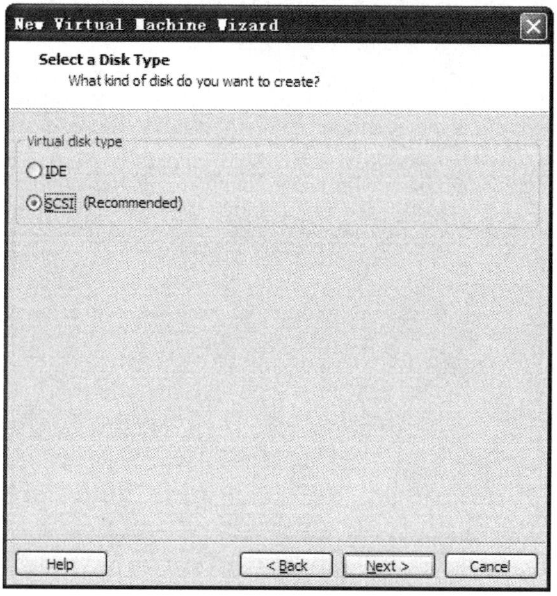

图 2-16　选择硬盘的类型

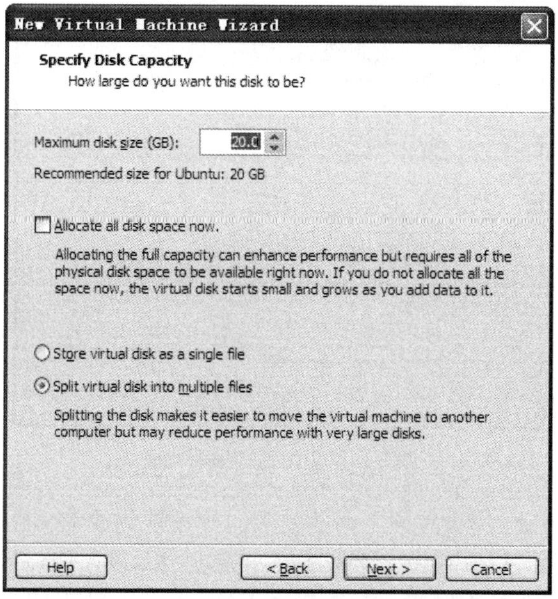

图 2-17　指定硬盘的最大容量

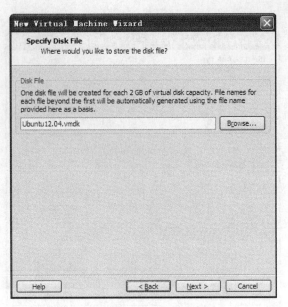

图 2-18　虚拟机存放位置（默认即可）

图 2-19　虚拟机安装向导完成

　　接下来，VMware 将会按照上面的安装向导设置完成 Ubuntu12.04 的安装。值得提醒的是，在安装过程中，需保持网络的正常连接，以便能正常安装所需的资源。

　　安装完成后，单击"Power on this virtual machine"启动 Ubuntu12.04 的界面如图 2-20 所示。

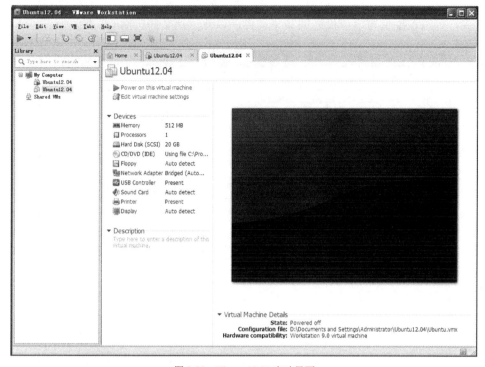

图 2-20　Ubuntu12.04 启动界面

说　明

　　启动虚拟机之前，可以在图 2-20 的画面中单击 "Edit virtual machine settings" 选项修改虚拟机的配置，以满足自己的需要。

2.3　主机与虚拟机之间文件传输方法的介绍

　　在安装其他嵌入式 Linux 开发软件之前，需要解决的问题是：如何在 Windows 主机环境与 Ubuntu12.04 虚拟机环境之间传输文件。本书中归纳了三种基本的方法。

　　第一种方法是利用 VMware 虚拟机软件自带的文件共享功能。打开虚拟机后，单击 "Edit virtual machine settings"，在弹出的界面中，选择 "Option" 菜单，并单击 "Shared Folder" 选项，随后选择 "Always enabled" 使能文件共享功能，并添加文件共享的绝对路径。如图 2-21 所示。当主机需向虚拟机传输文件时，在主机环境下只需将需要传输的文件复制到该共享文件下，此时在虚拟机环境下会存在同样的文件夹，同时需传输的文件可以在虚拟机环境下进行查看、编辑等操作。反之，当虚拟机需向主机环境传输文件时，采样类似的方法来实现。因此通过该共享的文件夹，可以在主机与虚拟机之间共享文件，以此达到文件传输的功能。

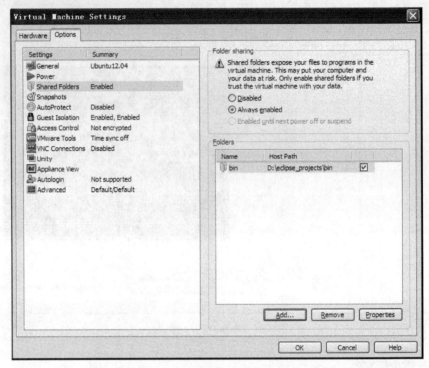

图 2-21　使能文件共享功能并添加共享文件夹路径

第二种方法也是 VMware 虚拟机软件自带的工具软件实现文件传输的。打开 VMware，启动安装好的虚拟机后，在 VMware 主界面的"VM"菜单下选择"Install VMware tools"，之后在 Ubuntu12.04 的"/media"目录下可以看到 VMware Tools 的虚拟光驱。打开 VMware Tools 光驱后，将"VMwareTools-9.2.2-893683.tar.gz"复制到自己创建的一个目录下（笔者将该压缩文件复制到"/home/sunny/"目录下）。按住"Alt+Ctrl+T"键，将终端打开，并在终端输入如下命令解压压缩文件：

sudo tar xzf VMwareTools-9.2.2-893683.tar.gz

解压缩后，生成 vmware-tools-distrib 目录，在终端中切换到该目录下，并执行 ./vmware-install.pl 安装命令。安装过程中，会出现许多 yes/no 的选择，建议回车执行默认安装。完成安装后，重新启动 Ubuntu12.04 虚拟机，之后就可以在主机和虚拟机之间传输文件了。文件传输的方法是：将需要传输的文件从一个环境直接拖到另一个环境中。例如，从 Windows 桌面传输一个文件到 Ubuntu12.04 的桌面，操作示意如图 2-22 所示。

第三种方法是使用文件传输工具软件。常见的文件传输工具软件有 Cuteftp、Xmanger Enterprise 等。本书中采用 Xmanger Enterprise 软件包中的 Xftp 来实现

Windows 环境与 Ubuntu12.04 虚拟机环境之间的文件传输。

图 2-22　利用 VMware Tools 在主机与虚拟机之间传送文件

Xftp 软件可以从网站 http://www.netsarang.com/download/software.html 上下载针对在校学生使用的免费授权版本。同时也可以从本书的光盘中拷贝该软件的安装包。该软件的安装方法非常简单，只需按照安装向导的默认设置即可。

安装完成后，启动 Xftp，会出现如图 2-23 所示的界面截图，与该软件使用的按钮标注如图 2-22 所示。

图 2-23　Xftp 相关按钮说明

Xftp 是基于 ftp 服务的，因此在通过 Xftp 连接 Ubuntu12.04 虚拟机环境之前，需要虚拟机环境安装 vsftpd 服务。安装 vsftpd 服务的步骤如下。

第 1 步：自动下载安装 vsftpd 服务。在终端中输入如下命令：

sudo apt-get install vsftpd。

第 2 步：在根目录下创建"TQ210"文件夹用于之后的文件传输。

sudo mkdir /TQ210，

sudo chmod 777 /TQ210　#修改"/TQ210"文件夹的访问权限。

第3步：配置 vsftpd。在终端中输入如下命令：

sudo vim /etc/vsftpd.conf，

将第 23、26、29 行的内容修改如下：

anonymous_enable=NO，

local_enable=YES，

write_enable=YES，

并在最后一行添加如下一行：

local_root=/TQ210。

第4步：重新启动 vsftpd 服务。

sudo /etc/init.d/vsftpd　restart。

经过以上步骤之后就可以新建一个Xftp与Ubuntu12.04虚拟机的会话了。首先，单击创建会话按钮，出现如图 2-24 所示的界面，在"Name"栏中填入会话的名字。"Host"栏中输入虚拟机的 IP 地址，虚拟机安装好后，可以通过 ifconfig 命令查询虚拟机的 IP 地址，笔者的虚拟机 IP 地址为 192.168.1.111。"Protocol"与"Port Number"默认即可。输入虚拟机的用户名与密码，单击"确定"，最后单击"Connect"即可建立一个会话。此时可以在主机与虚拟机之间传输文件了。传输文件的方法简述如下。

第1步：找到需要传输文件所在的绝对路径。

第2步：用鼠标拖曳文件至传往的另一个环境。

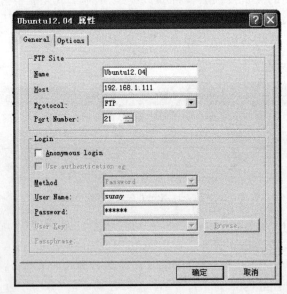

图 2-24　创建一个 Xftp 会话

传输示意图如图 2-25 所示。

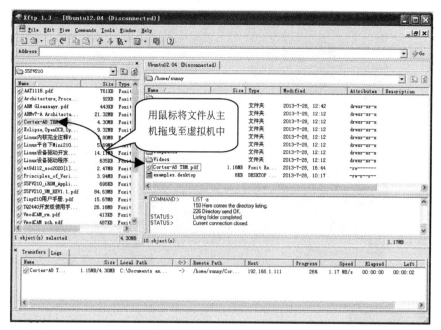

图 2-25　从主机传输一个文件至虚拟机

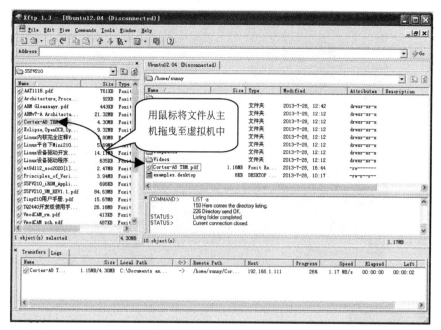注　意

安装 vsftpd 服务时，在终端输入的命令前均加上了"sudo"，这是因为这些命令的执行需要 root 权限。Ubuntu 一般都只能以普通用户登录，在嵌入式开发中，经常需要 root 用户的权限。Ubuntu12.04 在默认配置下不允许以 root 用户登录，如果需要以 root 用户登录的，只需修改系统的配置文件即可实现。具体步骤如下。

以普通用户登录系统后，在终端中输入"sudo –s"命令，然后提示输入普通用户的密码后，系统进入 root 用户权限。在终端中继续输入如下命令：

vim /etc/lightdm/lightdm.conf　#以 vim 的方式打开 lightdm.conf 配置文件。

在文件末尾添加如下配置项：

greeter-show-manual-login=true　#手工输入登录系统的用户名和密码。

在终端中输入"passwd root"命令，根据提示输入 root 账户和密码。重启 Ubuntu12.04 之后，即可看到如图 2-26 所示的登录界面，按需要以普通用户账户或 root 用户登录到系统。

Ubuntu12.04 发行时，"vim"命令并非系统自带的。最开始使用该命令时，会提示未安装该命令。在 Ubuntu 中，自动安装更新软件、命令的方法是在终端中输入命令："apt-get install + 需要安装、更新的命令软件名称"，因此安装"vim"的方法是在终端中输入命令："apt-get install vim"，之后系统会自动安装好该命令以及其他相关的命令或软件包。若不是以 root 用户权限执行以上命令，还需在各命令前加上"sudo"。

最后值得提醒的是：在修改以上配置文件时，配置项字符间无空格的地方不能有空格。否则，将会出现错误。

图 2-26　Ubuntu12.04 登录界面

 说　明

除非特殊说明，之后 Ubuntu 环境中的操作均默认为以 root 用户登录系统。

2.4　交叉编译器的安装

天嵌公司已经制作好了针对 ARMv7-A 架构的交叉编译器，并包含在 TQ210 开发板的光盘资料中。读者也可以从本书附带的光盘资料中找到该交叉编译器。交叉编译器的版本为 4.4.6。利用前面的 Xftp 软件将交叉编译工具压缩包 "4.4.6_TQ210_release_20120720.tar.bz2" 拷贝到 "/TQ210" 目录下，在终端中输入如下命令解压该文件：

　　cd /TQ210，

　　tar xjf 4.4.6_TQ210_release_20120720.tar.bz2。

解压完压缩包后，修改环境变量，添加交叉编译器的路径。在终端中输入如下命令：gedit /etc/environment。并在该文件中添加 4.4.6 交叉编译器可执行命令路径。如图 2-27 所示。

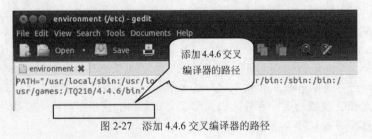

图 2-27　添加 4.4.6 交叉编译器的路径

注　意

　　笔者对天嵌给的 4.4.6 交叉编译器的压缩包解压后的 4.4.6 文件夹存放位置进行了改动，未改动的压缩包解压出来的 4.4.6 文件夹应该为 "opt/EmbedSky" 目录下，而笔者的 4.4.6 文件夹解压缩后放在了 "/TQ210" 文件夹下。因此，"/etc/environment"文件中的环境变量变化如上图所示。读者可以根据自己的实际情况修改环境变量。

　　然后使用命令：source /etc/environment，使刚才修改的环境变量生效。执行 arm-linux-gcc –v 命令验证交叉编译器安装正确与否。若出现了如图 2-28 所示的字样，则表明 4.4.6 交叉编译器安装成功。利用该交叉编译器，就可以编译出针对 S5PV210 处理器的可执行程序了。

```
Using built-in specs.
Target: arm-embedsky-linux-gnueabi
Configured with: /opt/EmbedSky/build-croostools/.build/src/gcc-4.4.6/configure --
uild=i686-build_pc-linux-gnu --host=i686-build_pc-linux-gnu --target=arm-embedsky
linux-gnueabi --prefix=/opt/EmbedSky/4.4.6 --with-sysroot=/opt/EmbedSky/4.4.6/arm
embedsky-linux-gnueabi/embedsky --enable-languages=c,c++ --disable-multilib --wit
-arch=armv7-a --with-cpu=cortex-a8 --with-tune=cortex-a8 --with-fpu=neon --with-f
oat=softfp --with-pkgversion='for TQ210 EmbedSky Tech' --with-bugurl=http://www.e
bedsky.net --disable-sjlj-exceptions --enable-__cxa_atexit --disable-libmudflap
disable-libgomp --disable-libssp --with-gmp=/opt/EmbedSky/build-croostools/.build
arm-embedsky-linux-gnueabi/build/static --with-mpfr=/opt/EmbedSky/build-croostool
/.build/arm-embedsky-linux-gnueabi/build/static --with-mpc=/opt/EmbedSky/build-cr
ostools/.build/arm-embedsky-linux-gnueabi/build/static --with-ppl=no --with-cloog
no --with-host-libstdcxx='-static-libgcc -Wl,-Bstatic,-lstdc++,-Bdynamic -lm' --
able-threads=posix --enable-target-optspace --without-long-double-128 --with-loca
-prefix=/opt/EmbedSky/4.4.6/arm-embedsky-linux-gnueabi/embedsky --disable-nls --e
able-c99 --enable-long-long
Thread model: posix
gcc version 4.4.6 (for TQ210 EmbedSky Tech)
```

图 2-28　4.4.6 交叉编译器版本信息

2.5　Windows 环境下远程登录工具 SecureCRT 的安装

　　SecureCRT 是一款功能强大的串口交互软件，既可以用来代替超级终端，同时还可以作为一款远程登录工具。它支持多种协议，如 SSH1、SSH2、Telnet、Serial 等。可以用它来连接 Linux 服务器。方便在 Windows 环境下进行 Linux 命令的操作。在本书中，将 SecureCRT 作为远程登录工具来使用。串口终端工具将由后面介绍的 TQBoardDNW 软件来代替。

　　该软件的压缩文件包含在本书附带的光盘中。解压 "SecureCRT.rar" 即可使用，建议为 "SecureCRT.exe" 在桌面建立一个快捷方式方便以后的使用。

由于 SecureCRT 的远程登录工具功能使用了 SSH 协议,而 Ubuntu12.04 默认配置并未安装 SSH,因此在使用 SecureCRT 的远程登录功能前,需要为 Ubuntu12.04 安装 SSH 的服务器以及客户端软件。操作如下。

第 1 步:在终端中输入命令:"apt-get install openssh-server openssh-client"(安装 vim 命令时使用过该命令)。

第 2 步:启动 ssh-server。使用命令:"/etc/init.d/ssh restart"。

第 3 步:查看 ssh-server 是否正常工作。终端中输入命令:"netstat –tlp",若出现如图 2-29 所示的输入,则 ssh-server 已经正常工作。

图 2-29 netstat –tlp 命令输出部分截图

双击 "SecureCRT.exe",随后出现图 2-30 所示的界面。单击快速建立连接按钮,出现图 2-31 所示的画面,选择传输协议为:SSH2,输入 Ubuntu12.04 虚拟机的 IP (Hostname)、用户名(Username)。在 Ubuntu12.04 启动的情况下,单击 "Connect",稍等片刻要求输入 "Username" 的密码,正确输入密码之后即可远程登录到该服务器的 "Username" 账号下。

打开建立连接　　　　快速建立连接

图 2-30 打开和建立一个连接

图 2-31 SecureCRT 远程登录工具设置

SecureCRT 远程登录到 Ubuntu12.04 的界面如 2-32 所示。以后就可以方便地通过 SecureCRT 远程登录工具在 Windows 环境下操作 Ubuntu12.04。

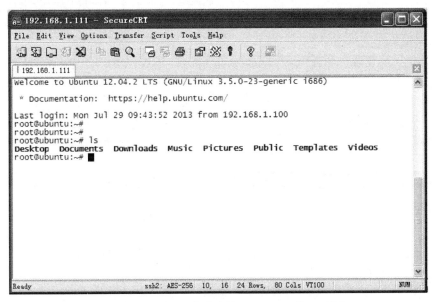

图 2-32　SecureCRT 远程登录到 Ubuntu12.04 的 root 用户

2.6　S5PV210 程序烧写方法概述

S5PV210 裸机程序的烧写方法大致有四种。它们分别是：SD 卡方式烧写、OpenJTAG 方式、USB 方式以及通过 U-Boot 方式烧写。其中 SD 卡方式主要用来烧写 U-Boot，同时 SD 卡还可以用来烧写内核、文件系统等。通过 SD 卡方式将 U-Boot 烧写到 S5PV210 后，之后就可以利用 U-Boot 的命令菜单烧写裸机程序、内核、文件系统、开机 logo 等各种功能。

OpenJTAG 方式还可以对烧写的程序进行在线调试，如需调试程序，可以优先采用 OpenJTAG 方式。USB 方式烧写与 SD 卡方式类似，考虑到 OpenJTAG 的成本问题，本书着重介绍 SD 卡方式烧写以及 U-Boot 方式烧写。

2.6.1　使用 SD 卡方式烧写及 SD 启动卡的制作方法

S5PV210 提供了 SD 卡启动方式，这是一种快捷方便的启动方式。与从 NADN FLASH 启动方式类似，只是启动的设备从 NAND FLASH 变成了 SD 卡。当 NAND FLASH 上的 U-Boot 损坏后，就需要通过 SD 卡启动方式将 U-Boot 重新烧写到 NAND FLASH 中。使用 SD 卡方式烧写程序之前，需要制作 SD 启动卡。

顾名思义，制作 SD 启动卡自然需要一张 SD 卡。SD 卡的容量一般选取 4GB

即可。制作 SD 卡的步骤如下。

第 1 步：SD 卡格式化。将 SD 卡连接到电脑，右击"我的电脑"，选择"管理"选项，在"存储"菜单的子菜单下选择"磁盘管理"，之后找到刚刚插入的 SD 卡，右键选择"格式化"，在弹出的设置框中将"文件系统"类型选为"FAT32"格式，"分配单位大小"选为"512"。单击确定后，SD 卡格式化完成。

第 2 步：打开天嵌提供的 SD 启动制作工具"IROM_Fusing_Tools_res_210"，若刚才格式化 SD 卡连接在电脑上，则该工具软件能检测到 SD 卡。在图 2-33 中设置如下："启动卡类型"选择"210"，"盘符"选择 SD 卡对应的盘符，单击下"显示 SD 容量"确认是否为该 SD 卡，在"镜像路径"中选择天嵌提供的 U-Boot 所在的绝对路径。单击"制作启动卡 1"，随后会提示启动卡已经制作好。

图 2-33　SD 启动卡制作工具界面

注　意

在格式化 SD 卡之前，需确认 SD 卡上的重要数据已备份，在选择格式化盘符时，一定要看清楚所格式化的盘符，不要误格式化其他的盘。以免造成不必要的损失。

SD 启动卡制作好之后，就可以通过 SD 卡方式烧写 U-Boot。使用 SD 卡烧写程序之前，需要安装天嵌提供的"TQBoardDNW"工具，该工具用于后续的裸机程序烧写以及更新内核、文件系统等。TQBoardDNW 的安装方法详见《TQ210 开发板使用手册_V1.2》。

在使用开发板之前，还需安装该开发板的相关驱动软件，如 TQ210 的 USB 驱动，驱动安装方法和步骤详见《TQ210 开发板使用手册_V1.2》。

SD 卡方式烧写步骤如下。

第 1 步：将 TQ210 启动方式的拨码开关选择为"SD/MMC"启动方式，即 OM1=OFF，OM2=ON，OM3=ON，OM5=OFF。

第 2 步：打开 TQBoardDNW 软件，在第一行的菜单栏中选择"串口"，在下拉菜单中单击"连接"。

第 3 步：将 TQ210 的串口、USBOTG 下载接口与 PC 机连接好。PC 机无串口的，可以用 USB 转串口代替 PC 机的串口，并安装好 USB 转串口驱动。

第 4 步：按住 PC 机键盘的空格键，给 TQ210 开发板上电，之后 TQBoardDNW 打印出 U-Boot 的信息，如图 2-34 所示。

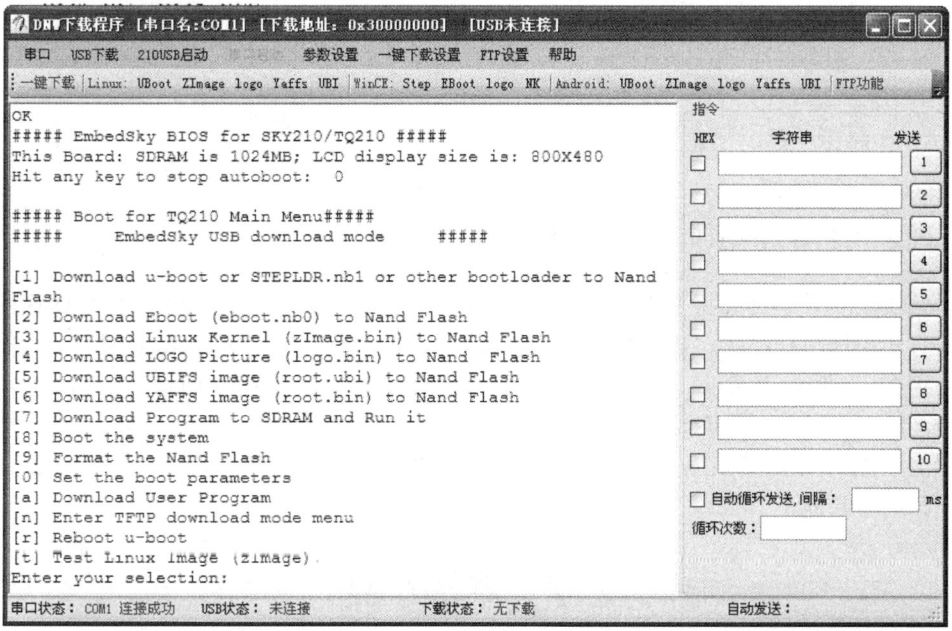

图 2-34　U-Boot 启动界面

第 5 步：输入"1"选项将 U-Boot 下载到 NAND FLASH 中，等到图 2-34 中最后一栏的"USB 状态"变成了"开发板连接成功"后，单击菜单栏的"USB 下载"，选择"UBOOT"，最后通过"选择文件"选择 U-Boot 的镜像，操作截图如图 2-35 所示。

现在 U-Boot 已经下载到 NAND FLASH 里面了，之后就可以通过 U-Boot 的下载方式更新 U-Boot、下载内核、文件系统以及裸机程序了。

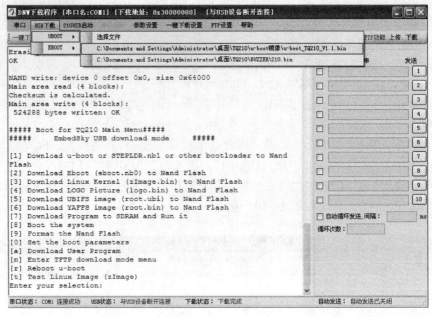

图 2-35　程序下载界面

2.6.2　使用 U-Boot 方式烧写程序

在上一节中已经将 U-Boot 烧写到 NAND FLASH 中。因此，可以使用 U-Boot 的方式来烧写程序了。烧写程序的方法与使用 SD 卡烧写程序的方法类似。唯一的区别在于：使用 U-Boot 方式烧写程序的代码本身从 SD 卡转移到了 NAND FLASH 中。所以在启动时，TQ210 的启动拨码开关应该选择从 NAND FLASH 启动，即 OM1=ON、OM2=OFF、OM3=OFF、OM5=OFF。接下来的步骤与上一节的第 2～5 步相同。在此不再赘述。

2.7　本章小结

本章主要介绍了嵌入式开发环境下交叉编译的概念、嵌入式 Linux 开发环境的构建。包括 VMware Workstation 虚拟机的安装、Ubuntu12.04 系统的安装。同时，还安装了开发过程中用到的一些必备的工具软件，如文件共享工具 VMware Tools、vsftpd、Xftp，以及远程登录工具 SecureCRT。此外，安装一个最重要的编译工具链——4.4.6 交叉编译器。最后，对 TQ210 开发板的程序下载方法做了详细的介绍，包括 SD 卡方式烧写、USB 方式烧写以及通过 U-Boot 方式烧写。虽然本章的内容看起来有点烦琐、简单，但作为嵌入式 Linux 开发的必备辅助部分，请读者耐心做一遍。碰到问题时，积极寻找问题并解决，这样一个过程其实也是在提高解决问题的能力。

第❸章

ARM 指令集及汇编
语言编程介绍

构建好嵌入式 Linux 开发环境之后，现在是否可以进行 ARM 编程了呢？相信这是许多读者所关心的。众所周知，嵌入式编程集高级语言与汇编语言于一体。嵌入式中使用最广泛的高级语言当属 C 语言了，包括 C 语言在内的高级语言经过编译后都将转换成低级的汇编语言，此外，有时高级语言需要与汇编语言混合编程才能达到需要的目标。由此可见，汇编语言对于嵌入式编程是不可或缺的。具体到 S5PV210 处理器，熟悉 ARMv7-A 架构的汇编指令集对于掌握 S5PV210 裸机开发是非常有必要的。

由于 S5PV210 处理器汇编指令集包括 ARM 指令集、Thumb 指令集以及 Thumb-2 指令集，本身就比较复杂，初学者往往感到无从下手，到底 ARM 汇编需要学习到什么程度才算可以呢？其实读者大可不必去记忆每一条汇编指令，学习指令集最好是结合具体实验，先将基本的指令用熟，遇到新指令时查一下相关指令集手册即可。因此，建议读者先按照本书的内容编排学习，本章内容只是涉及了 ARM 指令集和汇编语言程序设计的部分内容，目的在于尽量使问题简单化，尽量将开发时最常用的指令进行全面介绍。

通过本章的学习，读者基本上可以看懂一个简单的启动代码（关于启动代码的知识，在第 7 章将给出具体详细的介绍）。因此当读者真正掌握了本章内容后，在开发过程中遇到其他问题时，可以查阅 ARM 指令集进行详细学习，相信问题会迎刃而解。

3.1 ARM 指令集介绍

ARM 处理器是基于精简指令集计算机（RISC）原理设计的，指令集的译码机制较为简单，ARMv7-A 具有 32 位 ARM 指令集和 16/32 位 Thumb/Thumb-2 指令集，ARM 指令集执行效率高，但是代码密度相对较低，而 Thumb 指令集是 ARM 指令集的子集，具有更好的代码密度，而且保持了 ARM 的大多数性能上的优势。

Thumb-2 指令大多数为 32 位指令，针对 Thumb 的高代码密度低效率进行了改进，使得对代码密度和执行效率有更高要求的开发者提供了一个更好的选择。

几乎所有的 ARM 指令都是可以有条件执行的，而 Thumb/Thumb-2 仅有部分指令具备条件执行功能。ARM 程序和 Thumb/Thumb-2 程序可相互调用，相互之间的状态切换开销可以忽略不计。但是本章对 Thumb/Thumb-2 指令并没有涉及，因为初学者的确很少涉及或者说用不到 Thumb/Thumb-2 指令，请读者大胆放弃，等学完了 ARM 指令集后，如果本身的项目有需要 Thumb/Thumb-2 指令的地方，读者可以自行学习，其实学习完 ARM 指令集，Thumb/ Thumb-2 指令集就很简单。

3.1.1 ARM 指令集

本章内容是从 ARM 指令集中选取部分指令进行讲解，这部分指令通常能够完成启动代码的编写。因此，如果读者对 ARM 指令集有相当了解的话，可以略过这一章，进行后面的学习。

ARM 指令的基本格式：<opcode>{<cond>}{S} <Rd>，<Rn>，{<opcode2>}。

其中，< >内的项是必需的（例如，<opcode>是指令助记符，是必需的），{ }内的项是可选的（如执行条件{<cond>}之类的是可选的），如果不写则使用默认条件是无条件执行。

- opcode 是指令助记符，如 MOV、LDR 等。
- cond 表示指令的执行条件（是 Condition 的缩写），如 GT、NE 等。用于控制指令条件执行的常用执行条件如表 3-1 所示，注意这里的条件是跟当前程序状态寄存器 CPSR 的条件标志位对应的。
- S 决定是否影响 CPSR 寄存器的值，当书写时影响 CPSR，否则不影响。
- Rd 是目标寄存器。
- Rn 是第一个操作数的寄存器。
- opcode2 是第二个操作数，是可选的，ARM 指令中第二操作数可以是立即数、寄存器或者寄存器移位等方式，在此不做赘述，用到具体指令时再详细讨论。

表 3-1 常见的指令条件执行常用条件码

条件码助记符	标志	含义
EQ	Z=1	相等
NE	Z=0	不相等
CS	C=1	无符号数大于或等于
CC	C=0	无符号数小于
GT	Z=0，N=V	带符号数大于
LE	Z=1，N! =V	带符号数小于或等于
AL	\	无条件执行（指令默认条件）

ARM 汇编指令集可以分为存储加载类指令集、数据处理类指令集、分支跳转

类指令集、程序状态寄存器访问指令以及协处理器类指令集。接下来详细介绍在启动代码中常用的指令。

（1）存储加载类指令

ARM 处理器对 ROM、RAM 和 I/O 地址采取统一编址，除对 RAM 操作以外，对外围 I/O、程序数据的访问均要通过加载/存储（Load/Store）指令进行。ARM 的加载/存储（Load/Store）指令是可以实现字、半字、无符/有符字节操作；批量加载/存储（Load/Store）指令可实现一条指令加载/存储多个寄存器的内容，大大提高效率。

① LDR 和 STR　加载/存储指令。LDR 指令用于从内存中读取数据加载寄存器中；STR 指令用于将寄存器中的数据保存到内存。

例如：LDR R0，[R1]，表示将 R1 所指向的存储单元的内容加载到 R0 寄存器中；STR R0，[R1]，表示将 R0 寄存器里面的内容存储到 R1 所指向的存储的单元中❶。

② LDM 和 STM　批量加载/存储指令，可以实现在多个寄存器和一块连续的内存单元之间传输数据。LDM 指令实现加载一块连续内存单元的数据到多个寄存器，STM 将多个寄存器的内容存储到一块连续的内存单元中，因此这两条指令主要用于参数传递和数据复制。

指令格式：

```
LDM{cond}<mode>  Rn{!}, {reglist}{^}
STM{cond}<mode>  Rn{!}, {reglist}{^}
```

● cond 是指令的执行条件。

● mode，总共用 8 种，对初学者而言，只需要掌握 IA、FD 模式即可，其中 IA 表示每次传送后地址加 4，FD 表示满递减堆栈，读者可以结合下面的例子理解关于满递减堆栈 FD 的使用，在寻址方式一节中堆栈寻址部分给出详细讲解。

● Rn 为基址寄存器，注意 Rn 不允许为 R15（即程序计数器 PC）。

● 后缀"!"表示将最后的地址回写到 Rn 中。

● Reglist 是寄存器列表，可以包含多个寄存器，寄存器按由小到大的顺序排列，当寄存器标号连续时，用"-"连接，如{R0-R7}，当寄存器标号不连续时，用逗号隔开，如{R1，R4，R6}。

● 后缀"^"的用法有两种：如果 reglist 中含有 PC 寄存器，表示指令执行后，SPSR 寄存器的值将自动复制到 CPSR 寄存器中，常用于从中断处理函数中返回。如果 reglist 中不含 PC 寄存器，表示操作的是用户模式下的寄存器，而不是当前特权模式下的寄存器。具体用法将在启动代码章节以及中断中详述。

【例 3-1】LDMIA　R0，{R1-R4}，即将 R0 指向的存储单元（实际上是 4 个字节，因为 ARM 指令是字对齐的）的内容❷加载到寄存器 R1～R4 中。

---

❶ 这里涉及到寄存器间接寻址模式的知识，若不熟悉 ARM 寻址方式，可以先参考下一节介绍的 ARM 寻址方式。

❷ 此处存储单元中的内容是以小端方式存储的，而且是 4 字节对齐的，但是为了描述指令的执行过程，暂时忽略了这些细节，请读者注意。

如图 3-1 所示，指令的执行过程：首先将 R0 指向的内存单元的数据 51 加载到 R1 寄存器，然后地址自动加 4（因为传送的数据是 32 位的，因此为 4 个字节）；将 52 加载到 R2 寄存器，然后地址再自动加 4；将 53 加载到 R3 寄存器，然后地址再自动加 4；最后将 54 加载到 R4 寄存器。

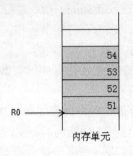

注意：** 表示传送前寄存器的值不确定

图 3-1　LDMIA 多寄存器传送指令详解

注　意

指令执行过程中，R0 的值并没有变化。此外，由指令的执行过程可以很容易理解 IA 即 Increase After 的意思，通俗一点理解就是：先传送数据，然后更新地址值（Increase the address After transforming the data to the register）。

【例 3-2】LDMIA　R0!，{R1-R4}，即将 R0 指向的存储单元（实际上是 4 个字节，因为 ARM 指令是字对齐的）的内容加载到寄存器 R1～R4 中。

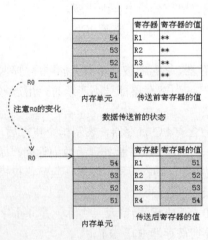

数据传送后的状态

图 3-2　LDMIA 多寄存器传送指令（R0 值更新）

如图 3-2 所示，指令的执行过程：首先将 R0 指向的内存单元的数据 51 加载到 R1 寄存器，然后地址自动加 4（因为传送的数据是 32 位的，因此为 4 个字节）；将 52 加载到 R2 寄存器，然后地址再自动加 4；将 53 加载到 R3 寄存器，然后地址再自动加 4；将 54 加载到 R4 寄存器，然后地址值再自动加 4，并将地址值赋值给 R0。

（2）数据处理类指令

数据处理指令包括数据传送指令（MOV）、算术逻辑运算指令（ADD、SUB、BIC、ORR）和比较指令（CMP、TST）等。

① MOV　寄存器与寄存器之间的数据传送指令，也可以将一个立即数传送给目标寄存器。

【例 3-3】MOV R0，#8，即 R0=8，注意立即数前面需要加#号。当然用 MOV 指令传送立即数时，对立即数是有一定要求的，本书没有详细展开讲解，感兴趣的读者可以查阅相关资料，后面介绍的 LDR 伪指令可用于加载任意的 32 位立即数或地址值到目标寄存器中。

【例 3-4】MOV R0，R1，将 R1 的内容传送到 R0 中，即指令执行完后 R0=R1。

【例 3-5】MOV R0，R1，LSL #3，将 R1 的内容左移三位❶，然后传送到 R0，即指令执行完后 R0=（R1<<3）。

【例 3-6】MOV PC，LR，该指令可以实现子程序的返回，其中 PC 和 LR 是 ARM 汇编器对 ARM 的寄存器进行了预先定义，PC 即 R15，LR 即 R14，因此该指令相当于 MOV R15，R14。

② ADD、SUB、BIC、ORR　ADD 是加法指令，SUB 是减法指令，BIC 是位清除指令，位清除指令的基本格式：BIC{cond}{S}Rd，Rn，opcode2。指令执行过程是将寄存器 Rn 的值与 opcode2 的值的反码按位作逻辑与操作，结果保存到目标寄存器 Rd 中。通俗的理解就是 opcode2 中哪些位为 1，则将 Rn 中相应的位清零即可。ORR 是逻辑或运算指令，基本格式：ORR{cond}{S}Rd，Rn，opcode2。指令执行过程：将寄存器 Rn 的值与 opcode2 的值作逻辑或操作，结果保存到目标寄存器 Rd 中。

【例 3-7】ADD R0，R1，#1，该指令将 R1 的值加 1，然后加载到寄存器 R0 中，即 R0=R1+1。

【例 3-8】ADDS R0，R1，#1，R0=R1+1，注意该指令后面加了个 S，意思是该条指令执行后可能会影响当前程序状态寄存器 CPSR 中的条件标志位。

【例 3-9】BIC R0，R0，#0xF，将 R0 的后 4 位清零，将结果再重新保存到 R0 中。

【例 3-10】ORR R0，R0，#0xF，将 R0 的后 4 位置 1（与"1"相或运算，可以实现置 1 的功能），将结果再重新保存到 R0 中。

③ CMP、TST　CMP 是比较指令。指令格式：CMP{cond} Rn，opcode2。指令的执行过程：将寄存器 Rn 的值减去 opcode2 的值，根据操作的结果更新 CPSR 中的相应条件标志位，以便后面的指令根据相应的条件标志来判断是否执行。

TST 是位测试指令。指令格式：TST{cond} Rn，opcode2。指令的执行过程：将寄存器 Rn 的值与 opcode2 的值按位进行逻辑与操作，根据操作的结果更新 CPSR 中相应的条件标志位，以便后面指令根据相应的条件标志来判断是否执行。

关于这两条指令的使用，请读者参见第 7 章启动代码分析部分。

（3）分支跳转类指令

ARM 跳转指令有 B 和 BL。

● B 跳转指令的基本格式：B{cond} label，基本功能：直接跳转到指定的地址去执行，需要注意的是使用 B 指令实现程序跳转时，程序的跳转范围为±32MB。

---

❶ ARM 指令中第二操作数支持移位运算，移位运算有逻辑左移、逻辑右移、算术左移和算术右移等。

● BL 是带返回地址的跳转，指令自动将下一条指令的地址复制到链接寄存器 R14（LR）中，然后跳转到指定地址去执行，执行完后，返回到跳转前指令的下一条指令处执行。

例如：B func1，跳转到 func1 地址处执行。

 注　意

汇编语言中的标号代表的是地址，即 func1 是代表的地址。

（4）程序状态寄存器访问指令

在 ARM 中，对程序状态寄存器（当前程序状态寄存器 CPSR 和备份程序状态寄存器 SPSR）的操作是通过专门的指令（MSR 和 MRS）来实现的，其他指令不能实现对程序状态寄存器的操作。程序状态寄存器的格式如图 3-3 所示。通过 MRS 与 MSR 配合使用实现对程序状态寄存器的访问，可以通过读—修改—写操作来实现开关中断、切换处理器模式切换等。

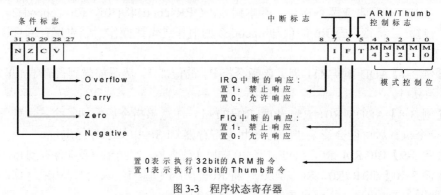

图 3-3　程序状态寄存器

● MRS 读程序状态寄存器指令，指令格式：MRS{cond} Rd ，psr，基本功能：将程序状态寄存器 psr 中的内容读入到目标寄存器 Rd 中。

● MSR 写程序状态寄存器指令，指令格式：MSR{cond} psr_fields，#immed_8r 或者 MSR{cond} psr_fields，Rm。

其中 fields 指定了传送的位域，关于 CPSR 或 SPSR 的位域定义如图 3-4 所示。需要注意的一点是 ARM 处理器的工作模式分为用户模式和特权模式，除用户模式外的其他 6 种工作模式为特权模式，只有在特权模式下才能对程序状态寄存器（当前程序状态寄存器 CPSR 和备份程序状态寄存器 SPSR）进行修改，在用户模式下不允许修改程序状态寄存器（当在用户模式下试图修改程序状态寄存器时，会产生未定义指令中止异常）。

【例 3-11】将处理器工作模式切换到管理模式。

MSR CPSR_c，#0xD3，将 0xD3 写入到 CPSR 的低 8 位，因为此时 M[4：0]=0b10011（0b 表示数据以二进制的形式表示），所以系统进入管理模式。

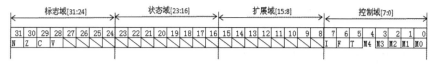

图 3-4　CPSR/SPSR 位域划分

【例 3-12】运用"读—修改—写"的方法将处理器的工作模式切换到管理模式。

MRS R0，CPSR　　　　　；将 CPSR 的内容读入到 R0

BIC R0，R0，#0x1F　　　；将 CPSR 中与模块控制有关的位清零

ORR R0，R0，#0xD3　　　；重新修改 CPSR 中模式控制位（其中 ORR 是或运算指令）

MSR CPSR_cxsf，R0　　　；将修改后的值回写到 CPSR 中

注　意

采用"读—修改—写"的方式操作程序状态寄存器是为了防止对 CPSR 中其他位产生影响。

（5）协处理器访问指令

在 ARM 系统中，协处理器 CP15 主要用于存储管理，CP15 总共包含了 16 个 32 位的寄存器，其编号为 C0~C15。在裸机开发中，很少涉及对协处理器的访问（当修改处理器总线模式的时候会用到），在此只做简单的讲解。

访问协处理器的指令为 MCR 和 MRC。

① MRC

协处理器到 ARM 寄存器的数据传送指令，该指令可以将协处理器的寄存器中的数据传送到 ARM 处理器寄存器中。

指令的基本格式：MRC{cond} p15，0，Rd，CRn，CRm，{opcode2}

●　Rd 是 ARM 中的寄存器，作为目标寄存器。

●　CRn 是协处理器中的寄存器，作为源寄存器，存放第一个操作数其编号为 C0，C1…，C15。

●　CRm 是附加的源寄存器，当指令中不需要提供其他信息时，CRm 应指定为 C0。

●　opcode2 用于提供附加信息，当指令中没有附加信息时，将其制定为 0 即可。

② MCR

ARM 寄存器到协处理器寄存器的数据传送指令，该指令可以将 ARM 处理器寄存器中的数据传送到协处理器的寄存器中。

指令的基本格式：MCR{cond} p15，0，Rd，CRn，CRm，{opcode2}

●　Rd 是 ARM 中的寄存器，作为源寄存器。

●　CRn 是协处理器中的寄存器，作为目标寄存器，其编号为 C0，C1…，C15。

●　CRm 是附加的目标寄存器，当指令中不需要提供其他信息时，CRm 应指定为 C0。

- opcode2 用于提供附加信息，当指令中没有附加信息时，将其制定为 0 即可。

【例 3-13】mrc p15，0，r0，c1，c0，0　该指令的功能是将协处理器 c1 中的内容读入到 ARM 处理器 R0 中。

【例 3-14】mcr p15，0，r0，c1，c0，0　该指令的功能是将 ARM 处理器 r0 中的数据写入到协处理器寄存器 c1 中。

提醒读者注意，这里只是简单地介绍了一下在系统启动代码中用到的与 CP15 协处理器相关的指令，其他的协处理器指令并没有涉及，因为作为入门来说，这两条指令就足够了。

3.1.2　ARM 寻址方式

从 ARM 的寻址方式开始讲起，读者可以尽快了解 ARM 指令类别，从而有利于快速掌握学习重点。寻址方式即从指令中给出的地址码字段寻找到指令执行所需要的真实操作数的方式。

（1）立即寻址

立即寻址指令中的数据就包含在指令当中，取出指令的同时也就得到了实际的操作数，即通常所说的立即数。

【例 3-15】MOV R1，#9　将 9 传送到寄存器 R1 中。

注　意

立即数必须以#开头，并且这里的立即数是有一定要求的。

（2）寄存器寻址

实际的操作数存放在寄存器中，指令中给出的是寄存器编号，指令执行时直接读取寄存器值。

【例 3-16】MOV R2，R1　该指令将寄存器 R1 中的数据传送到寄存器 R2 中。假设指令执行前寄存器 R1 中的值是 0x323（表示十六进制数时要用 0x 前缀），则指令执行后，寄存器 R2 中的值为 0x323。

（3）寄存器移位寻址

寄存器移位寻址是 ARM 指令集所特有的寻址方式，当第 2 操作数是寄存器移位方式时，第 2 个寄存器操作数在与第 1 个操作数结合之前，要先进行移位操作，再与第一个操作数结合。

【例 3-17】MOV R2，R1，LSL #3　指令执行时先将寄存器 R1 的值逻辑左移 3 位，再将移位后的值传送到寄存器 R2 中。

（4）寄存器间接寻址

寄存器间接寻址指令中的地址码给出的是一个通用寄存器编号，而指令中所需要的操作数保存在该寄存器所指向的存储单元中，即寄存器为操作数的地址指针。

【例 3-18】LDR R1，[R0]　假设指令执行前寄存器 R0 中的值是 0x30000000，则该

指令将内存单元 0x30000000 开始的一个字（4 个字节）的内容加载到寄存器 R1 中。

注 意

默认情况下，ARM 处理器在内存单元中是以小端方式存储数据的，因此，实际上是将 0x30000003～0x30000000 中的内容加载到寄存器 R1 中，如图 3-5 所示，指令执行完后，R1=0xE7FF0010。

【例 3-19】SWP 指令的执行过程分析：SWP 指令用于在内存和寄存器之间字数据交换指令，该指令是一条原子操作（所谓原子操作是指执行过程不可被打断的操作）SWP 指令的执行过程：将一个内存单元（该单元地址放在寄存器 Rn 中）的内容读取到一个寄存器 Rd 中，同时将另一个寄存器 Rm 的内容写入到该内存单元中。

SWP 指令的基本格式：SWP{<cond>}{B} Rd，Rm，[Rn]

其中，B 后缀可选，若有 B，则表示交换一个字节，否则交换一个字（4 个字节）；Rd 目标寄存器，即将存储器中 Rn 指向的地址单元中的数据加载到该寄存器；Rm 源寄存器，即将该寄存器中的数据存储到存储器中 Rn 指向的地址单元处。SWP 指令的执行过程如图 3-6 所示。

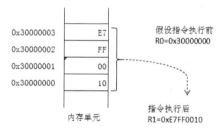

图 3-5 寄存器间接寻址

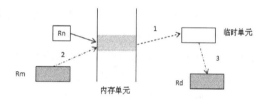

图 3-6 SWP 指令的执行过程详解

指令执行过程：首先，将 Rn 执行的内存单元中的数据保存到一个临时单元中；然后，将 Rm 寄存器中的数据写入到该内存单元；最后，将临时单元中的数据加载到寄存器 Rd 中。

由上述执行过程可以发现，当 Rm 与 Rn 相同时，该指令可以完成寄存器与存储器间数据的交换。例如：SWP R2，R2，[R1]，该指令可以将 R1 执行的内存单元中的数据和寄存器 R2 中的数据交换。

（5）基址寻址

在基址寻址中操作数的实际地址计算方法是：操作数的实际地址=基址寄存器的内容+指令中给出的偏移量。基址寻址常用于访问基址附近的一段存储单元，常用于查表、数组、结构体等数据结构的操作。

例：LDR R1，[R0，#4] 将 R0 中的值加上 4 形成地址，将此地址中的值加载到寄存器 R2 中，指令执行过程如图 3-7 所示，注意默认情况下，ARM 是以小端方式存储数据，所以实际上是将 0x30000007～0x30000004 中的数据加载到寄存器 R1 中。

（6）多寄存器寻址

多寄存器寻址就是一次可以传送几个寄存器值。请读者参见 3.1.1 ARM 指令集中讲解存储器访问指令一节。

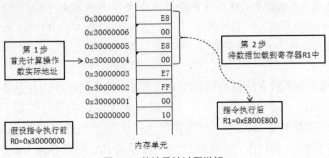

图 3-7　基址寻址过程详解

（7）堆栈寻址

堆栈是按特定顺序进行访问的存储区，对 ARM 处理器来说是满递减堆栈，即堆栈指针堆栈的栈顶。

【例 3-20】STMFD SP!，{R0-R2} 该指令将寄存器 R0～R2 中的数据压入堆栈。注意："!"说明最后堆栈指针更新。假设指令执行前 R0=0x55、R1=0x77、R2=0x33、堆栈指针 SP=0x3000000C。

指令执行过程：首先，堆栈指针 SP 减 4（因为 ARM 指令是 32 位的，一次传送 4 个字节），即此时 SP=0x30000008，将寄存器 R2 中的数据 0x33 入栈；然后，堆栈指针 SP 再减 4，即此时 SP=0x30000004，将寄存器 R1 中的数据 0x77 入栈；最后，堆栈指针 SP 再减 4，即此时 SP=0x30000000，将寄存器 R0 中的数据 0x55 入栈。指令执行具体过程如图 3-8 所示。由上面的分析可知，堆栈指针始终指向最后一个入栈的数据（注意，结合 ARM 堆栈是满递减的含义理解）。

假设指令执行前
R0=0x55
R1=0x77
R2=0x33
SP=0x3000000C

内存地址	数据
0x3000000C	*
0x30000008	*
0x30000004	*
0x30000000	*

SP→ 0x3000000C

内存地址	数据
0x3000000C	*
0x30000008	0x33
0x30000004	0x77
0x30000000	0x55

SP→ 0x30000000

注：*表示内存单元中的数据不确定

指令执行前　　　　　　　　　　　　　　指令执行后

图 3-8　入栈操作

【例 3-21】LDMFD SP!，{R0-R2} 该指令的含义：数据出栈，放入 R0～R2 寄存器中。

注　意

"!"说明最后堆栈指针更新。假设指令执行前堆栈指针 SP=0x30000000，堆栈中的数据如图 3-9 所示。

指令执行过程：首先，0x55 出栈保存到寄存器 R0 中，然后堆栈指针 SP 加 4（因为 ARM 指令是 32 位的，一次传送 4 个字节），此时 SP=0x30000004；然后，0x77 出栈保存到寄存器 R1 中，堆栈指针 SP 再加 4，此时 SP=0x30000008。最后，0x33 出栈保存到寄存器 R0 中，堆栈指针再加 4，此时 SP=0x3000000C。

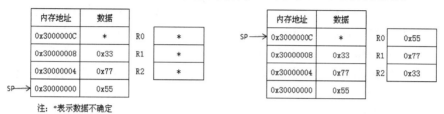

图 3-9　出栈操作

由上述分析可知，对于入栈和出栈指令而言，寄存器列表中，寄存器的标号必须按照由小到大的顺序排列。但是请读者注意，入栈时，编号大的寄存器中的数据先入栈。例如，STMFD SP!, {R0-R2}中，R2 中的数据先入栈，然后按照编号递减的顺序依次入栈；出栈时，数据出栈，并保存到编号最小的寄存器。例如，LDMFD SP!, {R0-R2}，数据出栈，存入寄存器 R0 中，然后数据依次出栈，按照编号依次递增的顺序保存到相应的寄存器中。因此从这个意义上说，STMFD 相当于 STMDB，LDMFD 相当于 LDMIA（此处后缀 DB 和 IA 指令的执行模式）。

3.1.3　GNU ARM 伪操作和伪指令介绍

ARM 汇编程序由指令（ARM 指令和伪指令）、伪操作和宏指令组成。伪指令是汇编程序对源程序汇编期间由汇编程序将其替换成合适的 ARM 指令或 Thumb 指令。宏是一段独立的程序代码，类似于 C 语言中用 define 定义的宏，它是通过伪指令定义的。当程序被汇编时，汇编程序将对每个调用进行展开，用宏定义取代源程序中的宏指令。

不同的编译工具在伪操作区别较大。就 GNU 编译工具链和 ARM 集成开发环境编译工具链而言，GNU 编译工具链有通用的伪操作，可以适用于包括 ARM 在内的各种处理器。而 ARM 集成开发环境编译工具链有专门针对 ARM 处理器的伪操作。本书采用的是 Linux 环境下 GNU ARM 编译工具链。因此着重介绍 GNU 编译工具链下的 ARM 伪操作。除此之外，还将介绍汇编程序中经常使用的 ARM 伪指令。

（1）GNU ARM 伪操作

GNU ARM 伪操作主要包括符号定义伪操作、数据定义伪操作、汇编控制伪操作、信息报告伪操作等，所有的伪操作均以 "."开始。本节只介绍部分伪操作，主要用于启动代码的编写，其他伪操作读者可以查阅 GNU GCC 文档。

① .align n　.align 伪操作指示编译器将代码段或数据段以某种方式对齐。例如：.align n 伪操作表示下面的代码将以 2^n 字节对齐。若.align 伪操作位于代码段，

则因对齐空缺的部分以"NOP"指令填充，若处于数据段，则空缺的部分以"0"填充以满足对齐的要求。

② .byte、.hword、.word expression 这些伪操作功能类似，分别是在目标文件中插入一个字节、半字、字的值。若需插入多个值，只需以"，"隔开各个值。

③ .data .data伪操作用于告诉编译器下面的语句将被编译到可执行文件的数据段。与此类似还有.text（代码段）等。

④ .extern 和.global symbol .extern伪操作用于告诉编译器当前的符号不是在本源文件中定义的，而是在其他源文件中定义的，在本源文件中可能引用该符号。

.global伪操作用于声明外部标号，即当前标号是本源文件中定义的，在其他文件中可能会被引用。

【例3-22】.extern main 告诉编译器main是在其他文件中定义的，本文件可能引用该符号。

【例3-23】.global RdNF2SDRAM 告诉编译器RdNF2SDRAM可以被其他文件引用。

⑤ .end .end伪操作告诉编译器这是该文件的语句的结束，汇编程序不需处理之后的任何内容了。

⑥ .equ symbol，expression 用于定义常量。例如，可以用来定义外设的地址。类似于C语言中的#define宏定义一个常量。例如，.equ NUM，5表示符号"NUM"的值为5。

⑦ .include "filename" .include 为文件包含伪操作。它用于指示编译器将"filename"的内容插入到当前位置开始的地方。主要用于包含一些头文件。

⑧ .text .text用于指示编译器将接下来的语句汇编到目标文件的代码段。对于汇编指令而言，它们均被编译到此段中。作用与.data伪操作类似。

为了方便读者区别和查阅，本书将部分的GNU ARM assembly 与armasm的伪操作汇总在表3-2中。

表3-2 GNU ARM assembly 与 armasm 的比较

GNU ARM assembly	armasm	描述
@	；	注释
#&	#0x	立即数
.if	IFDEF,IF	条件控制结构
.else	ELSE	同上
.elseif	ELSEIF	同上
.endif	ENDIF	同上
.ltorg	LTORG	文字池
|	:OR:	或
&	:AND:	与
<<	:SHL:	左移
>>	:SHR:	右移
.macro	MACRO	宏定义开始

续表

GNU ARM assembly	armasm	描述
.endm	ENDM	宏定义结束
.include	INCLUDE	文件包含
.word	DCD	放置一个字数据
.byte	DCB	放置一个字节数据
.global	EXPORT	声明一个全局符号
.equ	EQU	定义一个常量
.section	AREA	定义一个段

注　意

　　armasm 是 ARM 公司集成开发环境 CodeWarrior 中使用的编译器，完全按照 ARM 汇编程序的规定。

（2）ARM 伪指令

读者应首先搞清楚什么是伪指令。对于 ARM 指令或者 Thumb 指令，经过编译器编译后会生成相应的机器指令，然后在运行时就可以执行。但是伪指令在编译期间，需要用适当的 ARM 指令或 Thumb 指令代替，最终转换成机器指令。

常用的 ARM 伪指令有小范围常数或地址加载伪指令 ADR、中等范围常数或地址加载伪指令 ADRL 以及大范围的常数或地址加载伪指令 LDR。

① ADR　ADR 伪指令的基本格式：ADR{cond} register，expr。其中 ADR 指令被编译器用一条 ADD 或者 SUB 指令来替换。在 ARM 状态下，字对齐时加载范围是 $-1020\sim1020$，字节或半字对齐时加载范围是 $-255\sim255$。

② ADRL　与 ADR 伪指令类似。不同的是，ADRL 实现中等范围地址加载，且被两条 ADD 或者 SUB 指令来实现。在 ARM 状态下，字对齐时加载范围是 $-256K\sim256K$，字节或半字对齐时加载范围是 $64K\cdot\cdot64K$。

需要注意的是，如果以上伪指令不能用合适的汇编指令所替换，将产生错误。此外，ARM 汇编语言编译器将 ADR/ADRL 伪指令替换成相应的指令时，是基于当前的 PC 值进行调整，这有利于产生位置无关代码❶，在本书后面章节 SDRAM 实验过程中读者会使用到此功能。

③ LDR　LDR 伪指令实现将一个 32 位常数或者地址值加载到寄存器中。

LDR 伪指令基本格式：

```
LDR{cond} register, =[expr|label]
```

其中，cond 表示指令的执行条件；expr 为 32 位的常量，label 表示地址表达式或者外部表达式。下面通过一个具体例子看一下 LDR 伪指令的具体用法。

---

❶ 有关位置无关代码，读者可以自行查阅有关资料学习，初学者可以暂时忽略掉这一内容。

【例 3-24】下面的汇编代码，通过 LDR 伪指令，完成 GPIO 口的配置功能。

```
LDR R1, =0xE0200280
LDR R0, =0x00001111
STR R0, [R1]
```

其中 LDR R1，=0xE0200280 就使用了 LDR 伪指令，经过编译器预处理后，LDR 伪指令将被合适的 ARM 指令所代替，达到将 0xE0200280 赋值给 R1 的目的。

3.2　GNU ARM 汇编程序编程规范

在前面的例子中或多或少的涉及到了部分汇编程序，在这一节中将对 GNU ARM 汇编程序进行较细致地讲解。汇编程序一般用于系统最基本的初始化操作。如堆栈初始化、关闭看门狗、系统时钟配置、ARM 协处理器设置等。基本的初始化操作完成后，即可跳转到用 C 语言编写的主函数 main 中。

在基于 ARM 处理器的程序开发过程中，ARM 源程序文件主要有以下几种类型：

*.s 表示该文件是一个汇编语言源文件；

.S 表示该文件是一个汇编语言文件，与".s"文件的区别在于该文件需预处理；

*.c 表示该文件是一个 C 语言源文件；

*.h 表示该文件是一个头文件。

在本节中，主要学习"*.s"、"*.S"格式的汇编语言编写，其他格式的文件在后续的学习中将会接触。

3.2.1　GNU ARM 汇编程序基本结构

众所周知，汇编程序是由若干条汇编语句且能完成特定的任务组合而成的。因此学习汇编程序的基本结构可以从了解 GNU ARM 汇编语句的格式开始。GNU ARM 汇编语句的一般格式如下：

{<label>:}<instruction or directive or pseudo-instruction>{@comment}

：为标号。在 GNU 汇编中，任何以冒号结尾的合法标识符都被认为是一个标号，不管该标号是否位于一行的开始。汇编语句中标号部分不是必须存在的。

<instruction or directive or pseudo-instruction> 为汇编语句中必须有的部分，该部分可以是指令、伪操作或者伪指令三种之一。值得注意的是：对于 ARM 指令，可以全部为大写字母，也可以全部为小写字母，但是不能为大小写混写的形式。若汇编语句太长，可以用"\"符合分割成若干行，且"\"后不能有其他任何字符，包括空格或制表符。

@comment 表示注释部分。在汇编程序中，以@开始的后续内容，直至本行的结束部分均被视为注释。在编译过程中将被忽略。

3.2.2　GNU ARM 汇编程序中的标号

标号只能由 A～Z，a～z，0～9，"."，"_"，"$" 字符组成。除了局部标号外，其他的标号均不能以数字开头。从本质上说，标号代表着标号所在代码行的地址，在程序中主要用于编程者方便地引用。

一般而言，标号有局部标号和通常意义上的标号。在不特别说明的情况下，标号都是指通常意义上的标号。当标号为 0~9 的数字时为局部标号，其他的均为通常意义上的标号。标号有段内标号和段外标号两种。段内标号在程序编译的时候就确定了地址，段外标号则是在链接的时候确定地址。

局部标号在一个源程序中可以重复出现。使用方法如下：

标号 f：向前引用出现的标号；

标号 b：向后引用出现的标号。

【例 3-25】使用局部标号实现循环功能。

```
1:
    SUBS R0，R0，#1 @每次循环是 R0 减 1
    ......
    BNE 1b  @若 R0 不为零，则跳转到 1 标号处继续循环
```

3.2.3 GNU ARM 汇编程序中的段

在 GNU 汇编程序中，用户可以通过.section 伪操作来定义一个段，格式如下：

```
.section section_name {, "flags"{, %type{,flag_specific_arguments}}}
```

其中"section_name"为段名，大括号"{}"里的内容表示段的标志。每一个段以段名为开始，以下一个段名或者文件尾为结束。段有默认的标志，链接器可以识别这些标志。

ELF 格式所允许的段标志如表 3-3 所示。

表 3-3　ELF 格式段标志

段标志	段描述
a	允许段
w	可写段
x	执行段

【例 3-26】定义一个段。

```
.section  mydata  @自定义数据段，段名为 mydata
.align 2
data:
.ascii "1 2 3 4 \n\0"
```

在汇编程序中，默认的段名有：

```
.text        @代码段
.data        @初始化数据段
.bss         @未初始化数据段
```

3.2.4 GNU ARM 汇编程序中的入口点

在 GNU 汇编程序中，默认的入口点是"_start"标号，此外还可以通过在链接脚本用 ENTRY 标志指明其他入口点。与之相对应，ARM 集成开发环境中的入口点则是代码段中的 ENTRY 标志处。

【例 3-27】定义入口点。

```
.section .text
.global _start
_start:
<instruction code go here>
```

3.2.5 GNU ARM 汇编程序中的宏定义

和 ARM 集成开发环境的宏定义类似，GNU ARM 汇编程序中也有独有的宏定义，其格式如下：

```
.macro 宏名 参数名列表 @伪指令.macro 定义一个宏
宏体
.endm    @.endm 表示宏结束
```

如果宏使用参数，那么在宏体中使用该参数时添加前缀"\"。宏定义的参数还可以使用默认值。退出一个宏时，使用.exitm 伪操作。

【例 3-28】宏定义。

```
.macro SHIFTLEFT a, b
.if \b < 0
MOV \a, \a, ASR #-\b
.exitm
.endif
MOV \a, \a, LSL #\b
.endm
```

3.3 常用汇编语言程序子模块实例分析

在前面的讲解中把重点放在了具体指令的执行过程中，目的是使读者理解指令的执行过程。但是，学习汇编更重要的是掌握一些常用的程序模块，通过程序模块的学习进一步加深对 ARM 指令的综合运用能力。本节将给出部分常用汇编程序模块，读者可以有选择地阅读。

3.3.1 特殊功能寄存器的访问

ARM 处理器 I/O 和内存采用统一编址的方式，三星公司 Cortex-A8 处理器 S5PV210 的特殊功能寄存器地址范围处在 0xE0000000～0xFFFFFFFF。其中看门狗控制寄存器 WTCON 的地址是 0xE2700000，关闭看门狗定时器的方法是向看门狗控制寄存器 WTCON 写入 0 即可。因此可以采用如下方式关闭看门狗定时器。

```
1    .equ  WTCON, 0xE2700000
2    LDR  R0，=WTCON
3    MOV R1, #0
4    STR R1, [R0]
```

分析：

第 1 行通过.equ 伪操作定义了一个常量 WTCON，其值为 0xE2700000。

第 2 行用 LDR 伪指令将 0xE2700000 加载到寄存器 R0 中，即此时 R0 指向了看门狗定时器控制寄存器 WTCON。

第 3 行将 0 传送到寄存器 R1。

第 4 行将 0 存储到寄存器 R0 指向的地址处，由于此时 R0 指向了看门狗定时器控制寄存器，因此实现了将看门狗定时器控制寄存器清零的目的，即关闭了看门狗。

总结：在启动代码的编写过程中，大多数对特殊功能寄存器的访问都是通过上述方式实现的。其基本思路是将初始值写入到相应的控制寄存器就可以实现对相关硬件的初始化。例如，初始化 DRAM 时，是根据具体的 DRAM 芯片将对应的参数值写入相应的存储器控制寄存器中实现的。

3.3.2 内存数据搬移

在实现 NAND FLASH 启动过程中需要将代码搬移到 DRAM 中，通过后序寻址可以很方便地实现数据的搬移，下面的例子给出了代码搬移的基本原理。

【例 3-29】假设 R1 为指向源数据块的起始地址，R2 指向源数据块的结束地址，R3 指向目的数据块的起始地址，如图 3-10 所示。

实现数据搬移的代码如下：

```
1   Loop:
2       LDR  R0, [R1],  #4
3       STR  R0, [R3],  #4
4       CMP  R1, R2
5       BCC  Loop
```

分析：

第 1 行的 Loop 是一个标号，代表着第 2 行指令所在的地址。

第 2 行指令的执行过程：将 R1 指向的存储单元中取出一个字（4 个字节）将其加载到寄存器 R0 中，同时寄存器 R1 的值自动加 4，然后保存到寄存器 R1 中，即此时 R1 指向下一个存储单元。

第 3 行将寄存器 R0 的值存储到寄存器 R3 指向的地址处，然后寄存器 R3 的值自动加 4 保存到寄存器 R3 中，即此时 R3 指向下一个地址处。

第 4 行比较 R1 和 R2 的大小。

第 5 行是条件执行的跳转指令，当 R1 小于 R2 时跳转到第 2 行处执行，即如果数据没有搬完的话接着搬，直到搬完为止。

更形象的理解：这时寄存器 R0 的作用就像一辆车，先从 R1 指向的地址处将数据取出来装到车上，然后将数据"运输"到 R3 指向的地址处，直到将所有数据"运输"完为止，如图 3-11 所示形象地展示了这一过程。

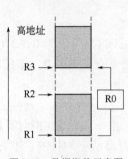

图 3-10　数据搬移示意图

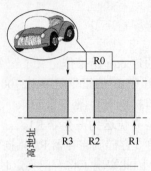

图 3-11　数据搬移形象化展示

3.3.3　批量加载与存储

在启动代码中会将与外设有关的参数加载到 ARM 处理器与之相对应的控制寄存器中，当控制寄存器数量较多时，可以使用批量加载与存储指令来实现。如果说前面例子中寄存器 R0 的作用就像一辆汽车，那么在下面这个例子中，寄存器 R1～R13 更像是一辆火车，将数据一次性"运输"到目标地址。

【例 3-30】下面是启动代码中初始化 SDRAM 的一段代码。SMRDATA 是在内存中定义的一个数据表，占据 13 个字（52 个字节）的空间，用来存放与存储器控制器相关的 13 个寄存器的初始化值；BWSCON 是 S3C2440 处理器存储器控制器的起始地址。

```
1    ADRL  R0, SMRDATA
2    LDMIA R0, {R1-R13}
3    LDR R0, =BWSCON
4    STMIA R0, {R1-R13}
```

分析：

第 1 行用 ADRL 伪指令加载数据表的首地址到寄存器 R0。

第 2 行用批量加载指令 LDMIA 将 R0 指向的数据表中的 13 个参数（每个参数占 4 个字节）加载到寄存器组 R1～R13 中。

第 3 行用 LDR 伪指令将 S3C2440 处理器存储器控制器的起始地址加载到寄存器 R0 中。

第 4 行用批量存储指令 STMIA 将寄存器组 R1～R13 中的数据依次存储到 R0 指向的 13 个存储器控制寄存器中。

如图 3-12 所示向读者展现了初始化 SDRAM 的全貌。

细心的读者可能会发现，同样是将 32 位地址加载到寄存器 R0 中，第 1 行加载数据表的首地址到寄存器 R0 时用的是 ADRL 伪指令，而第 3 行加载 S3C2440

处理器中存储器控制寄存器的首地址时用的是 LDR 伪指令，将第 1 行的 ADRL 替换成 LDR 可以吗，为什么？在第 7 章分析启动代码时读者会有一个清晰的认识。

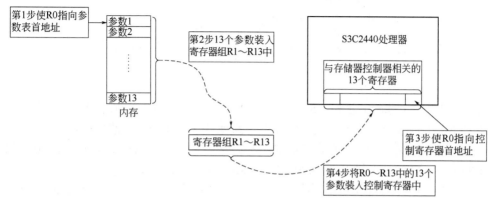

图 3-12　初始化 SDRAM 过程详解

3.3.4　堆栈操作

ARM 处理器有 8 种工作模式，各个模式都有自己的堆栈，在系统启动时启动代码需要初始化各模式的堆栈。初始化堆栈采取的方法是：首先切换到相应的处理器工作模式，然后对该模式下的堆栈指针 SP 赋值。

【例 3-31】堆栈初始化过程分析，示意代码如下：

```
1    .equ  FIQMODE, 0x11
2    .equ  IRQMODE, 0x12
3    .equ  SVCMODE, 0x13
4    .equ  MODEMASK, 0x1f
5    .equ  NOINT, 0xc0

6    .equ  _STACK_BASEADDRESS, 0x33ff8000

7    .equ  FIQStack, (_STACK_BASEADDRESS-0x0)   @0x33ff8000～
8    .equ  IRQStack, (_STACK_BASEADDRESS-0x1000)@0x33ff7000 ～
9    .equ  SVCStack, (_STACK_BASEADDRESS-0x2800)@0x33ff5800 ～

10   InitStacks:
11       MRS R0, CPSR
12       BIC R0, R0, #MODEMASK
13       ORR R1, R0, #IRQMODE|NOINT
14       MSR CPSR_CXSF, R1    @IRQMode
15       LDR SP, =IRQStack       @IRQStack=0x33FF7000

16       ORR R1, R0, #FIQMODE|NOINT
17       MSR CPSR_C, R1  @FIQMode
```

```
18      LDR  SP, =FIQStack    @ FIQStack=0x33FF8000

19      BIC  R0, R0, #MODEMASK|NOINT
20      ORR  R1, R0, #SVCMODE
21      MSR  CPSR_CXSF, R1    @SVCMode
22      LDR  SP, =SVCStack         @SVCStack=0x33FF5800
23      MOV  PC, LR
```

分析:

第1~5行用.equ定义了5个常量,回顾一下本书1.5.3节讲述的程序状态寄存器CPSR中模式控制位的含义,可以很容易理解上述4个常量的含义。

第6行定义了一个常量,该常量代表了内存中的地址0x33ff8000(TQ210开发板的SDRAM地址范围是0x30000000~0x34000000)。

第7~9行,分配快速中断模式(FIQ)、外部中断模式(IRQ)和管理模式(SVC)下的堆栈空间,如图3-13所示。

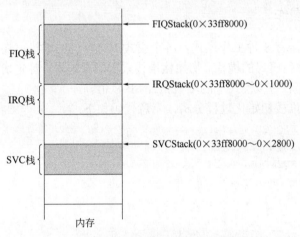

图3-13 堆栈空间

第11行MRS是读程序状态寄存器指令,将程序状态寄存器CPSR中的内容读入到R0中。

第12行BIC是位清零指令,此时R0中存放的是程序状态寄存器CPSR中的值。因此,该条指令将CPSR中模式控制位(低5位)清零。

第13行通过或指令ORR对R0的模式控制位赋值(对模式控制位进行赋值即可实现处理器工作模式的切换),将结果保存到寄存器R1中。

第14行MSR是写程序状态寄存器指令,将寄存器R1中的值写入到程序状态寄存器CPSR中。第11~14行指令实现了将处理器工作模式切换到外部中断模式(IRQ),采用的方法是:读—修改—写的方式。

第15行使用LDR伪指令加载外部中断模式(IRQ)堆栈起始地址到外部中断模式(IRQ)下的堆栈指针寄存器SP中。到此完成了对外部中断模式(IRQ)堆栈的初始化。

第 16～18 行完成了对快速中断模式（FIQ）堆栈的初始化。

第 19～22 行完成了对管理模式（SVC）堆栈的初始化。

3.3.5 实现查表功能

实现查表操作的基本思路是：首先找到表的首地址，然后找到数据距离首地址的偏移量，将其余表的首地址相加即可得到要查找的数据的地址。

【例 3-32】汇编程序实现查表操作。

```
1    MOV R9, #4
2    LDR R8, =DATATABLE
3    LDR R8, [R8, R9, LSL #2]
4    DATATABLE:
5    .word  0x10, 0x20, 0x30, 0x40, 0x50
6    .word  0x60, 0x70, 0x80, 0x90, 0xa0
```

分析：

第 2 行通过 LDR 伪指令将数据表的首地址（注意，标号 DATATABLE 代表的是一个地址）加载到寄存器 R8 中。

第 3 行 LDR R8, [R8, R9, LSL #2]该条指令的执行过程：R9 左移两位然后与 R8 相加，将相加的结果加载到寄存器 R8 中。因为.word 伪操作是以字（4 个字节）为单位进行分配内存单元的，因此 R9 左移两位恰好是 4 字节对齐的。

3.4 GNU 交叉编译工具链简介

简单学习完 ARM 汇编指令和 GNU 汇编程序编写规范后，就可以自己动手编写完成一定功能的源程序（包括汇编程序和 C 高级源程序）。但源程序要变成能在开发板上运行的可执行程序需要经过一系列的处理。

下面以 hello.c 源文件为例，hello.c 经过编译生成可执行文件的典型流程及各阶段所涉及的工具如图 3-14 所示。

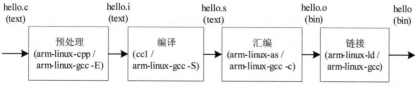

图 3-14 一个源程序的演变过程

由图 3-14 可知，一个源程序要演变成可执行文件，需要经历预处理、编译、汇编以及链接四个步骤。通常所说的"编译"包括了以上四个步骤。如不特别指出，本书中使用"编译"统称以上四个步骤。有些源程序可能不需要经历以上所有的步骤。编译器根据文件的后缀名来执行相应的操作，如表 3-4 所示。

表 3-4 文件后缀名与编译器默认动作对照表

后缀名	文件类型	默认操作
.h	预处理文件	通常不出现在编译命令行上
.i	预处理后的 C 文件	编译、汇编
.S	汇编语言源程序	预处理、汇编
.s	汇编语言源程序	汇编
.c	C 源程序	预处理、编译、汇编

与 PC 上使用的编译工具链 gcc、ld、objcopy、objdump 等类似，GNU ARM 交叉编译工具链采用的编译工具链则是 arm-linux-gcc、arm-linux-ld、arm-linux-objcopy、arm-linux-objdump 等。不能使用 PC 上的编译工具链，是因为它们编译出来的程序是针对 x86 平台的，不能在 ARM 处理器上运行。这正是采用交叉编译工具链的本质原因。首先将介绍 GNU ARM GCC 编译器相关的编译选项，之后再介绍交叉编译过程中需要用到的其他工具软件。

3.4.1　arm-linux-gcc 编译器

与在 ARM 集成开发环境中的源程序编译流程类似，Linux 环境下的源程序同样需要经过预处理、编译、汇编、链接四个阶段的处理之后生成可在开发板上运行的可执行程序。下面依次介绍编译过程中的四个步骤。

（1）预处理

在.c 和.S 的后缀文件中，以"#"开头的代码称为预处理命令，比如宏定义"#define"、条件编译命令"#ifdef"、"#endif"，文件包含命令"#include"等都是预处理命令。包含了这些预处理命令的源程序在编译时，需要由 arm-linux-cpp 工具对宏定义进行展开，根据条件编译命令有选择地编译代码，将需要包含的文件插入到源文件中。最后生成一个以".i"为后缀名的文件等待下一步的处理。由此可见，预处理的输入文件后缀名为".c"或者".S"，输出文件后缀名为".i"。

在使用 GNU ARM GCC 编译器时，采用如下的命令完成源程序的预处理操作。

```
arm-linux-gcc -E -o *.i *.c/*.S
```

分析：以上命令中的"*.c/*.S"表示任意以".c"或者".S"为后缀名的源文件，若有多个源文件，可以通过逗号","分开。"*.i"表示经过预处理操作之后所得到的目标文件，文件后缀名为".i"。

（2）编译

源程序经过预处理之后，其中的源代码还是高级语言所组成的，只是将其中的预处理命令进行了展开、包含等操作。编译就是完成源代码从高级语言到特定的汇编代码的转换。这个步骤使用的工具是 cc1。

对源程序只进行到编译阶段的操作命令如下：

```
arm-linux-gcc -S -o *.s *.c
```

分析：该命令的分析与预处理命令类似，给出源文件列表，执行以上命令即可完成编译。需要说明的是 cc1 实质上所做的工作是将".i"文件"翻译"成汇编文件。若有多个源文件，可以通过逗号","分开。所以该命令的所得的目标文件是以".s"为后缀名。

（3）汇编

汇编就是将编译得到的".s"汇编文件按照给定的指令集转换成符合一定格式的机器码，这个过程中使用到的工具是 arm-linux-as。在 ARM 集成开发环境中经常使用的"反汇编"工具则是汇编的逆操作，完成机器码到汇编代码的转换工作。在 Linux 环境下，objcopy 工具可以完成"反汇编"的工作，这在调试过程中非常有益，将在接下来的小节中介绍。

对源程序只进行到汇编阶段的操作命令如下：

```
arm-linux-gcc -c -o *.o *.c/*.s/*.S
```

分析：与预处理、编译、汇编命令类似，执行以上命令后，可生成一个名为"*.o"的目标文件。同理，若有多个源文件，可以通过逗号","分开。经过下面的链接之后，最终将生成一个可执行程序。

（4）链接

链接是编译的最后一个环节，它的功能是将汇编生成的目标文件和系统库的目标文件、库文件组装起来，最终生成可以在特定处理器平台运行的可执行文件。在这个环节中使用到的链接工具是 arm-linux-ld。

使用如下命令即可完成源程序的预处理、编译、汇编直至链接四个步骤。最后生成可执行程序。

```
arm-linux-gcc -o *.c/*.s/*.S
```

分析：执行 arm-linux-gcc 命令，默认的动作就是完成了整个编译过程。其中"*.c/*.s/*.S"为源文件，若有多个源文件，则可以用逗号","分开。最终的可执行程序名字可以自行命名。默认情况下生成的目标文件名为"a.out"。

（5）其他常用选项

除了上面使用到的-E、-S、-c、-o 选项外，arm-linux-gcc 还有其他一些常用的命令选项。下面罗列出来并一一简单说明，需要使用时可做参考。

① -v 选项　加上-v 选项，会显示出 arm-linux-gcc 编译器的配置信息，同时还会显示编译器在编译过程中的详细信息。例如使用如下命令：

```
arm-linux-gcc -v -o hello hello.c
```

在编译 hello.c 的过程中，终端将会打印出 arm-linux-gcc 的版本信息、配置情况、编译过程等详细信息。

② -g 选项　在开发过程中，调试是经常需要进行的。如果需要对一个程序进行调试，在编译过程中，需要加上-g 选项。这样才会在最后生成的可执行程序中加上调试信息。以 hello.c 程序为例，为了在可执行程序中加入 GDB 需要的调试信息，

可以使用以下命令：

```
arm-linux-gcc -g -o hello hello.c
```

③ -Wall 选项　"-Wall"选项打开了所有的需要注意的警告信息，比如在声明之前就使用函数、定义了一个未使用的局部变量等。如需在调试过程中打印出尽可能多的警告提示，使用如下所示的命令形式：

```
arm-linux-gcc -Wall -o hello hello.c
```

④ -Ox 选项　这是编译器的优化选项。其中的"x"可以是 0、1、2、3，不同的数字代表着不同程度的优化级别。"-O0"选项表示不作优化。使用"-O"或"-O1"选项时，编译器试图减少目标代码的大小和执行时间。使用"-O2"选项时，在"-O1"的基础上做进一步的优化，除了涉及空间和速度交换的优化外，几乎执行所有的优化。显而易见，"-O3"选项的优化是最大的。使用优化选项一方面可以减小目标代码的大小、程序执行时间，另一方面也增加了编译的时间和开销。

在使用多个优化选项级别时，以最后一个选项为准。一般而言，在程序优化中使用"-O2"选项就能满足要求。优化选项使用方法如下所示：

```
arm-linux-gcc -O1 -o hello hello.c
arm-linux-gcc -O2 -o hello hello.c
arm-linux-gcc -O3 -o hello hello.c
```

3.4.2　arm-linux-ld 链接器

arm-linux-ld 作为 arm-linux-gcc 编译器的链接部分，完成编译过程中".o"目标文件、库文件的组装。arm-linux-ld 的任务是把多个".o"目标文件、库文件链接成可执行文件。由于 arm-linux-ld 这部分的特殊性，本小节单独对它进行更深一步地介绍。

使用 arm-linux-gcc 编译器对单个源程序编译后将生成一个".o"目标文件，经过链接器 arm-linux-ld 的链接，最终得到可执行程序。但是当一个工程由多个源文件组成时，编译器将产生多个".o"目标文件。现在的问题是：链接器是如何将多个".o"文件最终链接到一个可执行程序中去的呢？

显然，链接器需要获得某种指示，以指导它将多个".o"目标文件组合并最终生成一个可执行程序。通常而言，有两种方式可以完成上述工作：其一是通过 arm-linux-ld 命令的选项，其二是通过链接脚本。在介绍这两种方式之前，有必要再简单介绍一下目标文件中的段的概念。这些概念将有助于理解链接器选项及链接脚本。

（1）可执行程序的段

源程序经过编译、汇编后得到了".o"格式目标文件。不难猜测目标文件中至少包含了机器指令代码、数据。事实上，目标文件和可执行程序中确实存在这些内容，除此之外，目标文件还包括了符号表、调试信息等链接时所必需的信息。那么这些内容在目标文件和可执行程序中是如何存放的呢？因目标文件和可执行程序的文件格式大致相同，以可执行程序为例，来探究下可执行程序的文件格式。

一个执行性程序主体上要由代码、初始化全局变量和局部静态变量、未初始化的全局变量和局部静态变量组成。它们分别对应于可执行程序中的代码段（.text section）、初始化数据段（.data section）以及未初始化数据段（.bss section）。

未初始化的全局变量和局部静态变量默认值都为 0，原本也可以放在".data"段，由于它们默认为 0，同时为了减小可执行程序的大小，因此没有必要在".data"段分配一段全"0"的空间。在程序执行的过程中，它们又确实需要占用内存空间，因此定义了".bss"段，它只是在可执行程序中预留了位置，并没有占据空间。

对可执行程序和目标文件的结构有了大致的了解后，对于链接程序 arm-linux-ld 所做的工作就容易理解了。实质上，链接器 arm-linux-ld 就是把分布在各个目标文件中的代码段（.text section）、初始化数据段（.data section）、未初始化数据段（.bss section）等按照传递给该命令的选项或者连接脚本的指示来组装这些段到最终的可执行程序中。下面分别来学习链接器命令选项和简单链接脚本的编写方法。

（2）arm-linux-ld 命令选项

使用链接器命令选项来指示链接过程适用于源程序模块之间的关系比较简单的情形。下面的选项是常用的链接命令选项。

① -static 选项　"-static"选项将阻止支持动态链接的系统上链接共享库。对于支持动态链接的系统，不使用"-static"选项时，生成的可执行程序在执行时，如链接了动态共享库还需加载共享库文件。使用了"-static"选项后，在编译时将会把所有必需的库文件链接到可执行程序中，因此这样所得的可执行程序比不使用"-static"选项所得的可执行程序要大。

以 hello.c 为例，当不使用"-static"选项编译时，所得的可执行程序大小为7788B，使用"-static"选项时，所得的可执行程序大小为 584402B。编译后的文件大小如图 3-15 所示。

```
sunny@ubuntu:~$ arm-linux-gcc -o hello hello.c
sunny@ubuntu:~$ arm-linux-gcc -static -o hello_static hello.c
sunny@ubuntu:~$ ls -l hello hello_static
-rwxrwxr-x 1 sunny sunny   7788 Nov 28 16:02 hello
-rwxrwxr-x 1 sunny sunny 584402 Nov 28 16:02 hello_static
```

图 3-15　静态编译和非静态编译文件大小对比

② -nostdlib 选项　"-nostdlib"选项主要用在那些不需要启动文件、标准库文件的程序中。比如编译内核、bootloader 等。在编译过程中，加上该选上后，编译器不链接系统标准启动文件和标准库文件，只把指定的文件传递给链接器。

说　明

以上的命令选项是传递给链接器的。这些选项同样可以在 arm-linux-gcc 命令中使用，但是这些命令选项同样是用于指导链接器链接的。arm-linux-gcc 只是交叉编译工具链的一个集合。在编译过程中，根据所传递的命令选项执行预处理、编译、汇编和链接操作。当 arm-linux-gcc 碰到识别不了的命令选项时，将把这些命令选项统统交给 arm-linux-ld 链接器来处理。因此，常常可以看见这些命令用于 arm-linux-gcc 命令中。

③ -T 选项　"-T"选项可用于指示链接器将".text section"、".data section"或".bss section"放置在特定的起始地址。命令选项的格式如下：

```
arm-linux-ld -Ttext startaddress
arm-linux-ld -Tdata startaddress
arm-linux-ld -Tbss startaddress
```

其中"-Ttext"、"-Tdata"、"-Tbss"分别用于指定".text section"、".data section"、".bss section"的起始地址。"startaddress"为起始地址。如果只指定了".text section"的起始地址，其他段则按照默认的顺序紧接".text section"的末端放置，如果没有"-T"选项指定链接器的链接地址，则链接器按照默认的方式进行链接。

【例3-33】使用如下命令，可将 hello.c 的可执行程序的链接地址设置为 0xD0020010。

```
arm-linux-gcc -c -o hello.o hello.c
arm-linux-ld -Ttext -0xD00200010 -o hello hello.o
```

注　意

这里涉及到了链接地址的问题。和链接地址容易混淆的概念是编译地址、加载地址、运行地址。之所以对以上概念模糊不清，原因在于对编译和链接的过程不了解。在这两对概念中，链接地址和运行地址是等价概念，加载地址和存储地址也是等价概念。顾名思义，运行地址和链接地址是指程序在运行时，程序计数器（PC）的值等于当前执行指令的地址；加载地址和存储地址是指程序下载时的地址，即代码存放在物理存储器上的地址。对于位置无关指令而言，链接地址和加载地址对于指令执行没有区别，常见的位置无关指令有分支跳转 B、BL。但是对于位置相关指令而言，例如 "LDR PC,=address"，链接地址和加载地址是有区别的。

关于链接器的"-T"命令选项的使用方法，会在后面实例章节的 Makefile 文件中经常提到。在此仅简单介绍一下，用到时可以再返回翻阅参考。

（3）链接脚本（Linker script）

使用链接脚本可以处理更为庞大的工程以及实现复杂的链接控制。在讲解如何使用链接脚本链接目标文件之前，先对链接脚本有个大致的了解和认识。

一般而言，链接脚本以".lds"为后缀名。与链接命令选项类似，链接脚本的任务是描述如何将多个目标文件的段组装到一个可执行程序中，并控制可执行程序中各个段的存储布局。链接器有自身默认的链接脚本，因此即便不传递链接命令选项和链接脚本，链接器仍可按照默认的链接脚本生成可执行程序。

链接脚本由若干条命令组成，每条命令由一个关键字或由一对符号的赋值语句组成。命令之间用分号";"隔开。链接脚本的基本命令是"SECTIONS"命令，它告诉 arm-linux-ld 如何将目标文件中的各个段映射到可执行程序的段中。该命令的基本格式如下：

```
SECTIONS
{
```

```
        ...
        secname start ALIGN(align)  (NOLOAD) : AT ( ldadr )
        { contents } > region : phdr = fill
        ...
    }
```

"secname"和"contents"分别是可执行程序的段名和该段中内容。由于"SECTIONS"命令的作用是描述目标文件各个段在可执行文件的映射情况，因此这两项内容是必不可少的。

start——为该段的链接地址，也称为运行地址。即此地址为该段的起始地址。

ALIGN（align）——用来指定该段的对齐要求。虽然"start"指定了该段的链接地址，如果有"ALIGN（align）"对齐要求，该段的起始地址还应该在该起始地址的基础上满足对齐要求。

（NOLOAD）——指示加载器在运行时不用加载该段。该选项是对操作系统而言的。

AT（ldadr）——实现加载地址和运行地址不一致的情况。"AT"表示段在文件中的存放位置。

"> region：phdr = fill"是与 MEMORY 命令相关的项了，这些选项在实际中很少用到，在此不再详述。

最后以一个实际的链接脚本为例，简单说明使用链接脚本链接目标程序的方法。

【例 3-34】

```
1    SECTIONS
2    {
3        . = 0xD0024000;
4        .text : { start.o
5                * (.text) }
6        .data  ALIGN(4) : { * (.data) }
7        bss_start = .;
8        .bss  ALIGN(4) : { * (.bss) }
9        bss_end = .;
10   }
```

分析：

第 1 行使用"SECTIONS"命令，用来指定输出文件可执行程序各段的存储布局。

第 3 行，"."表示当前地址，这行的意思是让当前地址的值等于 0xD0024000，即指定了可执行程序的链接地址为 0xD0024000。

第 4 行，定义了名为".text"的段，其实就是可执行程序的代码段，该代码段的内容是所有目标文件的代码段的集合。值得注意的是：该段首先存放的是"start.o"目标文件的内容，之后依次存放的是其他所有目标文件中的".text"段。其中的"*"为通配符，表示目标文件中的".text"段。

第 6 行，定义了名为".data"的段，在可执行文件中，".data"段紧接着".text"

段存放。同理，"*(.data)"表示将所有目标文件中的".data"段集合在可执行文件中的".data"段中。

第8～9行的含义与6～7行类似，均是将所有其他的相应的段集合到可执行文件的相应段中。其中"ALIGN（4）"表示该段的起始地址为4字节对齐。

3.4.3　arm-linux-objcopy 格式转换工具

arm-linux-objcopy 是一个将一种格式的文件复制成另一种格式的文件转换工具。由于 arm-linux-gcc 编译器生成的可执行程序为 ELF 格式的，但是 ARM 处理器的裸机开发过程中没有 ELF 加载器，因此还需要将 ELF 格式的可执行程序转换成二进制格式文件，也就是说能直接被 ARM 处理器执行的机器码。arm-linux-objcopy 正好可以完成文件格式的转换，因此在编译过程中，还需要使用arm-linux-objcopy，将生成的 ELF 格式的可执行程序转换成能被处理器执行的二进制文件。

arm-linux-objcopy 工具常用的命令格式如下：

【例 3-35】将 ELF 格式的可执行程序 led_elf 转换成二进制文件 led_bin。

arm-linux-objcopy –O binary –S led_elf led_bin

分析：

arm-linux-objcopy 命令中使用了"-O"选项，该选项用来指定输出文件的格式。随后的 binary 表示输出的文件格式为二进制文件。经过此命令后，将生成一个二进制格式存储的 led_bin 文件。

arm-linux-objcopy 有许多命令选项，这里主要介绍几个经常使用的选项。

（1）-O bfdname 或--output-target=bfdname 选项

"-O"选项用于指定输入输出文件的格式，其中"bfdname"是 BFD 库中描述的标准格式名。

（2）-S 或--strip-all 选项

不将输入文件中的符号信息和重定位信息复制到输出文件中去。例 3-35 中就使用了该命令选项。

（3）-g 或--strip-debug 选项

表示不把输入文件中的调试信息复制到输出文件中去。

3.4.4　arm-linux-objdump 工具

前面提到过，可以将 ELF 格式的可执行文件反汇编成汇编代码。实现反汇编的工具就是本小节要介绍的工具：arm-linux-objdump。

arm-linux-objdump 是一个用于显示二进制文件信息的工具，其常用的选项如下。

（1）-b bfdname 或--target=bfdname 选项

指定目标码格式。事实上，arm-linux-objdump 能自动识别多种格式，因此该选项可以省略。如需查看该工具支持的目标码的格式，使用"arm-linux-objdump –i"

命令即可。也就是下面介绍的第 7 个选项。

（2）-d 或--disassemble 选项

将输入文件的可执行段反汇编。

（3）-D 或--disassemble-all 选项

与"-d"类似，不同的是，该选项将所有段都反汇编。

（4）-EB、-EL 或--endian={big | little}选项

指定输出文件的字节序。其中"-EB"或"--endian={big}"表示大端的格式，"-EL"或"--endian={little}"表示小端格式。

（5）-f 或--file-headers 选项

显示文件的整体头部信息。

（6）--section-headers 或--section-h 选项

显示目标文件各段的头部信息。

（7）-info 或-i

显示支持的目标文件格式和 CPU 架构。

该工具给用户在调试程序的过程中提供了极大的帮助。使用上面的第 3 个命令选项即可将可执行程序反汇编成汇编代码，使用方法如下：

```
arm-linux-objdump -D led_elf > dis_led
```

分析：

上面的这条命令将 led_elf 文件反汇编成 dis_led。可以通过查看 dis_led 文件来调试该程序，极大地方便用户从逻辑上理解程序的细节和意图。

3.5　Makefile 简介

在 Windows 下的 ARM 集成开发环境中，一个工程或源程序要生成可执行程序往往只需要单击"Build"按钮即可。这里的"Build"背后其实隐藏了由源程序到可执行文件的一系列操作，包括预处理、编译、汇编和链接四个基本的步骤。也正因为这种"傻瓜式"的操作，才提高了程序开发的效率，减轻了程序员的负担。

在 Linux 环境下，arm-linux-gcc 交叉编译器也提供了 Windows 集成开发环境下对应的编译链接工具集。与集成开发环境不同的是，嵌入式 Linux 的交叉编译器给开发者提供了更多掌控程序开发过程的机会。比如通过相应的命令，可以只对源程序进行预处理、编译、汇编或链接等。但这需要开发者手动敲入若干行命令才能实现，过程稍显复杂。对于大型、复杂的项目而言，这种手动敲入命令的方式甚至不能满足需求。特别是需要多次执行相同的命令时，复杂、重复的工作必须要由一种有效的工具来解决。

幸运的是，优秀的 Linux 程序开发前辈们开发了"make"这一工具，该工具与集成开发环境下的"Build"按钮类似，只要执行"make"命令，整个编译过程将

一气呵成，不需要将整个编译过程分解开来。这极大地提高了 Linux 程序开发的效率，同样减轻了程序员的负担。与 Windows 集成开发环境所不同的，这一机制并没有削弱 arm-linux-gcc 交叉编译器灵活、功能强大的特点。那么"make"工具是如何做的呢？

原来，"make"工具是借助于 Linux 中的"Makefile"这一机制实现的。这对许多 Windows 集成开发环境下的开发者来说也许是陌生的，但在 Linux 环境下，Makefile 确实是非常有用的工具，在嵌入式开发过程中 Makefile 将扮演非常重要的角色。接下来就来认识下 Makefile。

简单来说，Makefile 是用来告诉"make"如何编译和链接一个程序的。在执行"make"程序时，需要当前工作目录下存在一个 Makefile 文件告诉它做什么事情。一方面，Makefile 文件描述了一个工程文件中各个源程序之间的相互关系，并为每一个文件都提供了相应的更新命令；另一方面，"make"可以比较目标文件与依赖文件的更新时间的先后关系而决定是否执行相应的命令。这样就让复杂、重复性的工作得到了很好的解决，且又不失交叉编译的灵活性。

对开发者而言，一旦将一个工程的 Makefile 文件编写好，无论如何修改源文件，"make"工具依据 Makefile 文件都可以自动地分析它们之间的依赖关系并执行必要的命令。从而实现了只需执行一下"make"命令而编译整个工程的目的。

由于"make"已经提供了一套管理源程序的机制，因此作为开发者，需要关注的就是如何编写好生成可执行程序的 Makefile 文件了。下面将简单地介绍在本书中使用到的 Makefile 文件编写规则。

3.5.1　Makefile 规则和命令

一个基本的 Makefile 文件包含了一系列的规则，其样式如下所示：

目标（target）…: 依赖（prerequiries）…
\<tab\>命令（command）
…
…

目标（target）通常是要产生的文件的名称，可以是可执行文件或者目标文件，同时还可以是一个动作名称，比如"clean"。

在 Makefile 中，第一个出现的目标默认为 Makefile 文件的终极目标。其他的目标往往与第一个目标存在关联。最后一个往往是清除动作，即"clean"目标。在正式的 Makefile 文件中，往往将"clean"目标定义成伪目标".PHONY"，这将避免目标与生成的文件名产生矛盾。

依赖是指与生成的目标存在依赖关系的材料（多数情况是源文件，也有可能是另一个目标），一个目标文件常常有许多依赖。

命令是用来产生目标文件需要执行的操作。命令可以是 Linux 终端中任意可以执行的命令或者 Makefile 的函数。一个规则可以有多条命令，每条命令占一行。命令可以与规则在同一行，不过需要用分号"；"隔开，也可以另起一行，需要特别注意的是：每条命令另起一行时必须以"Tab"字符开始。即命令行的第一个字符为"Tab"。

注　意

命令行的第一个字符必须为"Tab"，其他字符都不行，包括空格字符。这是在编写 Makefile 的过程中容易出错的地方，也是最难发现错误的地方，还请读者注意。

一般地，如果一个依赖发生变化，则需要规则调用相应的命令创建或更新目标。但并不是所有规则都需要依赖文件，例如目标"clean"是用来清除文件的，它不需要依赖。

规则一般是用于解释怎样和何时重建目标文件的。"make"需首先调用命令对依赖进行处理，进而才能创建或更新目标。一个 Makefile 文件可以包含规则以外的其他文本，但一个简单的 Makefile 文件仅仅需要包含规则。下面以一个简单的实例来展示下 Makefile 的基本写法。

```
1    led.bin: start.S
2        arm-linux-gcc -c -o start.o start.S
3        arm-linux-ld -Ttext 0xD0020010 -o led.elf start.o
4        arm-linux-objcopy -O binary led.elf led.bin
5        arm-linux-objdump -D led.elf > led.dis
6    clean:
7        rm -f  *.o  *.elf  *.dis  *.bin
```

分析：

第 1 行，定义了一个规则，在这个规则中出现了第一个目标"led.bin"，同时也是该 Makefile 的目标，依赖文件是"start.S"。

第 2～5 行是该规则下的命令，注意这些命令前的第一个字符是"Tab"字符。第 2 行命令表示将"start.S"汇编成"start.o"。第 3 行命令表示将"start.o"重定位到 0xD0020010 开始的地址处，并产生 ELF 格式的可执行文件"led.elf"。第 4 行命令表示将 ELF 格式的可执行程序"led.elf"复制成二进制格式可执行可程序"led.bin"，即创建目标文件。第 5 行命令表示将"led.elf"反汇编成"led.dis"以便调试程序。

第 6 行定义了一个无依赖的规则，即清除动作"clean"，通过执行"make clean"命令即可执行第 7 行的命令。

第 7 行是"clean"规则的命令，表示清除所有以".o"、"*.elf"、"*.dis"、"*.bin"为后缀名的文件。"rm"是 Linux 下的一个删除文件命令，"-f"选项表示强制删除。关于 Linux 下的常用命令希望读者可以参考《鸟哥的私房菜——基础篇》一书。

概括起来，这个 Makefile 文件实现的任务是：当第一次执行"make"命令时，由于此时还没有生成目标"led.bin"，因此第一条规则下的命令将被执行，即将以此产生"start.o"、"led.elf"、"led.bin"以及"led.dis"。若源文件"start.S"发生了修改，再次执行"make"命令时，第 2～5 行的命令将被重新执行。若"start.S"没有发生任何的变动，再次执行"make"命令时，第 2～5 行的命令将不被执行。这也就是 make 和 Makefile 配合起来高效管理复杂工程文件的机制所在。当执行"make clean"时，将执行"clean"规则下的删除文件命令。即清除编译过程中产生的文件。需要注意的是：执行命令时，终端的当前工作目录应在该工程下。

3.5.2　Makefile 变量

和其编程语言类似，为了方便编写 Makefile，在其中也可以使用变量。在 Makefile 中，定义变量与其他常见的语言一样，就是一个名字（变量名）后面跟上一个等号，然后在等号后面是该变量的值。采用变量，很大程度上可以提高 Makefile 的可维护性。

Makefile 中的变量有如下特征。

a．变量的展开是在 make 读取 Makefile 文件时展开的，其中包括使用"="定义和使用指示符"define"定义的变量。

b．变量的用途非常广泛，可以包括任何需要表达的内容，譬如一个文件名列表、命令参数列表、编译选项列表等。

c．除字符":"、"#"、"="、前置空白字符和后置空白符外，GNU make 不对变量名的命名做出其他限制。一般使用字母、数字、下划线的组合来定义有一定含义的变量名。

d．变量名对大小写是敏感的，即"foo"、"Foo"是两个不同的变量。一般变量命名与其他语言的变量命名规范类似，保持同一种命名风格。

e．在 Makefile 中，存在几个特殊的变量，被称为自动化变量。常见的自动化变量如下："$@"、"$<"、"$^"、"$?"。它们的意义分别是："$@"表示目标文件名，"$<"表示规则中第一个依赖文件名，"$^"表示规则中所有的依赖文件列表，文件名之间用空格隔开，"$?"表示所有比目标文件更新的依赖文件列表，文件名之间间用空格隔开。需要注意的是自动化变量是在规则命令执行时才有效。

定义好一个 Makefile 变量之后，就可以使用该变量了，引用变量的方式是："$（变量名）"或者"${变量名}"。变量引用展开的过程实质上就是严格的文本替换过程，类似于 C 语言中的宏定义展开。

【例 3-36】变量的定义及展开。

```
foo = c
prog.o:prog.$(foo)
$(foo)$(foo) -$(foo) prog.$(foo)
```

被展开后为：

```
prog.o:prog.c
cc -c prog.c
```

Makefile 在引用一些简单的变量时，可以省略"( )"或者"{}"，直接使用"$变量名"的方式引用变量。

在 GNU make 中，变量有两种不同的赋值方式：递归展开方式和直接展开方式。它们之间的区别在于定义的方式和展开时机不同。前者是在使用该变量时才展开该变量的值，即当真正使用该变量时才确定该变量的值。一般采用"="、"?="定义或使用指示符"define"定义。后者在定义时它的值就确定了，一般采用":="定义。需要注意的是"?="方式仅仅在变量还没有定义的情况下生效，即"?="用来定义第一次出现的递归展开变量。在复杂的 Makefile 中，推荐使用直接展开方式的变量，这样不容易出错。表 3-5 总结了变量定义的不同方式的比较。

表 3-5　不同方式的变量定义比较

方法	赋值方式	含义
=	递归展开方式	表示定义一个递归展开方式的变量
:=	直接展开方式	表示定义一个直接展开方式的变量
?=	递归展开方式	定义一个第一次出现的递归展开方式变量
+=	取决变量定义时的类型	给一个已定义的变量追加值
define	递归展开方式	定义一个递归展开方式的变量

3.5.3　Makefile 内嵌函数

编写 Makefile 时，GNU make 提供了许多常用的内嵌函数，这些常用的内嵌函数提供了处理文件名、变量、文本和命令的方法。函数的调用与变量引用的展开方式相同，以"$"开始表示引用，调用的格式如下：

```
$(FUNCTION ARGUMENTS)
```

或者

```
${FUNCTION ARGUMENTS}
```

这里的"FUNCTION"是指函数名，"ARGUMENTS"是该函数的参数，参数与函数名之间用若干个空格或者"Tab"字符分开。若有多个参数，参数之间用逗号","分开。因此参数不应使用逗号和空格。

下面介绍一些常用的 Makefile 内嵌函数，这些函数将在实际的 Makefile 中提供便利。

（1）文本处理函数

① $(subst FROM, TO, TEXT)

subst 函数的功能是将文本"TEXT"中每一处的"FROM"替换成"TO"。函数返回的结果是替换后的结果。例如：

```
$(subst ee, EE, feet on the street)
```

返回的结果是："fEEt on the strEEt"。即字符串中的"ee"被替换成了"EE"。

② $(patsubst PATTERN，REPLACEMENT，TEXT)

patsubst 函数的功能是：在"TEXT"字符中，寻找符合"PATTERN"模式的内容替换成"REPLACEMENT"。其中"PATTERN"和"REPLACEMENT"可以使用通配符。函数的返回结果是替换后的结果。例如：

```
$(patsubst %.c, %.o, x.c.c bar.c)
```

返回的结果是："x.c.o bar.o"。"PATTERN"的"%.c"表示任意以".c"为后缀的文件，"REPLACEMENT"的"%.o"表示以".o"为后缀的文件。该函数的功能就是将"TEXT"字符串中以".c"为后缀名的文件修改为以".o"为后缀名。

③ $(strip STRING)

strip 函数的功能是：去除字符串中的开头和结尾空格字符，并将字符串中的多个连续空白字符合并为一个空白字符。函数返回的结果为处理后的字符串。例如：

```
$(strip a  b  c)
```

返回的结果是："a b c"。

④ $(findstring FIND，IN)

findstring 函数的功能是在"IN"字符串中寻找"FIND"字符串，若存在"FIND"，则返回"FIND"，不存在则返回为空。

⑤ $(filter PATTERN…，TEXT)

filter 函数的功能是去除不符合格式"PATTERN…"的字串，返回由空格隔开且匹配格式"PATTERN…"的字串。例如：

```
$(filter %.c %.s, bar.c foo.c baz.s ugh.h)
```

返回的结果是："bar.c foo.c baz.s"。

⑥ $(filter-out PATTERN…，TEXT)

filter-out 函数是 filter 函数的反函数，它的功能是：去除符合格式"PATTERN…"的字串，返回有空格隔开且不匹配格式"PATTERN…"的字串。例如：

```
$(filter-out %.c %.s, bar.c foo.c baz.s ugh.h)
```

返回的结果是："ugh.h"。

（2）文件名函数

① $(dir NAMES…)

dir 函数的功能是：从文件名序列 "NAMES…"中取出各文件名的目录部分。文件的目录部分包括文件名中的最后一个"/"之前的部分。若文件名中没有"/"，该文件名的目录则为"./"，即当前工作目录。函数返回的结果为以空格隔开的各个文件名的目录。例如：

```
$(dir  src/foo.c hacks)
```

返回的结果是："src/ ./"。

② $(notdir NAMES…)

notdir 函数的功能是：抽取出文件名序列"NAMES…"中的非目录部分，即真正的文件名。函数返回的结果是文件名序列中以空格分隔的真正的文件名。例如：

```
$(notdir  src/foo.c hacks)
```

返回的结果是："foo.c hacks"。

③ $(suffix NAMES…)

suffix 函数的功能是：取出文件名序列"NAMES…"中各个文件名的后缀。函数返回的结果是以空格分隔的各文件名的后缀名。例如：

```
$(suffix  src/foo.c src-1.0/bar.c hacks)
```

返回的结果是：".c .c"。

④ $(basename NAMES…)

basename 函数的功能是：取出文件名序列"NAMES…"中各个文件名除后缀之外的部分。函数返回的结果是以空格分隔的取出的部分。例如：

```
$(basename  src/foo.c src-1.0/bar hacks)
```

返回的结果是："src/foo src-1.0/bar hacks"。

⑤ $(addsuffix SUFFIX，NAMES…)

addsuffix 函数的功能是给文件名序列"NAMES…"中的各个文件名添加后缀"SUFFIX"。函数的返回的结果是添加后缀名之后的文件名序列。例如：

```
$(addsuffix  .c，foo bar)
```

返回的结果是："foo.c bar.c"。

⑥ $(addprefix PREFIX，NAMES…)

addprefix 函数的功能是给文件名序列"NAMES…"中的各个文件名添加前缀"PREFIX"。函数返回的结果是添加了前缀之后的文件名序列。例如：

```
$(addprefix  src/，foo bar)
```

返回的结果是："src/foo src/bar"。

⑦ $(wildcard PATTERN)

wildcard 函数的功能是获取当前工作目录下所有匹配格式"PATTERN"的文件名，函数返回的结果是：以空格分隔的匹配格式"PATTERN"的文件名序列。若当前工作目录下有文件：foo.c、bar.c、foo.h、bar.h，则$(wildcard %.c)的结果为："foo.c bar.c"。

Makefile 中还有其他有用的内嵌函数，本书不在此一一介绍了。要想更详细地了解 Makefile，或者在今后阅读或编写 Makefile 过程中碰到问题，可以参考《GNU Make 使用手册》。

3.6　本章小结

　　本章对 ARM 指令集中的指令有选择地进行了讲解，对 GNU ARM 汇编程序的基本结构进行了分析，一些 ARM 汇编中的常用汇编语言子程序也进行了剖析。较为详细地讲解了编译一个程序的流程，并对其中使用到的编译工具链使用方法进行了说明，包括预处理器 arm-linux-cpp、编译器 cc1、汇编器 arm-linux-as、链接器 arm-linux-ld。此外，还介绍了在嵌入式 Linux 程序开发过程中其他常用的工具，例如文件格式转换工具 arm-linux-objcopy、二进制文件查看工具 arm-linux-objdump。最后，还简单地介绍了 Makefile 的编写方法。这些基础的东西初学起来会有点烦琐、枯燥，但是相信读者经过实例篇的实战后，将会将其熟记于心。

第❹章

<<<<<<<

传递 C 语言的正能量

在上一章中，介绍了 ARM 汇编语言的指令集以及如何编写简单的 GNU ARM 汇编程序。事实上，由于汇编语言最接近于机器语言，能够直接、高效率地操控系统的硬件资源，使用汇编语言更有助于理解计算机的工作过程和原理。此外，掌握好汇编语言能更有助于深入地理解高级语言，为编写更高效的高级语言程序打下坚实的基础，因为高级语言最终都将汇编成特定的汇编语言。

但是，任何东西都有两面性，汇编语言作为计算机的底层语言，适合应用于编写与系统硬件有直接交互的底层软件，再加上汇编语言在执行上的高效率，这样就必然会导致其在开发复杂软件上的低效率。可喜的是，作为高级语言中的代表 C 语言，可以克服汇编语言这一不足之处。此外，C 语言作为高级语言中的"低级语言"，它以开发效率高、灵活的优点成为众多高级语言的典型代表，被广泛地应用在嵌入式开发领域里。

C 语言本身的内容非常丰富，本书不可能对 C 语言进行全方位的介绍和讲解，在本章中重点介绍一些在实际的嵌入式软件开发过程中常用的 C 语言基础知识和技巧，以便更有针对性地提高 C 语言编程能力。

为了更好地结合 ARM 汇编语言和 C 语言的优点，在本章中，还将简单地介绍 ARM 汇编语言与 C 语言混合编程的基本知识点，这将有助于开发者编写出更高效率的程序。

4.1 数据类型基础

ARM 编译器支持整数型和浮点型数据，在本书所有实验中仅仅用到的数据类型有 char、int 两种。

- char 表示 1 个字节的数据，长度为 8 位。
- int 表示 1 个字数据，长度为 32 位。

怎么去理解数据类型呢？可能很多人小时候有自己动手制作雪糕的经历，把绿豆汤加点奶油拌匀后倒在制作雪糕的模子里面，然后把模子放到冰箱里冻几个小时，最后取出模子，雪糕就做好了，而且雪糕的形状跟模子的形状一样。其实这个"模子"就像这里的数据类型，定义变量就像在内存里面"冻雪糕"。

现在就来尝试着理解：当写 int var=3 的时候，其实是在内存里面"冻结"了一个跟 int 这个"模子"一样大小的内存片，这里是 4 个字节，并且向这个内存片里面写入初值 3，那么以后怎么找到这个内存片呢？给它起个名字 var，因此在程序里想改变这个内存片值时就可以对 var 进行赋值。因此用其他数据类型（如 short、long、float 等）定义变量是一样的道理，都是在内存里面"冻雪糕"，只不过不同的"模子"冻出来的"雪糕"不一样而已。

此外，对于各种数据类型具体大小，读者不必强记，C 语言中有专门用于测量这个"模子"大小的关键字 sizeof，虽然这个关键字"自古以来被误认为是个函数"，例如，sizeof（int）计算 int 型数据所占的字节数。

4.1.1　用 typedef 和#define 定义类型

常用 typedef 来声明新的类型名来代替已有的类型名，这主要是便于移植。例如，在程序中经常会看到如下语句：

```
1    typedef unsigned int U32
2    ……
3    U32 var = 3 ;
```

第 1 行用 typedef 声明了一个类型 U32 来代替 unsigned int，这样书写起来也比较方便，从 U32 可以很容易地看出这是一个 unsigned 型数据（前面的 U 表示这个意思），后面的 32 表示这是一个 32 位的数据。

第 3 行用刚才声明的 U32 定义了一个变量 var。

在程序中可以看到用#define 来定义新的数据类型。

```
1    #define U32 unsigned int
2    ……
3    U32 var = 3 ;
```

第 1 行用#define 定义了一个类型 U32 来代替 unsigned int。

第 3 行用刚才声明的新类型 U32 定义了一个变量 var。

以上两种类型定义方法的不同之处在于 typedef 是在编译阶段处理的，而#define 是在预处理阶段处理的，因此 typedef 有类型检查的功能，而#define 没有类型检查的功能。它们的共同之处是：typedef 和#define 都只是为某种类型取了一个别名，而非真正定义了新的数据类型。

4.1.2　用 signed 和 unsigned 修饰数据类型

关键字 signed 和 unsigned 常作为数据类型修饰符加在数据类型的前面，如 unsigned int。signed 称为有符号型，unsigned 称为无符号型。

例：signed int 和 unsigned int

分析：signed int 表示有符号整型，一个 int 型数据是 32 位，前面加 signed 修饰符后，最高位用做符号位（0 表示正数，1 表示负数），剩下的 31 位才是数据的有效位，因此 signed int 能表示的数据范围是 $-2^{31} \sim 2^{31}-1$。而 unsigned int 表示无符号整型，32 为有效数据位，因此一个 unsigned int 表示数据范围是：$0 \sim 2^{32}-1$。

4.1.3 volatile 和强制类型转换

C 语言总共有 32 个关键字，而 volatile 就是其中的一个，可能部分初级程序员也只知道它的存在而已。学习 C 语言的时候没有用到 volatile 关键字，是因为这个关键字用来修饰变量时表示该变量的值可能被硬件更改，因此每次读取这个变量值的时候要重新从内存中读取这个变量的值，而不是使用保存在寄存器里的备份。

此外，从前文中关于数据类型和"模子"的讨论中可以看到，不同的数据类型长度是不一样的（就像不同模子的大小不一样），因此当操作数的数据类型不一样时需要用到类型转换（当然 C 语言内部有隐式转换规则），将其称为强制类型转换。

【例 4-1】#define rBWSCON　　(*(volatile unsigned *)0x48000000)

分析：为了便于理解可以暂时把 volatile 去掉，因此关键是理解这个定义(*(unsigned *)0x48000000)，0x48000000 仅仅是一个十六进制表示的数据而已，但是前面用（unsigned *）修饰，表示将 0x48000000 强制转换为一个地址指针，即（unsigned *）48000000 指向内存中地址 0x48000000 处，准确地说是指向内存中从0x48000000 开始的连续的 4 个字节的内存片中（0x48000000~0x48000003），因此，（unsigned *）48000000 其实就是（unsigned int *）48000000 的缩写。如图 4-1 所示。

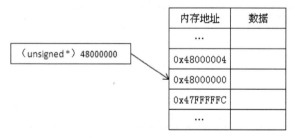

图 4-1　(unsigned *)48000000 实例

然后在（unsigned *）48000000 前面再加个*，这里的*是指针运算符（也叫"间接访问"运算符），表示取该内存单元中的数据。

最后再看#define rBWSCON　　(*(unsigned *)0x48000000)，表示用#define 定义了宏定义类型 rBWSCON，rBWSCON 含义和(*(unsigned *)0x48000000)完全相同，都表示访问内存单元 0x48000000 中的数据。因此在程序中可以看到下面的语句：rBWSCON = 0x00000003，就相当于(*(unsigned *)0x48000000) = 0x00000003，其实就是向内存单元 48000000 中写入了对应的数据，如图 4-2 所示。

此外，读者可能已经注意到，在刚开始讨论时，为了讨论方便把 volatile 去掉了，其实 volatile 关键字只是表示每次读写该内存单元中的数据时都要到内存单元处去读取，而不是读取寄存器中的备份值。

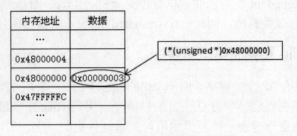

图 4-2　(*(unsigned *)0x48000000)示意图

　　在嵌入式软件开发中，volatile 是一个非常重要的关键字，特别是在一些关键资源中的处理上，经常需要将该资源修饰为 volatile 类型，以确保访问该资源的正确性。

4.2　深入理解位运算符和位运算

　　位运算是指二进制位之间的运算。在嵌入式系统设计中，常常要处理二进制位的问题，如将某个寄存器中的某一位置 1 或置 0，将数据左移 5 位等。本书中常用的位运算符如表 4-1 所示。

表 4-1　位运算符

运算符	含义
&	按位与
|	按位或
~	按位取反
<<	左移
>>	右移

4.2.1　按位与运算符（&）

　　按位与运算规则：参加运算的两个操作数，每个二进制位进行"与"运算，若两位都是 1，则结果为 1，否则为 0。

　　【例 4-2】1001 & 1011 运算过程如图 4-3 所示。

```
  1001
& 1011
  ----
  1001
```

图 4-3　按位与运算

4.2.2　按位或运算符（|）

　　按位或运算规则：参加运算的两个操作数，每个二进制位进行"或"运算，若两位都是 0，则结果为 0，否则为 1。

【例 4-3】1000 | 1010 运算过程如图 4-4 所示。

```
    1000
|   1010
    1010
```

图 4-4 按位或运算

4.2.3 按位取反运算符（~）

按位取反运算符用来对一个二进制数按位取反。

例如～1000 表示将 1000 按位取反，得到结果 0111。

4.2.4 左移和右移运算符（<<）、（>>）

左移运算（<<）用来将一个数左移若干位，右移运算（>>）用来将一个数右移若干位。移位运算符有两种，一种是逻辑移位，另一种是算术移位。对于逻辑移位而言，逻辑左移时，被移出的高位丢弃，从右边移入的低位补零。逻辑右移则类似。对于算术移位来说，无符号数及正的有符号数的算术左移和算术右移与逻辑左移和逻辑右移结果相同；对于负数，算术左移和算术右移在执行移位时高位的移入移出需要保留，即在左移时，最高位保持不变，其他位依次往左移，低位补零，右移时，高位移入最高位相同的位，低位丢弃。在嵌入式开发中使用移位一般是指逻辑移位。

【例 4-4】假设 val 是个 unsigned char 型数据，对应的二进制数是 10010110，则 val = val << 3，表示将 val 左移三位然后赋值给 val，注意左移过程中，高位移出去后被丢弃，低位补 0。最后 val=10110000。

【例 4-5】假设 val 是个 unsigned char 型数据，对应的二进制数是 10010110，则 val = val >> 3，表示将 val 右移三位然后赋值给 val，注意右移过程中，低位移出去后被丢弃，高位补 0。最后 val=00010010。

4.2.5 位运算应用实例分析

那么上述位运算符有什么用处呢？一般按位与用来"清零"，按位或用来"置位"。在嵌入式开发中，常常需要对某一个引脚的状态或某一个特殊功能寄存器的一位或几位进行"清零"和"置位"操作。综合使用位运算操作，可以达到上述所说的"清零"和"置位"操作，请看下面的实例。

【例 4-6】假设某处理器 I/O 端口 PORT B 共有 10 个引脚，可以修改 POTR B 的控制寄存器 GPBCON 中相应的位来实现将不同的引脚设为输入或者输出功能。

```
1   #define rGPBCON    (*(volatile unsigned *)0x56000010)
2   rGPBCON &= ~(3 << 10) ;
3   rGPBCON |= (1<<10) ;
```

分析：

第 1 行用#define 定义了 rGPBCON，以下对 rGPBCON 的访问其实就是对内存单元 0x56000010 的访问（准确地说是对 0x56000010～0x56000013 这个内存片的访问），这是 GPBCON 寄存器的地址，因此对 rGPBCON 的访问就是对控制寄存器 GPBCON 的访问。

第 2 行（3 << 10）得到 00000000000000000000011000000000，然后按位取反

得到 111111111111111111111100111111111。rGPBCON &= ～(3 << 10)相当于 rGPBCON =rGPBCON & (～(3 << 10))，即将 rGPBCON 的值与～(3 << 10)按位与。通俗地理解，其实就是将 rGPBCON 中第 10、11 两位清零。

第 3 行 rGPBCON |= (1<<10)相当于 rGPBCON = rGPBCON | (1<<10)，有了前面的分析，这一句很好理解：将第 10、11 位的值赋为 01，此时 GPB5 被设置成了输出功能。

读者可能会问为什么要用上面的步骤来将 GPBCON 的第 10、11 位的值赋为 01 呢？其实这是在开发中的一小技巧，对硬件寄存器的访问都是采取这种"先与后或"的方式，这样的优点是不会影响寄存器中其他位的设置（与"1"相与值不变，与"0"相或值不变）。

【例 4-7】下面的例子展示了如何点亮一个 LED，假设当 GPB5 输出低电平时 LED 亮，则点亮 LED 的思路可以总结为：第一，通过配置 GPBCON 寄存器将 GPB5 设置为输出功能；第二，向寄存器 GPBDAT 的第 5 位写入 0（这里就涉及到将某一位"清零"），即可在 GPB5 引脚输出低电平，此时 LED 就会点亮了。

下面是控制 LED 亮灭的程序：

```
1    #define rGPBDAT     (*(volatile unsigned *)0x56000014)
2    rGPBDAT &= (～(1 << 5));
3    rGPBDAT |= (1 << 5) ;
```

分析：

第 1 行用#define 定义了 rGPBDAT，以下对 rGPBDAT 的访问其实就是对控制寄存器 GPBDAT 的访问。

第 2 行将 GPBDAT 寄存器的第 5 位清零，实现了 GPB5 引脚输出低电平，也就是点亮了 LED。

第 3 行将 GPBDAT 寄存器的第 5 位置 1，实现了 GPB5 引脚输出高电平，也就是关闭了 LED。

总结：在上面的应用实例中也反映了用 ARM 程序来控制 I/O 端口的基本思路：通过程序控制 ARM 的 I/O 端口时，先要找到 I/O 端口的控制寄存器地址（端口控制寄存器的地址是确定的，可以查阅芯片的用户手册），通过"先与后或"的方式将相应的端口设置成所需要的功能（如设置成输入、输出功能等），然后向 I/O 端口的数据寄存器写入相应的值即可，一般会用到位运算中的"清零"和"置 1"功能。

4.3 防止文件重复包含技巧

在第 3 章中讲到：编译器对 C 语言源程序进行处理大致经过预处理（preprocess）、编译（compile）、汇编（assemble）和链接（linking）共 4 个步骤最终才生成可执行程序，一般在对源程序进行语法和词法分析之前，先要对程序进行预处理，C 编译器专门提供了部分预处理指令来指示编译器如何对源程序进行预处理，预处理指令以#开始，单独占一行。

这里讲解的#ifndef 和#endif 主要是用在防止头文件重复包含的情况，这对于模块化开发至关重要。

【例 4-8】下面是 led.h 文件的内容。

```
1    #ifndef  __LED_H__
2    #define  __LED_H__
3    extern void Led_Init();
4    extern void Led1_On();
5    extern void Led1_Off();
6    #endif
```

分析：

第 1 行用#ifndef 测试__LED_H_是否定义过，如果没有定义，则会执行第 2 行定义__LED_H_，然后依次执行下面的声明语句。

第 3～5 行用 extern 声明了一个外部函数，即函数 Led_Init()是在其他文件中定义的，本文件可能要用到，因此要声明一下。

4.4　本章小结

本章对 ARM C 语言程序开发过程中的基础知识进行了讲解，重点分析了位运算的定义和具体应用实例，同时还介绍了利用条件编译来防止文件重复包含的技巧。C 语言编程灵活方便，便于移植，但是对某些寄存器无法直接访问；汇编语言可以直接控制寄存器，编译效率高，但是编程不方便且不利于移植，因此在程序开发过程中需要结合两种语言的优点，各取所长，这就是采取混合编程的原因所在。虽然 ARM 支持汇编语言和 C 语言混合编程，但是诸如函数调用过程中的参数传递、返回值传递以及寄存器的使用方面需要符合特定的规则（APCS）才能真正地混合编程。本章只是简要地进行了阐述，但这些知识足够读者在入门阶段的需要，一旦掌握了基础知识后，参考一下相关资料即可很快掌握混合编程。

第5章

ARM 汇编与 C 语言混合编程的那些事儿

ARM 体系结构支持 C 和汇编语言的混合编程，C 语言中可以调用汇编语言中的子程序，汇编语言也可以调用 C 语言中的子程序，C 语言程序结构清晰，但有些功能是 C 语言无法实现的，如无法用 C 语言实现开关中断，而这恰恰是汇编语言的优点，所以为了更好地实现程序功能，有时候采取混合编程的方式，例如，当从 NAND FLASH 启动时，需要将代码搬移到 SDRAM 中，这时就需要在汇编语言中调用 C 语言中对 NANF FLASH 的操作函数来实现。

此外，关于混合编程，初学者大可不必为了复杂的参数传递花费太多的时间，只需要掌握基本的几个规则即可，经过一段时间的练习后，就会慢慢掌握并能熟练运用这些规则。

5.1　一个混合编程实例的实现

既然是两种语言程序间的相互调用，这就涉及到参数的传递问题，解决好 C 语言程序和汇编语言程序间参数传递和返回值传递的问题是实现混合编程的关键，而 APCS（ARM Process Call Standard）正是定义了一系列的规则来解决上述问题。

下面通过两个实例分析混合编程问题。

【例 5-1】汇编语言源文件 asm.s 的内容如下。

```
1    .text
2    .global _start
3    .global sum
4    .global loop
5    .import Main
6    _start:
7        b Main
```

```
8   sum:
9       add r0,r0,r1
10      mov pc,lr
11  loop:
12      bl loop
13      .end
```

分析：

第 1、13 行是 GNU ARM 汇编程序的基本结构，".text"创建一个代码段，一般用"_start"指定程序入口点，".end"指定了汇编程序的结束。

第 3、4 行用".global"声明了一个外部标号 sum 和 loop，其实就是说在 C 语言中要引用 sum 和 loop，所以要在汇编语言文件中用".global"将其声明一下。

第 5 行用".import"声明了 C 语言中定义的函数 Main，在汇编语言中调用 C 语言中的函数或者全局变量时要用".import"伪操作在汇编语言文件中声明一下，否则编译器会报错。

第 6 行定义了一个标号"_start"，表示第一条指令开始的地方。当然这里只是为了演示汇编与 C 语言的混合编程，中间省略了一些必要的初始化代码，直接调用主函数 Main。

第 7 行用 b 跳转指令，实现程序跳转到 C 语言程序 Main 处。

第 8、9、10 行给出了书写汇编语言子程序的范例，先给出函数名，如 sum，然后写函数的内容，如 add r0，r0，r1，最后通过 mov pc，lr 指令即可实现返回，因为 lr 寄存器中保存了程序返回时的地址。

第 11、12 行定义了一个死循环。

【例 5-2】C 语言源文件 ctest.c 的内容如下。

```
1  extern int sum(int,int) ;
2  extern void loop(void) ;
3  void Main(void)
   {
4    int val ;
5    val = sum(2,3) ;
6    if(val == 5)
     {
7      loop() ;
     }
   }
```

分析：

第 1 行用 extern 关键字声明了一个外部函数 sum，这个函数就是在汇编语言文件中定义的，相信很多初学者会有这样的疑问：在汇编语言中定义 sum 时并没有指定函数返回值的类型是 int，也没有指定函数需要两个参数，且参数的类型是 int，这里怎么声明为 extern int sum(int,int)呢？这就涉及到了 APCS 规则。了观察汇编语言中定义的 sum，函数体部分是 add r0，r0，r1，那么 r0 和 r1 的值是多少呢？APCS

规则是当 C 语言程序调用汇编语言程序时寄存器 r0~r4 用来传递函数的参数，链接寄存器 r14（lr）用来保存程序的返回地址，r0 用来传递函数的返回值。此外在 ARM 中寄存器是 32 位的，因此正好是 int 型，所以函数的返回值类型和参数类型都是 int 型。既然链接寄存器 lr 中保存了程序的返回地址，那么汇编程序中 mov pc，lr 指令将 lr 中的值加载到 pc 中即可实现子程序的返回。

第 2 行用 extern 声明了一个外部标号 loop，有了前面的讲解，不难理解 loop 没有返回值，也不需要参数，因此是 void loop(void)。

第 5 行调用函数 sum（），并且参数是 2 和 3，则此时 r0=2，r1=3，lr=返回地址，然后程序跳转到汇编语言程序 sum 处开始执行，执行完后返回值保存在 r0 中，此时 r0=5。

第 6 行判断 val 的值是否等于 5，如果等于 5 则跳转到 loop( )执行。

通过这个简单的实验，可以很容易地理解 ARM 汇编语言和 C 语言混合编程的基本思路。其中主要涉及的问题有：参数如何传递、返回值如何传递、函数调用结束后如何正确返回等。

下面对 APCS 规则进行简要讲解，读者不需要太多的关注，因为在初学阶段不会涉及到复杂的混合编程问题，读者只需要有个大概的了解即可，等真正需要的时候再进行深入的学习。

5.2　APCS 规则概述

APCS（ARM Process Call Standard）即 ARM 过程调用规则，定义了一系列的规则来保证 ARM 汇编语言程序和 C 语言程序之间能够协调工作。其中涉及到函数参数的传递问题、返回值的传递问题以及函数调用过程中寄存器的使用、堆栈的使用等问题，下面对几个常用的规则进行讲解。

5.2.1　寄存器的使用

APCS 规定的寄存器的使用规则：R0~R3 用来传递函数的参数，R4~R11 用来保存函数的局部变量，R13（sp）用做堆栈指针，用来保存当前处理器模式的栈顶指针，链接寄存器 R14（lr）用来保存子程序的返回地址。

现在回顾上面的例子中，函数 sum 的参数只有两个，因此传递参数时只用到了寄存器 R0 和 R1，程序的返回地址保存在链接寄存器 R14(lr)中。

5.2.2　参数传递

当子程序的参数个数小于等于 4 个数时，参数传递可以通过寄存器 R0~R4 来实现。在传递实参时，按照调用函数参数的顺序，从右向左依次传递给 R0~R4。当参数的个数大于 4 个时还需要借助堆栈来传递参数，对于初学者而言，一般不会涉及到这种情况，为了降低学习的难度，暂时可以不予考虑。

5.2.3 函数的返回值

如果函数的返回值是个 32 位的整数，则一般是通过寄存器 R0 来传递的，如果结果是 64 位整数，则此时只用寄存器 R0 传递是无法完成的，这种情况下函数的返回值可以通过寄存器 R0 和 R1 来传递。

5.3 本章小结

本章主要介绍了 ARM 汇编与 C 语言混合编程的一些常见的规则和用法，初学者在学习混合编程时基本只需掌握常见寄存器的使用、参数传递规则以及函数的返回值如何在汇编语言与 C 语言中传递即可。对于一些其他的用法，读者可以按照自己的需要参考 ARM 提供的 APCS 手册。

第6章

点亮神奇的流水灯

◀◀◀◀◀◀◀

经过前面 5 个章节的学习，已经搭建好了嵌入式 Linux 环境下的 ARM 开发软硬件开发平台，也掌握了编写汇编语言以及 C 语言的基础知识。从本章开始，以 Samsung 公司的 Cortex-A8 处理器 S5PV210 为样板机，笔者将带领读者一起开始动手编写 S5PV210 处理器相关外设的基础实验，以期通过一系列的实验来熟悉 ARM 裸机开发的基本流程，对 ARM 处理器的硬件资源、工作流程有更深一步的学习和认识。

本章所要学习的外设是 GPIO 接口。GPIO 接口是嵌入式开发中最基础、最容易上手的外设之一。在 TQ210 开发板上，与 GPIO 接口相关的实验包括 LED 流水灯、蜂鸣器等。在本章中将向读者展示如何点亮一个 LED 灯，以此来打开嵌入式开发过程中诸多细节的大门。就像在学习一门新的编程语言时，点亮一个 LED 灯如同打印出"Hello World"，在嵌入式开发中一个简单的点亮 LED 背后隐藏着许多知识，有硬件方面的，也有软件方面的，只要能顺利点亮 LED，相信其他的硬件操作都顺理成章了。

通过本章的学习，希望读者能够熟悉嵌入式 Linux 环境下 ARM 开发中编程、编译及烧写程序的基本方法和步骤，能够结合 S5PV210 的数据手册，掌握 GPIO 硬件的基本构成，进一步理解如何通过程序来控制硬件工作。

6.1 S5PV210 处理器 GPIO 接口概述

GPIO（General Purpose Input/Output，通用输入/输出）是处理器中最常见的外设，本质上 GPIO 接口就是一些引脚，这些引脚可以通过相应的控制寄存器配置成若干种不同的功能，例如当某个 GPIO 引脚配置成输出功能时，该引脚可以输出高电平或者低电平，当配置成输入功能时，可以用来判断该引脚的状态，此外还可以配置成其他功能完成特殊的任务。

S5PV210 处理器总共有 237 个多功能 GPIO 引脚。这些通用引脚可以分为 34 组，它们分别是：GPA0、GPA1、GPB、GPC0、GPC1、GPD0、GPD1、GPE0、GPE1、GPF0、GPF1、GPF2、GPF3、GPG0、GPG1、GPG2、GPG3、GPH0、GPH1、

GPH2、GPH3、GPI、GPJ0、GPJ1、GPJ2、GPJ3、GPJ4、MP0_1、MP0_2、MP0_3、MP0_4、MP0_5、MP0_6、MP0_7。在这些 GPIO 中，大多数的引脚都是多功能的，例如其中有 146 个引脚具有中断功能，32 个引脚具有外部中断。

与之前的 ARM 系列处理器不同的是，S5PV210 处理器的 GPIO 接口被分成了 A、B 两个不同类型的 GPIO 接口，这两类不同的 GPIO 接口在端口电压、驱动电流以及速度上有所区别。其中 GPA0、GPA1、GPC0、GPC1、GPD0、GPD1、GPE0、GPE1、GPF0、GPF1、GPF2、GPF3、GPH0、GPH1、GPH2、GPH3、GPI、GPJ0、GPJ1、GPJ2、GPJ3、GPJ4 为 A 型（正常型 I/O），端口电压为 3.3V；GPB、GPG0、GPG1、GPG2、GPG3、MP0_1、MP0_2、MP0_3、MP0_4、MP0_5、MP0_6、MP0_7 为 B 型（快速型 I/O），端口电压为 3.3V。以上所有的 GPIO 接口在不同的供电电压及配置下，工作电流会有所区别，如需具体的数据请查阅 S5PV210 处理器的用户手册。

GPIO 接口编程是嵌入式开发中最基本的技能，是控制其他设备的基础。初学者必须掌握好控制 GPIO 的方法。

6.1.1　GPIO 的结构简介

与以往处理器不同的是，由于 S5PV210 处理器加入了更加高级的电源管理功能单元(Power Manage Unit, PMU)，为了对 GPIO 引脚的功耗、驱动能力有更好的控制，故 S5PV210 处理器在 GPIO 的结构上存在了较大的差异。

S5PV210 处理器 GPIO 的结构框图如图 6-1 所示。

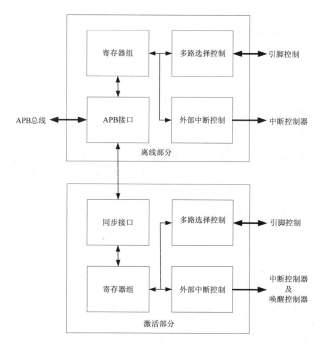

图 6-1　S5PV210 处理器 GPIO 的结构框图

从图 6-1 可以看出，S5PV210 处理器的 GPIO 接口由两部分组成，它们分别是激活部分和离线部分。对于激活部分而言，该部分在睡眠模式也处于供电状态，所以 GPIO 寄存器中值在睡眠模式将得到保留。而离线部分则不同，睡眠模式时，该部分处于掉电状态，相应的寄存器中的值将会丢失。

由于 S5PV210 处理器的 GPIO 分为激活部分和离线部分，因此相应地就有了两组控制寄存器来对正常工作模式和掉电工作模式❶下的 GPIO 进行配置。其中一组在正常工工模式下起作用，它们分别是：GPxCON、GPxDAT、GPxPUD、GPxDRV，其中的"x"可以为 A0、A1、B、C0、C1 等。另一组则是在掉电工作模式起作用，它们分别是：GPxCONPDN、GPxPUDPDN，这里的"x"和第一组中的"x"含义一样。

一旦 S5PV210 处理器进入掉电工作模式，关于 GPIO 引脚的相关配置以及内部上、下拉电阻的配置由掉电模式下的寄存器 GPxCONPDN 和 GPxPUDPDN 来控制。

6.1.2 GPIO 的操作方法

根据上一小节的介绍，S5PV210 处理器的 GPIO 由激活和离线两部分组成，这两部分在不同的工作模式下分别受不同的寄存器组所控制。在介绍如何对 GPIO 口进行控制之前，首先来介绍一下这两组相关的寄存器的功能及相关情况。

（1）正常工作模式下的相关寄存器

正常工作模式下的寄存器组有 GPxCON，GPxDAT，GPxPUD 以及 GPxDRV。它们的功能及相关情况如下所述。

① 控制寄存器 GPxCON

控制寄存器 GPxCON 的作用是将相应的 GPIO 口配置成特定的功能。在 S5PV210 处理器中，一般使用 GPxCON 的 4 个比特来确定某一个 GPIO 口的功能。

以 A0 组 I/O 口为例，从 S5PV210 处理器的用户手册了解到，A0 口有 GPA0[0]、…、GPA0[7]等 8 个 GPIO 口，GPA0CON 分为了 8 组，每组 4 个比特，分别来描述对应的 GPIO 口的功能。如 GPA0CON[3:0]用来描述 GPA0[0]的功能，其中"0000"表示输入，"0001"表示输出，"0010"表示第 0 个串口的接收端口，"0011～1110"为保留字段，"1111"表示外部中断 0。因此，若想把 GPA0[0]设置成输出功能，可以采用如下所示的代码片段来实现。

【例 6-1】 将 GPA0[0]设置成输出功能。

```
1  #define      rGPA0CON  (*(volatile unsigned *)0xE0200000)
2  rGPA0CON &= ~(0xF << 0) ;
3  rGPA0CON |= (1<<0) ;
```

代码详解：

第 1 行使用#define 宏定义了一个符号 rGPA0CON，之后对 rGPA0CON 的访问

---

❶ 这里的掉电工作模式包括了三种情况：停止模式、深度停止模式以及睡眠模式。

就是对内存地址 0xE0200000 的访问，即对 PA0CON 寄存器的访问。若有疑惑，请参阅本书的 4.1 节的相关内容。

第 2 行的功能是将 GPA0CON 寄存器的低 4 位清零，其他位均保持不变。

第 3 行则是将 GPA0[0] 的功能设置成输出功能，即令 GPA0[3:0]=0001。

从上面的例子可以看出，在对某一个 GPIO 口设置功能时所采取的方法一般是"先与后或"。这样做的好处在于既可以达到设置某一个引脚的功能，也不会影响到其他引脚。

② 数据寄存器 GPxDAT

数据寄存器 GPxDAT 的作用在于：当某一个 GPIO 引脚被配置成输出功能时，引脚的状态与 GPxDAT 对应位的值一致；当某一个 GPIO 引脚被配置成输入引脚时，GPxDAT 相应位的值与引脚的状态一致；当某一个 GPIO 引脚被配置成其他功能时，GPxDAT 相应位的值被视为未定义。

【例 6-2】 使 GPA0[0] 引脚输出高电平。

```
1   #define     rGPA0CON  (*(volatile unsigned *) 0xE0200000)
2   #define rGPA0DAT  (*(volatile unsigned *) 0xE0200004)
3   rGPA0CON &= ~(0xF << 0) ;
4   rGPA0CON |= (1<<0) ;
5   rGPA0DAT |= (1<<0);
```

代码详解：

在这段代码中，第 1、3、4 行的功能已经分析过了，第 2 行的功能与第 1 行的功能类似，以后对 rGPA0DAT 的操作就是对 GPA0DAT 寄存器的操作。

第 5 行利用"或"复合表达式将 GPA0DAT 的最低位 GPA0DAT[0] 置 1，其他位保持不变。

需要说明的是，尽管 S5PV210 处理器中所有的特殊功能寄存器的位数均为 32 位，但数据寄存器 GPxDAT 有效位数与该组 GPIO 的实际的 I/O 口数目相同。比如，GPA0 寄存器只有 8 个 IO 口，故 GPA0DAT 只有 GPA0DAT[0]、…、GPA0DAT[7] 共 8 个有效位数。作为输入输出功能时，GPA0DAT 的低 8 位的值分别对应于 8 个 I/O 口的状态。

③ 内部上、下拉电阻使能寄存器 GPxPUD

与以往的 ARM 处理器类似，S5PV210 处理器内部也自带了内部上拉电阻，同时还提供了内部下拉电阻。开发者可以根据实际需要选择是否使能内部上拉电阻。一般而言，GPxPUD 使用其中的 2 位来确定是否使能某一个 GPIO 引脚的内部上、下拉电阻，上拉电阻使能还是下拉电阻使能。

对于 GPA0 而言，由于 GPA0 具有 8 个 GPIO 引脚，因此 GPxPUD 使用 16 位来描述 8 个 GPIO 引脚的内部电阻使能情况。以 GPA0[0] 为例，当 GPxPUD[1:0] = "00" 时，GPA0[0] 既不使能内部上拉电阻，也不使能内部下拉电阻；当 GPxPUD[1:0]= "01" 时，GPA0[0] 使能内部下拉电阻；当 GPxPUD[1:0] = "10" 时，GPA0[0] 使能内部上拉电阻；当 GPA0[1:0] = "11" 时，为系统保留的状态。

这里需要说明一下内部上拉电阻和下拉电阻的概念与作用。内部上拉电阻是指 GPIO 引脚通过芯片内部的一个电阻与高电平 V_{CC} 相连。类似地，内部下拉电阻则是指 GPIO 引脚通过芯片内部的一个电阻与地 GND 相连。它们的原理图如图 6-2 所示。

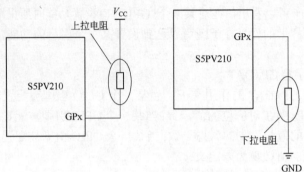

图 6-2　上拉电阻与下拉电阻示意图

上拉电阻和下拉电阻的作用在于：对 COMS 芯片而言，引脚悬空容易受到外界的电磁干扰，因此为了防止静电对器件造成损坏，不用的引脚不能悬空，一般接上一个电阻，当电阻另一端接电源时称该电阻为上拉电阻，即将引脚电平上拉到高电平，当电阻另一端接地时，称该电阻为下拉电阻，即将引脚电平拉到低电平；芯片的引脚加上拉电阻来提高输出电平，从而提高芯片输入信号的噪声容限，进而增强抗干扰能力。

此外，对于上拉电阻的作用还在于：TTL 电路与 CMOS 电路级联时，由于门限电压的不同，需要借助于上拉电阻来匹配 TTL 电路和 CMOS 电路。在使用 OC 或 OD 门电路时，必须采用上拉电阻才能实现正常的功能。上拉电阻还可以增强 GPIO 的电流驱动能力。

④　驱动电流控制寄存器 GPxDRV

从 Cortex 系列的 ARM 处理器开始，GPIO 引脚均可以通过设置 GPxDRV 来控制驱动电流的大小。S5PV210 处理器也不例外，同样可以通过设置驱动电流控制寄存器 GPxDRV 来调节 GPIO 引脚的电流大小。在 S5PV210 处理器中，GPIO 的驱动电流大小分为了 4 个等级。自然地，每一个引脚的驱动电流大小需要 2 位来编码。例如，对于 GPA0[0]而言，当 GPxDRV[1:0] = "00" 时，GPA0[0]的驱动电流为 1x，当 GPxDRV[1:0] ="01" 时，GPA0[0]的驱动电流为 2x，依次类推，当 GPxDRV[1:0]= "11" 时，GPA0[0]的驱动电流为 4x。其中的 "x" 表示驱动电流的基准大小。

同样地，在设置 GPIO 的内部上、下拉电阻使能以及驱动电流大小的方法与之前的配置 GPIO 的功能方法类似，在此不再赘述，同时还可参考后面的实例程序。

（2）掉电工作模式下的相关寄存器

掉电工作模式下，GPIO 是通过另外两个寄存器来控制的，它们分别是 GPxCONPDN 和 GPxPUDPDN。接下来了解一下这两个寄存器的作用及相关情况。

① 掉电模式控制寄存器 GPxCONPDN

掉电模式下，GPIO 引脚的功能由掉电模式控制寄存器 GPxCONPDN 来控制。在掉电模式下，GPIO 引脚的功能有 4 种，它们分别是：输出 0、输出 1、输入以及保持前一时刻的状态。显然，GPxCONPDN 需要使用 2 位来区分这 4 种不同的功能。

同样以 GPA0 为例，当 GPxCONPDN[1:0] = "00" 时，GPA0[0]的功能是输出 0；当 GPxCONPDN[1:0] = "01" 时，GPA0[0]的功能是输出 1；当 GPxCONPDN[1:0] = "10" 时，GPA0[0]的功能是输入；当 GPxCONPDN[1:0] = "11" 时，GPA0[0]的功能是保持前一时刻的状态。

② 掉电模式内部上、下拉电阻使能寄存器 GPxPUDPDN

掉电模式下的内部上、下拉电阻使能寄存器 GPxPUDPDN 的功能与正常工作模式下的内部上、下拉电阻使能寄存器 GPxCONPDN 一样。在掉电工作模式下，S5PV210 处理器的 GPIO 的内部上、下拉电阻需要重新配置，配置的方法与正常模式下的内部上、下拉电阻使能寄存器完全一致，读者可结合 S5PV210 处理器的用户手册进行配置。

6.1.3　GPIO 应用实例

在本小节中，将以点亮一个 LED 灯为任务，以期巩固 GPIO 操作步骤并熟悉 GPIO 编程的方法。

在 TQ210 开发板上，提供了两个 LED 灯，结合 TQ210 开发板的用户手册，读者可以看到关于这两个 LED 的原理图如图 6-3 所示。

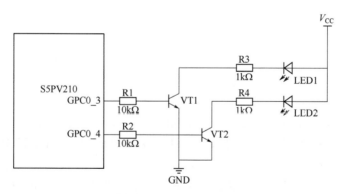

图 6-3　LED 电路原理图

由模拟电子技术知识可以知道，LED 灯实质上就是一个 PN 结，由于 PN 结的单向导电性，LED 的正负两极加上足够的正向电压，则 LED 灯就能导通。但此时 LED 并不一定能发出足够的光。当 LED 灯流过的电流足够大时，LED 灯就会被点亮。一般而言，只要给 LED 灯施加 1～2mA 的电流即可发光。

结合图 6-3 所示的 LED 接口电路，以 LED1 灯为例，发现 LED1 灯的正极与 V_{CC} 电源电压相连，负极与 1kΩ的限流电阻 R3 相连，最后通过一个 NPN 三极管

VT1 所组成的共射极放大电路与 S5PV210 的 GPC0[3]相连。VT1 所组成的共射极放大电路在此支路中主要是为了放大电流。放大电路的基极通过一个 10kΩ的电阻 R1 最终与 GPC0[3]相连接。

根据共射极放大电路的知识可知，当 GPC0[3]输出高电平时，三极管 VT1 导通，则其集电极的电压为低电平，即限流电阻 R3 的左端的电压为低电平。显然，此时 LED1 两端存在了足够的正向偏置电压。且该支路的电流经过 VT1 的放大作用后，足以点亮 LED1。类似地，当 GPC0[3]输出低电平时，此时三极管 VT1 截止，其集电极的电压为高电平，LED1 两端不存在正向偏置电压，因此 LED1 截止不亮。对于 LED2 而言，原理同 LED1 灯一样。

现在，点亮和熄灭 LED1 的工作就变为了：如何让 GPC0[3]输出高电平，则点亮 LED1 灯；如何让 GPC0[3]输出低电平，则熄灭 LED1 灯。那么如何控制 GPC0[3]引脚的状态呢？这正是上一节重点讲述的内容。

归纳起来，操作一个 GPIO 口，使其输出高电平的步骤如下：

a. 采用先"先与后或"的方法，将 GPC0[3]设置成输出功能；

b. 采用先"先与后或"的方法，使能 GPC0[3]上拉电阻；

c. 向 GPC0DAT[3]中写入"1"或"0"，使得 GPC0[3]输入高、低电平。

控制 GPC0[3]输出高低电平的程序如下：

```
1    #define     rGPC0CON  (*(volatile unsigned *) 0xE0200060)
2    #define rGPC0DAT  (*(volatile unsigned *) 0xE0200064)
3    #define rGPC0PUD  (*(volatile unsigned *) 0xE0200068)
4    rGPC0CON &= ~(0xF << 12) ;
5    rGPC0CON |= (1<<12) ;
6    rGPC0PUD &= ~(3<<6)
7    rGPC0PUD |= (2<<6)
8    rGPC0DAT |= (1<<3);
9    rGPC0DAT &= ~(1<<3);
```

代码详解：

第 1 行采用#define 宏定义将地址 0xE0200060 与符号 rGPC0CON 关联起来，以后对 rGPC0CON 的操作就是对内存地址 0xE0200060 的操作，即对控制寄存器 GPC0CON 的操作。

第 2、3 行的含义与第 1 行类似，可分别实现对 rGPC0DAT、rGPC0PUD 的操作即对数据寄存器 GPC0DAT 和内部上、下拉电阻使能寄存器的操作。

第 4、5 行采用"先与后或"的方法，将 GPC0[3]设置成输出功能。

第 6、7 行同样采用了"先与后或"的方法，使能 GPC0[3]的内部上拉电阻功能。

第 8 行往 GPC0DAT[3]写入"1"，使得 GPC0[3]输出高电平。

第 9 行往 GPC0DAT[3]写入"0"，使得 GPC0[3]输出低电平。

通过该实例，可以掌握如何控制一个普通的 GPIO 口，并大致地掌握如何从电路原理图出发，结合已有的理论知识来进行程序开发的技能。在接下来的小节中，将继续通过若干个 GPIO 相关的实验，来熟悉 S5PV210 处理器的外设，并逐步掌握 S5PV210 处理器程序开发的基本思路和方法。

6.2 点亮 LED 流水灯

作为本书的第一个实验，点亮 LED 流水灯将开启 S5PV210 处理器嵌入式开发的体验之旅。

在上一小节中，以操作一个 GPIO 接口为例，分析了如何点亮一个 LED，在此基础上，将其进行适当地拓展，尝试让两个 LED 灯交替点亮，实现 LED 流水灯的功能。

首先，需要了解两个 LED 的接口电路，这是进行嵌入式开发的基础和前提。TQ210 开发板的 LED 接口电路如图 6-4 所示。

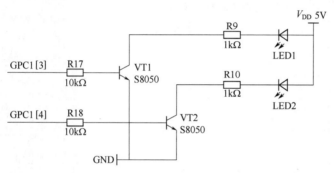

图 6-4 TQ210 开发板 LED 接口电路

6.2.1 LED 硬件电路分析

从图 6-4 可以看出，TQ210 开发板上的 LED 接口电路与上一小节的图 6-3 类似，两个 LED 的正极分别与 5V 的 V_{DD} 电源相接。负极通过限流电阻，分别经过电流放大电路后与 S5PV210 处理器的 GPC1[3] 和 GPC1[4] 相连。

在该接口电路中，电流放大电路是由一个 NPN 型的三极管组成的共射极放大电路。由模拟电子技术知识可知，当 GPC1[3] 或 GPC1[4] 输出高电平时，三极管处于放大区，共射极放大电路具有电流放大能力，其集电极的电流约为基极电流的 β 倍。在图 6-4 中，基极电流为 S5PV210 处理器 GPC1[3] 或 GPC1[4] 口流出来的拉电流，集电极电流为流经 LED 支路的电流。此时 LED1 或 LED2 灯被点亮。当 GPC1[3] 或 GPC1[4] 输出低电平时，三极管处于截止区，共射极放大电路不具有电流放大的条件，故此时 LED1 或 LED2 灯熄灭。

6.2.2 新建一个 LED 流水灯工程

在第 2 章中，已经搭建好了嵌入式 Linux 开发环境，现在正是需要借助这个平台来进行实战开发了。相信读者已经将该开发环境搭建完成，如还未搭建或在搭建的过程中存在疑问，请参考本书的第 2 章，这里详细地给出了搭建嵌入式 Linux 开发环境的步骤以及可能碰到的问题的解决方法。

在新建一个 LED 流水灯工程之前，首先需要启动虚拟的 Linux 操作系统。由于采用了 VMware Workstation 虚拟机来启动 Linux 操作系统，因此接下来学习一下如何通过 VMware Workstation 来启动 Linux 操作系统。

第 1 步：单击 Windows 桌面的"开始"按钮，在"所有程序"中找到 VMware，并单击 VMware Workstation，即可启动 VMware Workstation 虚拟机。其操作界面截图如图 6-5 所示。

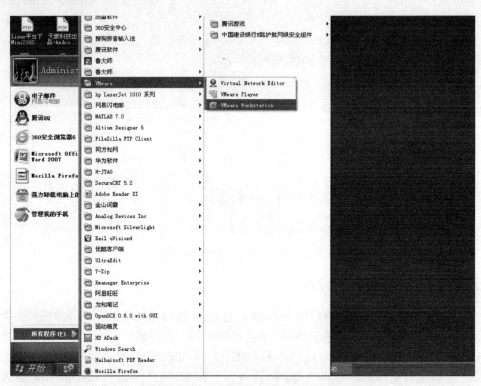

图 6-5　启动 VMware Workstation 的方法

若读者在安装 VMware Workstation 虚拟机时在桌面上创建了快捷方式，则也可以通过双击"VMware Workstation"的图标来启动虚拟机。

第 2 步：打开虚拟机软件后，在其左边的"My Computer"中选择安装好的 Ubuntu 12.04 操作系统，然后单击"Power on this virtual machine"，此时 Ubuntu 12.04 操作系统将被启动。操作步骤截图如图 6-6 所示。

在 Ubuntu 12.04 启动过程中，还需要输入登录的用户名和密码，读者可输入在安装 Ubuntu 12.04 操作系统时设定的用户名与密码。最终，可以进入 Ubuntu 12.04 操作系统的桌面环境。

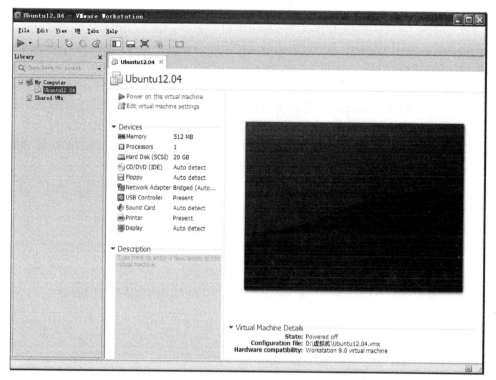

图 6-6　Ubuntu 12.04 的启动界面

　　到此为止，VMware Workstation 虚拟机与 Ubuntu 12.04 操作系统启动完毕。接下来，可以来创建 LED 流水灯工程文件。

　　在"Home"文件夹路径下，新建一个 TQ210 文件夹作为本书实验程序的总文件夹，并在 TQ210 文件夹下再新建一个 LED 文件夹，该文件则作为本章 LED 流水灯实验的源程序存放的位置。

　　为了便于在主机和虚拟机之间进行文件传输，在主机的桌面上也新建同样的文件夹"TQ210"，以后的每个实验均在文件夹"TQ210"下新建子文件夹。比如，对于 LED 流水灯实验而言，在文件夹"TQ210"下新建一个"LED"文件夹，之后在虚拟机中传输过来的与 LED 流水灯实验相关的文件均被存放在相对路径"TQ210/LED"下。其他实验也遵循类似的规定。

　　同样地，在 Ubuntu 12.04 虚拟机中，其他的实验也和主机环境中的类似，新的实验将在相对路径"Home/TQ210"下新建相应的子文件夹，用来存放与该实验相关的源文件。

6.2.3　代码编写与详解

　　本节实验的目标是让 LED 灯交替点亮，即实现 LED 流水灯的功能。为了实现该功能，归纳起来有以下工作需要在程序中完成：

　　a. 将 GPC1[3]、GPC1[4]引脚配置成输出功能；

　　b. 使 GPC1[3]、GPC1[4]引脚依次交替输出高、低电平；

　　c. 在交替输出高、低电平期间插入适当的延时，以便较好地观察到流水灯的效果。

接下来，将采用 Linux 下汇编语言的格式来编写 LED 流水灯的实验程序，若在阅读 Linux 下的汇编程序碰到疑惑，请参看本书第 3 章的 3.3 小节的相关内容。当然，作为本书的第一个实验程序，笔者将尽量用简单的语句来实现并给出详细的注释与代码分析。

LED 流水灯实验的汇编程序"start.S"如下所示：

```
 1   .global _start
 2   _start:
 3       LDR R1, =0xE0200060
 4       LDR R0, =0x00011000
 5       STR R0, [R1]          @将 GPC1[3]和 GPC1_[4]配置成输出功能
 6       MOV R2, #0xFF         @让 LED 流水灯演示实验重复 255 次
 7   LED_FLOW:
 8       LDR R1, =0xE0200064
 9       MOV R0, #0x8
10       STR R0, [R1]          @将 LED1 灯点亮，LED2 灯熄灭
11
12       BL   DELAY            @加入适当的延时
13
14       LDR R1, =0xE0200064
15       MOV R0, #0x10
16       STR R0, [R1]          @将 LED1 灯熄灭，LED2 灯点亮
17
18       BL  DELAY             @加入适当的延时
19
20       SUB R2, R2, #1        @LED 流水灯演示次数减 1
21       CMP R2, #0            @判断演示次数是否递减为 0
22       BNE LED_FLOW          @若演示次数还未递减为 0，重复上述过程
23
24   MAIN_LOOP:
25       B   MAIN_LOOP         @当 LED 流水灯演示结束时，程序进入死循环
26
27   DELAY:
28       MOV R0, #0x200000     @该子程序用来实现延时功能
29
30   DELAY_LOOP:
31       SUB R0, R0, #1
32       CMP R0, #0
```

```
33        BNE DELAY_LOOP
34        MOV PC, LR
```

代码详解：

第 1 行以 ".global" 声明了一个全局变量 "_start"，该全局变量用于指示编译器汇编程序从此标号开始。

第 2 行的符号 "_start" 表示该汇编程序在编译时从这里开始，即编译后的程序从 "_start" 后的第一条指令开始执行。在 Linux 汇编程序中，当未显示指定程序从何处开始编译时，编译器则默认以 "_start" 标号为第一条指令的开始。

第 3、4 行使用了 LDR 伪指令，分别将 0xE0200060 和 0x00011000 赋值给寄存器 R1 和 R0。LDR 伪指令如何将上述数据赋值给寄存器的细节，请参看本书的 3.1.3 小节。

第 5 行通过 STR 存储指令将 R0 中的内容，即 0x00011000 写到 R1 所指向的内存单元 0xE0200060 中，通过查找 S5PV210 处理器的用户手册，不难发现 GPC1 的控制寄存器 GPC1CON 的地址正是 0xE0200060，因此第 3~5 行指令完成了将 GPC1[3]、GPC1[4] 配置成输出功能。

第 6 行给寄存器 R2 赋值了 LED 流水灯实验的演示次数。

第 7 行同样定义了一个标号 "LED_FLOW"，该标号在后面将会用到，用来实现流水灯的效果。

第 8~10 行的功能与第 3~5 行的所采用的方法一样，同样也是利用 LDR 伪指令和 STR 存储指令将 LED1 灯点亮，LED2 灯熄灭。

第 12 行通过 BL 指令调用一个汇编子程序，S5PV210 处理器在执行到该指令时，跳转到标号 "DELAY" 处执行，直到遇到第 34 行指令，此时处理器返回到 BL 指令的下一条指令继续执行。由于 BL 指令在跳转时将当前指令的下一条指令的地址保存在当前模式下的链接寄存器 LR 中，故将 LR 中的值赋给 PC 寄存器时，此时处理器实现了返回。在此调用 "DELAY" 汇编子程序的意图在于让处理器 "停顿" 一会，即让 LED1 的点亮状态与 LED2 的熄灭状态持续一段时间，以满足人眼对流水灯的效果。

第 14~16 行的功能正好与第 8~10 行的功能相反，采用类似的方法，这里是将 LED1 灯熄灭，LED2 灯点亮。以实现交替点亮 LED1 和 LED2 的功能，即 LED 流水灯的功能。

第 18 行的功能与第 12 行的功能一样，同样通过调用 "DELAY" 汇编子程序让处理器 "停顿" 一会，实现 LED 流水灯的效果。

第 20~22 行使用了减法指令 SUB、比较指令 CMP 以及跳转指令 BNE 来控制 LED 流水灯实验的进程。当未达到 R2 寄存器所指定的次数时，处理器跳转到 "LED_FLOW" 处继续循环执行流水灯实验。已经达到了 R2 所指定的次数时，处理器往下执行第 25 行的指令。

第 24 行定义了一个死循环标号 "MAIN_LOOP"，处理器在执行完 LED 流水灯实验后进入一个空循环，以防处理器在执行完 LED 流水灯实验后"跑飞"的情况。

第 25 行使用跳转指令 B，使处理器一直在该指令空循环。

第 27 行定义了一个标号"DELAY"，从该标号起一直到程序的最后，为延时子程序。实现的功能就是让处理器"停顿"一会。

第 28 行使用 MOV 指令给 R0 赋一个值，该值将决定流水灯闪烁的频率。R0 的值越大，说明 LED 闪烁得越慢，反之，LED 则闪烁得越快。

第 30 行定义了一个标号"DELAY_LOOP"，该标号为延时子程序中的小循环，用于递减 R0 的值并判断是否达到了所需的延迟时间。

第 31 行使用减法指令 SUB，将 R0 递减 1。

第 32、33 行通过比较指令 CMP 来判断 R0 是否递减到 0，跳转指令 BNE 则根据 CMP 指令产生的标志位的变化来决定是否重复执行代码片段"DELAY_LOOP"，若 R0 递减到 0 了，则执行第 34 行指令，即返回到 BL 指令的下一条指令；反之，则继续执行代码片段"DELAY_LOOP"。

第 34 行通过将链接寄存器 LR 赋值给程序计数器 PC，实现子程序的返回。

综合以上分析，可以清晰地看出编写 LED 流水灯实验程序的思路。实际上就是前面归纳起来的那三件事，即配置 GPIO 引脚的功能，使 GPIO 口输出满足要求的高低电平以及加入合适的延时。其实其他的 GPIO 实验与 LED 实验大同小异，基本都遵循这样一个规律。

此外，通过编写该程序，读者基本掌握了 Linux 下的汇编程序的基本结构，熟悉了 ARM 常用的处理器指令，会发现在汇编程序开发中，大部分都是上述常用指令的组合。因此，掌握了这些基本的 ARM 指令，可以说基本能看懂 ARM 的启动代码了。

有了上述的汇编代码之后，如何让这些代码在 TQ210 开发板上运行起来，最终看到 LED 流水灯实验的效果呢？在第 3.4 节中曾提到过，一个源程序需要经过预处理、编译、汇编以及链接之后才能最终得到可执行文件。因此，接下来继续来看如何将上述汇编代码变成可执行的程序。这就是下面将要介绍的工作：编写 Makefile 文件。

6.2.4 编写 Makefile 文件

由于是在 Linux 平台下开发、编译及链接程序，因此不能像在集成开发环境下那样，通过点击几个按钮可将编辑好的源程序编译链接成可在处理器上运行的可执行文件。在 Linux 下进行嵌入式开发，源程序的预处理、编译、汇编及链接这一系列过程均需要通过开发者通过命令行来完成。一般地，将这一系列过程中涉及到的各种操作归总到一个文件中，这个文件就是 Makefile 文件。

当然，借助于 Linux 下的 make 命令，Makefile 文件的功能还远不止上面提到的这些，它还是一个用来管理大型项目的有力工具。关于 Makefile 的详细情况，请读者参考本书的 3.5 节所介绍的 Makefile。

在编写一个程序的 Makefile 文件时，一般需要完成哪些工作，Makefile 文件的大致结构是什么，如何编写一个功能正确、满足需求的 Makefile 文件呢？带着这些疑问，下面开始编写 LED 流水灯实验程序的 Makefile 文件。

首先，请看 Makefile 文件的源代码，后面将会给出详细的分析与解释。

```
1    210.bin: start.o
2        arm-linux-ld -Ttext 0x0 -o ledflow.elf $^
3        arm-linux-objcopy -O binary ledflow.elf ledflow.bin
4        arm-linux-objdump -D ledflow.elf > ledflow_elf.dis
5        gcc mkv210_image.c -o mktq210
6        ./mktq210 ledflow.bin 210.bin
7
8    %.o : %.S
9        arm-linux-gcc -o $@ $< -c
10
11   %.o : %.c
12       arm-linux-gcc -o $@ $< -c
13
14   clean:
15       rm *.o *.elf *.bin *.dis mktq210 -f
```

代码详解：

第 1 行定义了一个目标“210.bin”，它是该 Makefile 的第一个目标，也是该 Makefile 文件的最终目标，即最终需要生成 LED 流水灯的可执行文件“ledflow.bin”的二进制文件，目标“210.bin”的依赖文件为“start.o”，而“start.o”又是一个新的目标。

需要指出的是，这里的“ledflow.bin”并非在 S5PV210 处理器上运行的二进制可执行文件，它还需要经过一个可执行程序“mktq210”的处理后，最终生成“210.bin”可执行文件。既然“ledflow.bin”已经是可执行文件了，为什么还需要经过“mktq210”的处理呢？对于这个问题，将在后续的章节中做出详细的解答。读者可先带着疑问往下分析。

第 2 行使用了嵌入式 Linux 下的链接器 arm-linux-ld，将依赖文件“start.o”的代码段链接到起始地址为 0x00 的可执行链接文件“ledflow.elf”。这里的链接选项“-Ttext 0x0”表示指定依赖文件的代码段链接到起始地址 0x0。符号“$^”表示该命令的所有的依赖文件，由于该命令只有一个依赖文件，故“$^”所指的就是“start.o”文件。当然，这里的依赖文件又是另外一条命令的目标文件，make 命令在执行该 Makefile 时，会根据各个文件更新的时间戳自动搜索相应的命令递归生成依赖文件“start.o”，再执行该命令行的操作。

第 3 行则利用嵌入式 Linux 下的二进制格式转换工具 arm-linux-objcopy 将第 2 行命令行产生的可执行链接文件“ledflow.elf”转换成可执行二进制文件“ledflow.bin”。

第 4 行使用嵌入式 Linux 下的反汇编工具 arm-linux-objdump 将可执行链接文件 "ledflow.elf" 反汇编成 ARM 汇编程序文件 "ledflow_elf.dis"，该文件便于开发者进行源程序的调试，在后面将查看反汇编之后的源代码。

第 5 行使用通用的编译器 gcc 将源程序 "mkv210_image.c" 编译链接成可在 S5PV210 处理器上运行的可执行程序 "mktq210"，可执行二进制文件 "ledflow.bin" 正是通过可执行程序 "mktq210" 转换成可在 S5PV210 处理器上运行的可执行程序。

第 6 行执行当前工作目录下的可执行程序 "mktq210" 将可执行二进制文件 "ledflow.bin" 转换成可执行程序 "210.bin"，该文件是最终在 TQ210 开发板上运行的可执行程序。

第 8 行定义了一个目标 "%.o"，它的依赖文件是 "%.S"。这里的目标和依赖文件均使用了 Makefile 中的通配符 "%"，表示所有以 ".o" 为后缀名的目标且以 ".S" 为后缀名的依赖文件所要执行的命令为第 9 行所示的命令。

第 9 行表示将汇编格式的依赖文件编译并汇编成目标文件，且不进行链接。这里的 "$@" 表示该规则的目标文件名，"$<" 表示该规则的依赖文件列表中的第一个文件名。

第 11 行的含义与第 8 行的类似，区别在于：这里是将所有以 ".c" 为后缀名的依赖文件预处理、编译并汇编成以 ".o" 为后缀名的目标文件。

第 12 行则与第 9 行的含义完全一样，在此不再赘述。

第 14 行定义了一个伪目标，也即一个删除动作。

第 15 行为删除动作 "clean" 执行的操作，即将所有在编译过程中产生的中间文件及最终可执行文件删除。

到此为止，LED 流水灯实验的 Makefile 文件分析完毕。从该 Makefile 文件及分析过程中可以解答刚刚提出的那些疑问了。一般而言，Makefile 文件就是将一个工程中各个文件的依赖关系用目标和依赖的形式体现出来，并采用恰当的操作生成最终需要产生的可执行文件，中间可能还需要利用工具产生一些辅助性文件。一个 Makefile 至少必须包括一个目标，且第一个目标为该 Makefile 文件的终极目标。为准确、高效地编写 Makefile 文件，在写之前，宜将工程中各个文件的依赖关系勾画出来，做到心中有数。

值得注意的是，在编写 Makefile 过程中，Makefile 的格式非常容易出错，在执行 make 命令时，若出现了错误，读者可以参考本书 3.5 中关于编写 Makefile 的注意事项。

6.2.5 编译链接 LED 流水灯程序

现在 LED 流水灯实验的源程序和 Makefile 文件都已准备就绪，在执行 make 命令编译链接之前，先看看该工程中都包括哪些文件，其结构布局如图 6-7 所示。

从图 6-7 可以看出，该工程只有三个文件，分别是 start.S 汇编源程序、Makefile

文件以及源程序 mkv210_image.c。前面两个文件均在前面详细地分析过了，mkv210_image.c 的作用在于将嵌入式 Linux 编译器产生的可执行程序转换成能在 S5PV210 处理器运行的可执行程序。

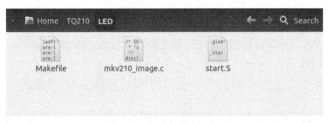

图 6-7　LED 流水灯实验源文件

通过 Makefile 文件的包装和整合，嵌入式 Linux 下的编译、链接操作也只简化成了一个条命令：make。在执行 make 命令时，需要将终端的当前工作目录切换至 LED 流水灯实验工程的路径下。相应的命令截图如图 6-8 所示。

```
sunny@ubuntu: ~/TQ210/LED
sunny@ubuntu:~$
sunny@ubuntu:~$
sunny@ubuntu:~$
sunny@ubuntu:~$
sunny@ubuntu:~$ cd TQ210/LED/
sunny@ubuntu:~/TQ210/LED$ ls
Makefile  Makefile~  mkv210_image.c  start.S  start.S~
sunny@ubuntu:~/TQ210/LED$
```

图 6-8　将终端的当前工作目录切换至 LED 流水灯实验工程的路径下

当终端的当前工作目录是 LED 流水灯实验工程的路径时，只需执行 make 命令即可完成源程序的编译和链接，并最终生成能在 S5PV210 处理器上运行的可执行程序 "210.bin"。查看终端当前工作目录的命令为 pwd。

LED 流水灯实验程序编译链接的过程截图如图 6-9 所示。

```
sunny@ubuntu: ~/TQ210/LED
sunny@ubuntu:~/TQ210/LED$
sunny@ubuntu:~/TQ210/LED$
sunny@ubuntu:~/TQ210/LED$
sunny@ubuntu:~/TQ210/LED$ pwd
/home/sunny/TQ210/LED
sunny@ubuntu:~/TQ210/LED$ make
arm-linux-gcc -o start.o start.S -c
arm-linux-ld -Ttext 0x0 -o ledflow.elf start.o
arm-linux-objcopy -O binary ledflow.elf ledflow.bin
arm-linux-objdump -D ledflow.elf > ledflow_elf.dis
gcc mkv210_image.c -o mktq210
./mktq210 ledflow.bin 210.bin
sunny@ubuntu:~/TQ210/LED$
```

图 6-9　LED 流水灯实验程序编译链接过程

从图 6-9 可以看出 make 命令在执行过程中所执行的各种操作,以及各个操作之间的先后顺序。通过终端打印出来的各种命令执行情况,可以判定该 Makefile 文件正确地实现了预想的目标,生成了最终可在 S5PV210 处理器上运行的可执行程序 "210.bin",并且还生成了中间的一些辅助文件。

经过上述的编译和链接操作后,LED 流水灯实验的文件夹下应该包括如下文件:210.bin、ledflow.bin、ledflow.elf、ledflow_elf.dis、start.o、mktq210,以及未编译链接前的三个源文件 start.S、Makefile 和 mkv210_image.c 共 9 个源文件。编译链接后,LED 流水灯实验工程目录下的源文件列表如图 6-10 所示。

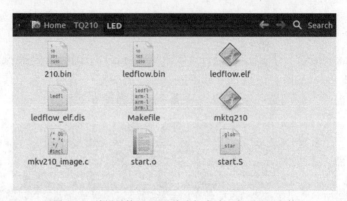

图 6-10　编译链接后 LED 流水灯实验工程目录源文件

如图 6-10 所示,最终生成了能在 S5PV210 处理器上运行的可执行程序 "210.bin",但是该可执行程序仍然在 Ubuntu 12.04 操作系统环境下,由于需要将该文件下载到 TQ210 开发板上运行,故需要将其转移到 Windows XP 主机中。如何将生成的可执行程序转移到 Windows XP 环境下来呢?

第 2 章介绍了 Ubuntu 12.04 操作系统与 Windows XP 操作系统之间文件交换的方法,读者可参考本书的 2.3 节。在 2.3 节中介绍了三种方法来实现主机和虚拟机之间传输文件。

在此,选择第 2 种方法将可执行程序 "210.bin" 从虚拟机中传输到 Windows XP 主机中。在 Ubuntu 12.04 操作系统中,双击打开 TQ210 文件下的 LED 文件夹,用鼠标单击按住该文件夹下的 "210.bin" 文件,然后用鼠标将其拖曳到 Windows XP 的桌面上。松开鼠标后,会发现此时可执行程序 "210.bin" 已被复制到 Windows XP 下的桌面上。如图 6-11 所示。

其他的文件也可以通过同样的方法从虚拟机转移到主机中,同时也可以将主机中的文件采用 2.3 节中介绍的三种方法中的任意一种转移到虚拟机 Ubuntu 12.04 中。

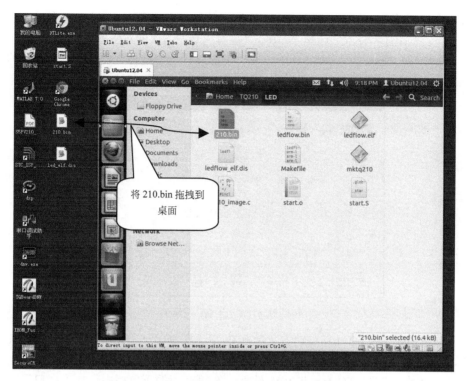

图 6-11　可执行文件"210.bin"从虚拟机转移到主机

6.2.6　下载可执行程序到开发板运行

现在把可执行程序"210.bin"下载到 TQ210 开发板上运行。在第 2 章的 2.6 节介绍了烧写程序的两种方法，一种方法是通过 SD 卡的方式烧写程序，另一种则是通过 U-BOOT 的方式来烧写程序。第二种烧写程序的方法前提是先通过 SD 卡方式将 U-BOOT 烧写到开发板的 NAND FLASH 中。

为了更快地看到 LED 流水灯实验的效果，现采用 U-BOOT 的方式来烧写可执行程序"210.bin"到 S5PV210 处理器中。但如前所述，U-BOOT 方式烧写的前提是需要将 U-BOOT 可执行程序烧写到 NAND FLASH 中，再选择从 NAND FLASH 启动 S5PV210 处理器。此时就可以利用 U-BOOT 提供的相关选项来烧写可执行程序。

为了加深烧写 U-BOOT 的印象，在烧写可执行程序"210.bin"之前，再次演示一遍通过 SD 卡烧写 U-BOOT 到 NAND FLASH 中。

使用 SD 卡烧写 U-BOOT 到 NAND FLASH 中的步骤如下所示。

第 1 步：SD 卡格式化。将 SD 卡连接到电脑，右击"我的电脑"，选择"管理"选项，在"存储"菜单的子菜单下选择"磁盘管理"，之后找到刚刚插入的 SD 卡，右键选择"格式化"，在弹出的设置框中将"文件系统"类型选为"FAT32"格式，"分配单位大小"选为"512"。单击确定后，SD 卡格式化完成。

第 2 步：打开天嵌提供的 SD 启动卡制作工具"IROM_Fusing_Tools_res_210"，

若刚才格式化 SD 卡连接在电脑上，则该工具软件能检测到 SD 卡。在图 6-12 中设置如下："启动卡类型"选择"210"，"盘符"选择 SD 卡对应的盘符，单击下"显示 SD 容量"确认是否为该 SD 卡，在"镜像路径"中选择天嵌提供的 U-BOOT 所在的绝对路径。单击"制作启动卡 1"，随后会提示启动卡已经制作好。

图 6-12　SD 启动卡制作工具界面

第 3 步：将 TQ210 启动方式的拨码开关选择为"SD/MMC"启动方式，即 OM1=OFF，OM2=ON，OM3=ON，OM5=OFF。

第 4 步：打开 TQBoardDNW 软件，在第一行的菜单栏中选择"串口"，在下拉菜单中单击"连接"。

第 5 步：将 TQ210 的串口 0、USBOTG 下载接口与 PC 机连接好。PC 机无串口的，可以用 USB 转串口代替 PC 机的串口，并安装好 USB 转串口驱动。

第 6 步：按住 PC 机键盘的空格键，给 TQ210 开发板上电，之后 TQBoardDNW 打印出 U-BOOT 的界面信息，如图 6-13 所示。

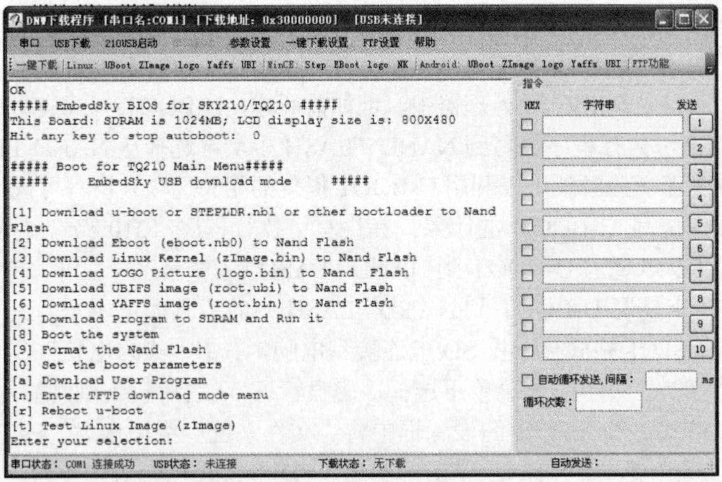

图 6-13　U-BOOT 启动界面

第 7 步：输入"1"选项将 U-BOOT 下载到 NAND FLASH 中，直到图 6-13 中最后一行的"USB 状态"变成了"开发板连接成功"后，单击菜单栏的"USB 下载"，选择"UBOOT"，最后通过"选择文件"选择 U-BOOT 镜像，操作截图如图 6-14 所示。

图 6-14　程序下载界面

现在 U-BOOT 已经下载到 NAND FLASH，之后就可以通过 U-BOOT 的下载方式更新 U-BOOT，下载内核、文件系统以及裸机程序了。

注　意

在第 6 步的过程中，按照上述的操作之后，可能会出现 TQBoardDNW 并未打印出如图 6-13 所示的启动信息。出现这一问题的可能原因是 TQ210 开发板的核心板被拔出来过。解决办法是：长按 TQ210 开发板上的 KEYON 键，然后 TQBoardDNW 就会打印出 U-BOOT 的启动信息了。

若每次给 TQ210 开发板上电时，均需要长按 KEYON 键才能启动开发板，这是因为 TQ210 开发板上的电池没电了，解决这一问题的办法是可以通过每次启动开发板时长按 KEYON 键，另一有效的办法就是将 KEYON 键旁边的 RT1 的 0Ω 电阻焊上。

现在可以利用 U-BOOT 来烧写 LED 流水灯实验程序了，烧写的步骤如下所示。
第 1 步：将 TQ210 的串口 0、USBOTG 下载接口与 PC 机连接好。PC 机无串口的，可以通过 USB 转串口实现 TQ210 开发板的串口 0 与 PC 机的 USB 接口相连。

第 2 步：打开 TQBoardDNW 软件，在第一行的菜单栏中选择"串口"，在下拉菜单中单击"连接"。

第 3 步：按住 PC 机的空格键，给 TQ210 开发板上电，若此时 TQBoardDNW 不打印出任何字符，请长按 KEYON 键，此时 TQBoardDNW 会打印出如图 6-13 所示的界面。

第 4 步：在 TQBoardDNW 中输入数字"1"，此时会出现图 6-15 所示的界面。直到 USB 的状态变成"开发板连接成功"。

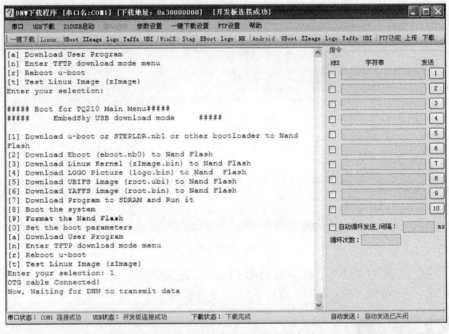

图 6-15　通过 U-BOOT 下载 LED 流水灯可执行程序到 NAND FLASH

第 5 步：单击 TQBoardDNW 的菜单栏中"USB 下载"，选择"UBOOT"，单击"选择文件"，在出现的"请选择要下载的文件"的界面中找到可执行程序"210.bin"的文件路径，最后单击"打开"按钮，此时可执行程序"210.bin"将被下载到 S5PV210 处理器的 NAND FLASH 上。这一步骤的操作方法示意图如图 6-16 所示。

当 LED 流水灯可执行程序"210.bin"被成功下载到 S5PV210 处理器的 NAND FLASH 上时，TQBoardDNW 界面会打印出关于下载此文件的相关信息，包括文件的大小、文件烧写到 NAND FLASH 的地址、校验结果等。

到此为止，LED 流水灯实验的可执行程序已经下载到 NAND FLASH 中，接下来一起来见证 LED 流水灯实验效果。

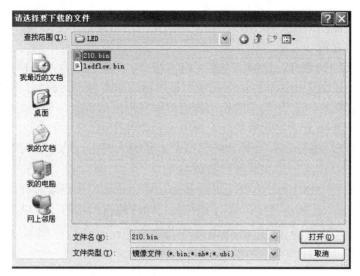

图 6-16   找到 LED 流水灯可执行程序的下载路径

复位 TQ210 开发板之后，此时将会看到两个 LED 灯交替被点亮，呈现出 LED 流水灯的效果。若此时并未发现两个 LED 出现预期的效果，还是前面提到的那个问题：TQ210 开发板上的电池没电了，需要长按 KEYON 键。为了省事，可以将未焊接的 0Ω电阻 RT1 焊上。这样就不会反复出现上述"问题"了。

若在测试过程中发现 LED 流水灯的效果不佳，可以通过调整汇编程序"start.S"中延时子程序中的 R0 寄存器数值的大小。LED 流水灯实验就此暂告一段落，接下来尝试 GPIO 的另一个拓展实验——让 TQ210 开发板发出声音。

6.3 让 TQ210 开发板发出声音

台式机在开机启动时会发出"滴"的一声，这熟悉的声音可能让人们忽略了它的存在。其实台式机在启动时能发出"滴"的一声背后隐藏着许多重要的信息，其中一点是：它告诉用户，台式机在启动时硬件自检一切正常，可以正常启动操作系统了。

那么"滴"的一声是谁发出来的呢？它就是人们常见的一个元器件——蜂鸣器。主板上的蜂鸣器除了可以发出"滴"的一声，还可以发出各种不同组合的声音，分别代表各种不同的含义。比如，在常见的主板中，1 短代表系统自检正常，1 长 1 短代表 RAM 或主板出错，1 长 2 短表示显示器或显卡存在问题，1 长 3 短意味着键盘控制器出错⋯⋯一个简单的蜂鸣器也可以发挥出如此复杂而重要的作用，说明简单的东西只要充分利用起来就能发挥出不一般的作用。

那么怎样控制蜂鸣器，如何让蜂鸣器发出各种不同组合的声音呢？带着这些问题，本节将带领读者一步步解开这些疑惑。

那么如何让 TQ210 开发板发出声音呢？显而易见，蜂鸣器就可以发出声音，蜂鸣器作为一个连 PC 机上都少不了的部件，同时蜂鸣器实验还可以作为熟悉一款处理器的入门实验，TQ210 开发板当然也配备了。现在的问题变成了如何控制 TQ210 开发板上的蜂鸣器发出声音。

其实，这个问题可以类比为：如何让 LED 发光。在上一节中刚刚学习了如何点亮一个 LED 灯。事实上，点亮一个 LED 灯和让蜂鸣器发出声音都是通过控制一个 GPIO 引脚来实现的。下面就以让 TQ210 开发板发出声音为例，进一步熟悉 S5PV210 处理器 GPIO 接口的编程。

6.3.1　蜂鸣器硬件电路分析

TQ210 开发板上蜂鸣器硬件电路如图 6-17 所示。

在图 6-17 中，主要包括了两个主要元器件：蜂鸣器和 NPN 三极管 8050。其中蜂鸣器的作用是用来发出声音的，而 NPN 三极管 8050 和 RF1、RF2 组成了一个共射极电流放大电路，作用在于放大蜂鸣器支路的电流，以便蜂鸣器能发出声音。

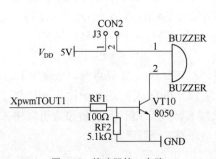

图 6-17　蜂鸣器接口电路

在该电路中还涉及到 2 个接口，它们分别是：2 个引脚的连接器 J3 和 S5PV210 处理器的 GPIO 引脚 XpwmTOUT1。连接器 J3 的作用在于方便用户在使用开发板时，根据需要在硬件上启用蜂鸣器，若需要使用蜂鸣器，则通过一个跳线帽将 J3 短接即可。GPIO 引脚 XpwmTOUT1 的作用则是用来控制蜂鸣器发出声音的频率和响度的接口。作用方式通过软件的方式来控制 XpwmTOUT1 的输出波形来达到。因此，J3 和 XpwmTOUT1 分别从软件和硬件的角度对蜂鸣器提供了控制途径。

蜂鸣器大体上可以分为两大类：有源蜂鸣器和无源蜂鸣器。有源蜂鸣器和无源蜂鸣器的主要区别在于蜂鸣器内部是否包括振荡源。有源蜂鸣器内部包含了振荡器，因此只要给它直流电压，就能使其发出声音。无源蜂鸣器内部则没有振荡器，要使它发出声音必须给它提供一定频率的方波信号,故有源蜂鸣器要比无源蜂鸣器容易控制些。在 TQ210 开发板上,使用的是有源蜂鸣器。因此,若想让蜂鸣器发出声音,只要给引脚 XpwmTOUT1 输出高电平即可。

一般的处理器的 GPIO 引脚的驱动电流比较小,不足以驱动蜂鸣器,故在图 6-17 中加入了共射极电流放大电路,以放大 XpwmTOUT1 的输出电流,驱动蜂鸣器发出声音。TQ210 开发板上的蜂鸣器发出声音的机理描述如下:当 S5PV210 处理器的 GPIO 引脚 XpwmTOUT1 输出低电平时,由 NPN 三极管 8050 所组成的共射极电流放大电路处于截止状态,此时经过蜂鸣器的电流几乎为零,蜂鸣器不发出声音;当 S5PV210 处理器的 GPIO 引脚 XpwmTOUT1 输出高电平时,由 NPN 三极管 8050 所组成的共射极电流放大电路处于放大状态,GPIO 引脚 XpwmTOUT1 输出的电流经过共射极电流放大电路之后,流经蜂鸣器的电流足以驱动其发出响声。

6.3.2 代码编写与详解

上一小节分析了蜂鸣器发出响声的机理,从 S5PV210 处理器的角度来看,让蜂鸣器发出声音的关键在于使得 GPIO 引脚 XpwmTOUT1 输出高电平。类比 6.2 节的点亮 LED 流水灯,主要工作成为了如何编写代码控制 GPIO 引脚 XpwmTOUT1 输出合适的电平。在编写代码前,对哪一个 GPIO 引脚进行操作呢?因此还需要清楚 XpwmTOUT1 属于哪一个 GPIO 组,它的相关寄存器地址是什么。

通过查看 S5PV210 处理器以及 TQ210 开发板的硬件电路图,发现 XpwmTOUT1 属于 GPD0 组的第 1 个引脚,即 GPD0[1]。因此要使蜂鸣器发出响声,只需要控制 GPD0[1]即可。

归纳起来在程序中需要完成以下工作。

a. 设置 GPD0 的控制寄存器 GPD0CON,将 GPD0[1]配置成输出功能。

b. 往 GPD0 的数据寄存器 GPD0DAT 相应位写入"1",GPD0[1]输出高电平,蜂鸣器此时发出响声;往 GPD0DAT 相应位写入"0",GPD0[1]输出低电平,蜂鸣器停止发出响声。

c. 为了调节蜂鸣器发出声音的频率,还需要在 GPD0[1]输出高、低电平期间插入合适的延时。

让 TQ210 开发板发出声音的源文件主要由 start.S、delay.c、buzzer.c 以及 main.c 四个文件组成。其中 start.S 主要作用在于完成相关初始化工作并调用主程序 main.c,delay.c 子程序的作用是实现延时的功能,buzzer.c 子程序的功能则是控制蜂鸣器发出响声。四个源文件中,只有 start.S 为汇编程序,其他三个文件均为 C 语言程序。因此,该实验属于汇编语言与 C 语言混合编程的实例,相关分析见代码详解部分。

四个源文件文件之间的调用关系如图 6-18 所示。

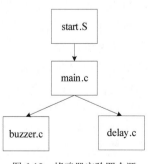

图 6-18 蜂鸣器实验四个源文件之间的调用关系

S5PV210首先从汇编文件 start.S 开始执行，之后再调用主程序 main.c，而 main.c 在执行过程中将会调用子程序 buzzer.c 和 delay.c。下面将对它们进行一一分析。

（1）start.S 汇编程序

start.S 汇编程序的主要功能是为调用 main.c 主程序做好相关初始化工作，其源代码如下所示。

```
1    .global _start
2
3    _start:
4        LDR     R0, =0xE2700000        @关闭看门狗
5        MOV R1, #0
6        STR     R1, [R0]
7
8        LDR     SP, =0x40000000        @设置堆栈寄存器，准备调用主程序 main.c
9
10       BL  main                       @调用 C 语言主程序 main.c
11
12   MAIN_LOOP:
13       B   MAIN_LOOP                  @程序进入死循环
```

代码详解：

第 1 行采用关键字" .global"声明了一个全局符号"_start"，表示该符号可以导出到其他源文件中，并可被引用。

第 3 行定义了一个符号"_start"，该符号的含义与前面介绍的一致，用来指示嵌入式 Linux 下的交叉编译器该工程文件的编译起始位置。

第 4 行使用了 LDR 伪指令，将地址 0xE2700000 加载给寄存器 R0，其中地址 0xE2700000 为 S5PV210 处理器看门狗控制寄存器的物理地址。

第 5 行将立即数"0"赋值给寄存器 R1。

第 6 行将 R1 中的值写到 R0 寄存器所指向的物理地址，即将立即数"0"写到看门狗控制寄存器中。因此，第 4～6 行的指令的作用在于将看门狗控制器寄存器清零。结合 S5PV210 用户手册，可以看出清零看门狗控制寄存器的作用在于关闭看门狗功能。看门狗的作用在于提高处理器工作的稳定性，将其关闭，主要是为了可对其不进行"喂狗"操作，把注意力集中在蜂鸣器上。

第 8 行同样采用了 LDR 伪指令，将地址 0x40000000 加载给堆栈寄存器 SP。这条指令的作用在于初始化该模式下的堆栈寄存器 SP，为调用 C 语言程序做好准备。为什么在调用 C 语言程序之前初始化堆栈寄存器 SP 呢？这个问题将在后面讲解。

第 10 行通过带返回的跳转指令 BL 调用 main 主程序，从此 S5PV210 处理器进入 main 主程序，开始执行 C 语言程序，实现对蜂鸣器的操作。

第 12～13 行的含义是设计了一个死循环，使得 S5PV210 处理器从 main 主程序返回后，处理器不至于"跑飞"，让其一直在这条指令"打转"。

在 start.S 程序中，读者可能会有如下疑问：为什么需要关闭看门狗，在调用 C

语言主程序 main.c 之前为何还要初始化堆栈指针 SP？关于这些疑问，相信在后面讲解中会一步一步得到解答。

实际上，在这里也可以将关闭看门狗和初始化堆栈部分的代码段省略，即第 4～9 行的代码可以省略，读者可以尝试一下，将上述代码段注释掉之后，再编译链接该实验，发现同样能达到实验目的。对于这个原因将在后面的章节中进行详细的介绍。

（2）main.c 主程序

main.c 作为本实验的主程序，起着承前启后、统揽全局的作用。因为它是一个从 start.S 汇编程序跳转过来的，起着转折的作用，此外它将在执行的过程中调用其他子程序，最后使得蜂鸣器能发出响声。

main.c 主程序非常简单，其源程序如下所示。

```
1    #include "buzzer.h"
2    #include "delay.h"
3
4    void main(void)
5    {
6        buzzer_init();
7
8        while(1)
9        {
10           buzzer_on();
11           delay(0x50000);
12           buzzer_off();
13           delay(0x50000);
14       }
15   }
```

代码详解：

第 1、2 行采用#include 宏定义，分别将头文件"buzzer.h"和"delay.h"包含到 main.c 主程序中。关于头文件"buzzer.h"和"delay.h"的内容，后面会有提及。

第 4 行是主程序 main 函数的开始，同时也给出了 main 函数的参数和返回值情况，即 main 函数是无参数无返回值函数。

第 5 行以"{"开始，表示一个函数体的开始。

第 6 行调用了 buzzer_init()函数，该函数的功能是完成蜂鸣器的初试化工作，实质上是对控制蜂鸣器 GPIO 引脚 GPD0[1]的初始化，将其配置成输出功能。

第 8 行使用了 C 语言中的 while 循环语句，且该语句的判定条件为"1"，这意味着该循环的判定条件恒成立，为一个死循环，因此当 S5PV210 处理器进入主程序之后，将不再返回到调用 main.c 的地方。

第 9 行的"{"表示 while 死循环的开始。

第 10 行调用了函数 buzzer_on()，该函数的作用是让蜂鸣器发出响声。

第 11 行调用延时子程序 delay()，该函数带有一个参数，功能是让处理器"停顿"一会，实际效果是让蜂鸣器持续响一会。

第 12 行同第 10 行的含义类似，同样是通过调用函数 buzzer_off()，它的作用是让蜂鸣器停止响声。

第 13 行与第 11 行的含义一样，调用延时子程序 delay()，目的在于让蜂鸣器停止发出响声一会时间。

第 14 行的 "}" 意味着 while 死循环到此结束。即第 10～13 行为 while 死循环的循环体。

第 15 行的 "}" 为主程序 main 的结束标志。

（3）buzzer.c 子程序

buzzer.c 子程序作为蜂鸣器实验最为核心的部分，它完成了蜂鸣器的初始化、控制蜂鸣器是否发出响声的功能。具体代码实现如下所示。

```
1    #define GPD0CON      (*(volatile unsigned long *)0xE02000A0)
2    #define GPD0DAT      (*(volatile unsigned long *)0xE02000A4)
3
4    // buzzer 初始化
5    void buzzer_init(void)
6    {
7        GPD0CON |= 1<<4;          //将 GPD0[1]配置成输出功能
8    }
9
10   void buzzer_on(void)
11   {
12       GPD0DAT |= 1<<1;          //使 GPD0[1]输出高电平，蜂鸣器发出响声
13   }
14
15   void buzzer_off(void)
16   {
17       GPD0DAT &= ～(1<<1);       //使 GPD0[1]输出低电平，蜂鸣器不发出响声
18   }
```

代码详解：

第 1～2 行分别采用了#define 宏定义了两个符号 GPD0CON 和 GPD0DAT，对 GPD0CON 和 GPD0DAT 实质上就是分别对内存地址 0xE02000A0 和 0xE02000A4 的操作，之所以采用宏定义的方式来操作这两个寄存器，是因为宏定义的方式操作方便、表意清晰。若读者对采用#define 宏定义的方式对内存地址进行操作不熟悉，请参看本书的 4.1 节。

第 5～8 行定义了一个蜂鸣器初始化函数 buzzer_init()，采用或的复合表达式对控制寄存器 GPD0CON 进行操作，将控制蜂鸣器的 GPIO 引脚 GPD0[1]配置成输出功能。

第 10～13 行定义了一个使蜂鸣器发出响声的函数，该函数通过将数据寄存器

GPD0DAT 的第 1 位置 "1"，使得 GPD0[1]输出高电平，从而让蜂鸣器发出响声。

第 15～18 行定义了一个使蜂鸣器停止响声的函数，该函数通过将数据寄存器 GPD0DAT 的第 1 位清 "0"，让 GPD0[1]输出低电平，此时蜂鸣器停止发出响声。

（4）delay.c 子程序

delay.c 子程序的功能非常简单，就是实现延时的功能。延时的大小通过传递过来的参数来控制。延时子程序 delay.c 的代码如下。

```
1   void delay(unsigned long times)
2   {
3       unsigned long i = times;
4       while (i--)
5           ;
6   }
```

代码详解：

第 1 行定义了一个延时函数 delay，该函数无返回值，带有一个无符号的长整型参数 times，用来控制延时时间的大小。

第 3 行定义了一个局部无符号长整型变量 i，用它来暂存延时过程中的变量值。

第 4、5 行是一个 while 空循环，什么都不做，只是递减变量 i 的值，直到变量 i 变为 0 为止，此时延时函数执行完毕，程序返回。

第 2、6 行中的花括号分别是延时函数的开始和结束标志。

前面提到过两个头文件 "buzzer.h" 和 "delay.h"，它们的作用是分别对 buzzer.c 和 delay.c 文件中的函数进行声明。

头文件 "buzzer.h" 的内容如下：

```
1   #ifndef    _BUZZER_H_
2   #define    _BUZZER_H_
3
4   extern void buzzer_on(void);
5   extern void buzzer_init(void);
6   extern void buzzer_off(void);
7
8   #endif
```

头文件 "delay.h" 的内容为：

```
1   #ifndef    _DELAY_H_
2   #define    _DELAY_H_
3
4   extern void delay(unsigned long times);
5
6   #endif
```

两个头文件形式看起来非常相似，都是对各个文件中所定义的函数进行了声明，若该函数需要被其他文件调用，则需要将其声明为外部函数，即被修饰为 "extern" 类型的函数。若一个函数只被本文件调用，不想让其他文件中的函数调用，则应该将其声明为内部函数，即被修饰为"static"类型的函数。

此外，这两个头文件都使用了防止文件重复包含的技巧，例如两个头文件中的第1~2行以及最后一行，就能有效地防止头文件的重复包含和声明。若对文件重复包含的技巧不熟悉，请参考本书的 4.3 节。

6.3.3 蜂鸣器的 Makefile 文件

蜂鸣器实验的 Makefile 文件编写方法与 LED 流水灯实验的 Makefile 文件原理上是一致的，但是会有所区别。LED 流水灯实验中只有一个汇编文件"start.S"，而本小节的蜂鸣器实验则包含了 6 个源文件，如何对这 6 个源文件写出 Makefile 文件呢？图 6-18 所示的文件之间调用关系图则给编写 Makefile 文件指出了方向。

只要掌握了各个文件之间的层次和调用关系即可编写出相应的 Makefile 文件。蜂鸣器实验的 Makefile 文件如下所示。

```
1   210.bin: start.o main.o buzzer.o delay.o
2       arm-linux-ld -Ttext 0x00000000 -o buzzer.elf $^
3       arm-linux-objcopy -O binary buzzer.elf buzzer.bin
4       arm-linux-objdump -D buzzer.elf > buzzer_elf.dis
5       gcc mkv210_image.c -o mktq210.exe
6       ./mktq210.exe buzzer.bin 210.bin
7
8   %.o : %.S
9       arm-linux-gcc -o $@ $< -c
10
11  %.o : %.c
12      arm-linux-gcc -o $@ $< -c
13
14  clean:
15      rm *.o *.elf *.bin *.dis *.exe -f
```

代码详解：

第 1 行定义了一个目标"210.bin"，该目标为 Makefile 文件的第一个目标，也是 Makefile 的终极目标。该目标的依赖文件为"start.o"、"main.o"和"buzzer.o"。其中这一系列的依赖文件最开始并不存在，它们分别是"start.S"、"main.c"以及"buzzer.c"的目标文件，在执行 make 命令编译链接上述源文件时，将会先生成上述依赖文件。这也是 make 工具执行 Makefile 命令的规则之一。

第 2 行是将上述依赖文件列表的代码段依次链接到起始地址为 0x00000000 的地方，并生成可执行链接文件"buzzer.elf"。

第 3 行使用嵌入式 Linux 的文件格式转换工具 arm-linux-objcopy 将可执行链接文件"buzzer.elf"转换成二进制可执行程序"buzzer.bin"。

第 4 行则是利用嵌入式 Linux 下的反汇编工具 arm-linux-objdump 将可执行链接文件"buzzer.elf"反汇编成汇编程序"buzzer_elf.dis"，以便开发者调试。

第 5、6 行利用可执行程序"mktq210"将可执行程序"buzzer.bin"转换成能在 S5PV210 处理器上运行的二进制文件"210.bin"。

第 8、9 行的作用在于将文件夹 BUZZER 下所有的以".S"为后缀名的汇编源文件编译成以".o"为后缀名的目标文件。

第 11、12 行将文件夹"BUZZER"下所有的以".c"为后缀名的 C 语言源文件编译成以".o"为后缀名的目标文件。

第 14、15 行是该 Makefile 文件的一个执行清除操作的目标,只要在当前文件夹下执行命令"make clean",所有的目标文件、可执行链接文件、二进制可执行文件、反汇编文件以及可执行程序都将被删除。

对比 LED 流水灯实验的 Makefile 和蜂鸣器实验的 Makefile,发现它们尽管工程里的源文件有所区别,但是 Makefile 文件却基本一样,只是文件命名存在区别。这就说明,两者所产生的可执行程序在 S5PV210 处理器内存布局上基本一致。

6.3.4 编译、链接蜂鸣器源程序

对蜂鸣器源程序进行编译和链接操作之前,需要在虚拟机 Ubuntu 12.04 下建立一个蜂鸣器实验的工程,并将上述讲解过的若干个源文件存放在其工程文件夹下。由于建立蜂鸣器实验的工程文件方法与点亮 LED 流水灯实验类似,因此只需要在 Ubuntu 12.04 虚拟机下的 TQ210 文件夹下新建一个 BUZZER 文件夹,然后将上述 7 个文件加入其中即可。建立好的蜂鸣器实验工程源文件视图如图 6-19 所示。

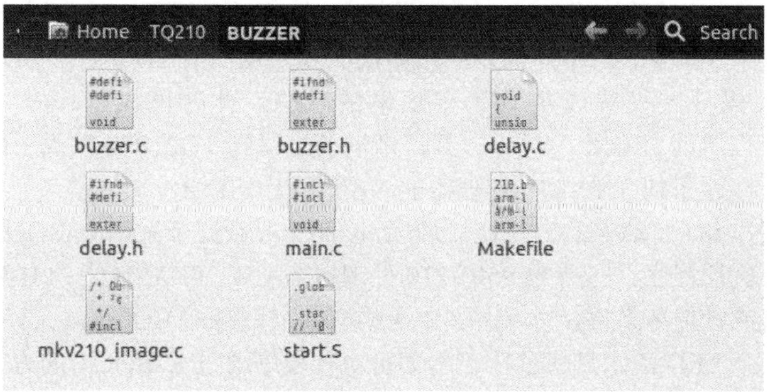

图 6-19　蜂鸣器实验工程源文件

将终端的当前工作目录切换至蜂鸣器工程所在的路径下,在终端中输入命令"make",嵌入式 Linux 下的 arm 交叉编译器将对上述源文件进行编译和链接,最终生成可在 S5PV210 处理器上运行的可执行程序"210.bin",且还会产生一系列的中间文件和辅助文件。编译链接后蜂鸣器工程下的文件列表如图 6-20 所示。

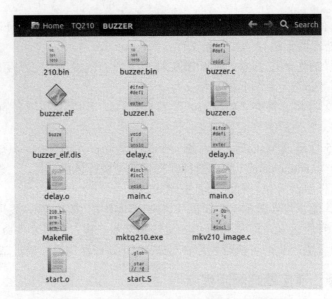

图 6-20 编译链接后的蜂鸣器实验工程文件列表

6.3.5 下载、测试蜂鸣器实验可执行程序

在生成最终的蜂鸣器实验的可执行程序 "210.bin" 之后，利用虚拟机和主机之间传输文件的方法将图 6-20 中的可执行程序 "210.bin" 转移到主机中的 TQ210/BUZZER 文件夹下。

现在开始将可执行程序 "TQ210" 二进制文件下载到 TQ210 开发板上。在第 2 章中，对下载可执行程序到 TQ210 开发板上运行介绍了两种方法：其一是将可执行程序烧写到 SD 卡中，并将 SD 卡插入 TQ210 开发板的 SD 卡槽，然后将 TQ210 开发板的拨码开关设置成从 SD 卡启动的状态，此时可执行程序将被拷贝到 S5PV210 处理器的 IROM 中运行。其二是借助烧写到 TQ210 开发板上的 U-BOOT 来下载可执行程序到 S5PV210 处理器的 NAND FLASH 上。

由于制作 SD 启动卡的方式比较烦琐，因此一般倾向于采用 U-BOOT 的下载方式来烧写可执行程序。只有当 S5PV210 处理器 NAND FLASH 上的 U-BOOT 被其他程序覆盖或者损坏之后，才使用 SD 卡的方式来烧写 U-BOOT。

在上一个 LED 流水灯实验中，将其可执行程序通过 U-BOOT 的方式下载到了 S5PV210 处理器的 NAND FLASH 中，显然此时的 NAND FLASH 中的 U-BOOT 镜像已经被 LED 流水灯实验的可执行程序覆盖了。因此在采用 U-BOOT 方式烧写蜂鸣器的可执行程序到 S5PV210 处理器的 NAND FLASH 前，需要先利用 SD 卡将 U-BOOT 镜像重新烧写到 S5PV210 处理器的 NAND FLASH 中。按照 6.2.6 小节中介绍的步骤，将 U-BOOT 镜像重新烧写到开发板中，再将本节蜂鸣器实验的可执行程序 "210.bin" 下载到 S5PV210 处理器的 NAND FLASH 中。

复位 S5PV210 处理器，将拨码开关设置为从 NAND FLASH 启动，之后将听到 TQ210 开发板发出间断的响声。

经过两个实验的下载和验证后，发现多次在 SD 卡启动和 NAND FLASH 启动之间切换操作烦琐，又容易对 TQ210 开发板的拨码开关造成损伤，且 SD 卡反复多次的插拔也容易损坏。那有没有更加简便快捷且又能检验实验效果的方式来下载和测试可执行程序呢？

答案是肯定的，天嵌科技公司提供的 U-BOOT 镜像文件提供了将用户自己开发的裸机程序下载到 IRAM 中运行的方法，以便于开发者快速有效地验证开发的程序功能的正确性。连接好 PC 机和 TQ210 开发板的串口和 USBOTG 接口，给 TQ210 开发板重新上电，并打开 TQBoardDNW 程序下载软件，若 TQ210 开发板之前已经烧写了 U-BOOT 镜像文件，并从 NAND FLASH 启动，此时 TQBoardDNW 界面将会打印出如图 6-21 所示的信息。

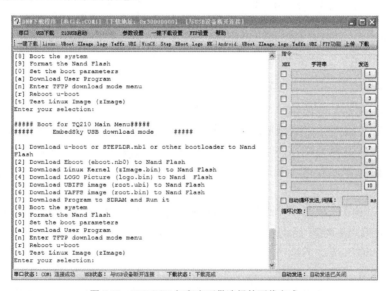

图 6-21　U-BOOT 打印出可供选择的下载方式

在图 6-21 中，分别提供了 14 种不同的选项。各选项有不同的功能，将各个选项的用途总结在表 6-1 中。

表 6-1　U-BOOT 提供的各种选项的含义

选项	选项使用说明
1	主要用来下载 U-BOOT、用户裸机程序到 S5PV210 处理器的 NAND FLASH 中，且下载的起始地址为 NAND FLASH 的零地址处
2	下载 E-BOOT 到 S5PV210 处理器的 NAND FLASH 中
3	下载 Linux 内核到 S5PV210 处理器的 NAND FLASH 的指定地址处。该指定地址由操作系统镜像的内存布局所决定
4	下载开机 Logo 图片到 S5PV210 处理器的 NAND FLASH 的指定地址处。该指定地址同样是由操作系统镜像的内存布局来决定的

选项	选项使用说明
5	下载 UBIFS 文件系统镜像到 S5PV210 处理器的 NAND FLASH 的指定地址处。该指定地址含义同上
6	下载 YAFFS 文件系统镜像到 S5PV210 处理器的 NAND FLASH 的指定地址处。该指定地址含义同上
7	下载用户裸机程序到 S5PV210 处理器的 SDRAM 中，且可以自行指定下载的起始地址，下载完毕后，处理器跳转到该地址处执行该程序
8	使 S5PV210 处理器从 NAND FLASH 启动，常用来启动带操作系统的镜像文件
9	格式化 NAND FLASH，将 NAND FLASH 中的内容清空
0	设置启动参数，用来设置操作系统启动过程中需要使用的参数
a	下载用户的可执行程序到操作系统开辟的用户应用程序区，使用该功能时，一般需要将操作系统的镜像烧写到 NAND FLASH 中
n	进入 TFTP 下载模式，TFTP 下载模式一般需要操作系统的支持，且主机需开启 TFTP 服务器功能
r	重新启动 U-BOOT 镜像
t	测试 Linux 内核镜像

其中，表 6-1 中的第 7 个选项可以将用户的裸机程序下载到 S5PV210 处理器的 SDRAM 中运行，这给测试用户开发的裸机程序带来了极大的方便，该选项可以尽可能地省去反复地烧写 U-BOOT 镜像文件，且验证裸机程序快速便捷。其他选项的使用说明详见表格 6-1。读者有机会进行操作系统的开发可以尝试其他选项的功能。

接下来使用选项"7"来烧写并验证蜂鸣器实验的可执行程序"210.bin"的功能。从 NAND FLASH 启动 TQ210 开发板，进入如图 6-21 所示的 U-BOOT 下载界面。在提示输入选项的地方输入数字"7"，此时 TQBoardDNW 进入下载可执行程序到 SDRAM 中运行的模式，随后输入可执行程序的下载地址，以 TQBoardDNW 提示的地址"0xC0008000"为例，这里就输入该地址，直到 TQBoardDNW 的状态栏的 USB 状态显示"开发板连接成功"。这一过程的操作截图如图 6-22 所示。

然后按照之前下载可执行程序的方法选择蜂鸣器实验的可执行程序，最后可执行程序"210.bin"将被下载到 SDRAM 中的 0xC0008000 开始的地址处，且处理器开始执行蜂鸣器实验的可执行程序，最后 TQ210 开发板将发出"欢快"的声音——蜂鸣器响起来了。

如果读者感兴趣，也可以尝试将 LED 流水灯实验的可执行程序通过选项"7"的方式下载到 S5PV210 处理器的 SDRAM 中运行，读者会发现这种方式也是可行的。

还有一个有趣的事情是：在编译 LED 流水灯实验的程序和蜂鸣器实验的程序时，为什么一定要强调必须通过应用程序"mktq210"将生成的可执行程序"ledflow.bin"和"buzzer.bin"转换成能在 S5PV210 处理器上运行的可执行程序"210.bin"呢？不执行上述步骤，会出现什么样的结果呢？

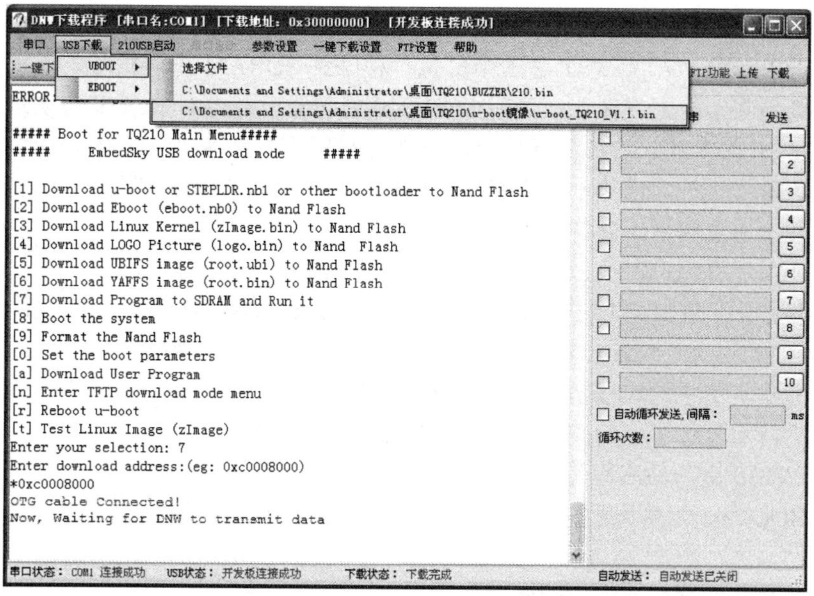

图 6-22　下载可执行程序到 S5PV210 处理器的 SDRAM 中运行

　　读者可以将不执行"mktq210"转换的可执行程序"ledflow.bin"和"buzzer.bin"通过选项"1"下载到 S5PV210 处理器的 NAND FLASH 中，从 NAND FLASH 启动，观察两个实验的结果；并尝试通过选项"7"的方式下载到 S5PV210 处理器的 SDRAM 中，观察两个实验的结果。读者会发现通过选项"1"的方式下载不执行"mktq210"转换的可执行程序将观察不到任何实验现象。而通过选项"7"的方式下载上述两个可执行程序时会发现 LED 流水灯实验和蜂鸣器实验的现象明显，与执行"mktq210"转换的可执行程序"210.bin"实验效果完全一样。

　　为什么会出现上述两种截然不同的情况呢？显然，问题的关键在于可执行程序"mktq210"。在前面介绍两个实验的 Makefile 时曾经提到过可执行程序"mktq210"的作用，总的来说，可执行程序"mktq210"的作用就在于对生成的可执行程序"ledflow.bin"和"buzzer.bin"进行了转换，往这两个可执行的二进制文件中添加了 4 个字（16 个字节）的头部信息，它们分别是：

　　第 1 个字：可执行程序二进制文件的大小（即 BL1 段的大小），关于什么是BL1，在挑战启动代码那一章中将详细介绍；

　　第 2 个字：为 0；

　　第 3 个字：可执行程序二进制文件的检验和；

　　第 4 个字：为 0。

　　只有添加了上述 4 个字的头部信息，可执行程序"ledflow.bin"和"buzzer.bin"才能被正确执行。这是 S5PV210 处理器在启动时的规定，现在不需要关注该规定，后面将会详细讨论。若从 NAND FLASH 中启动的可执行程序未添加上述 4 个字的头部信息，S5PV210 处理器在启动过程中将会出错，故将上述两个可执行程序下载到 NAND FLASH 中执行不会出现应有的实验现象。

而若以选项"7"下载上述两个可执行程序到 SDRAM 中运行时，为何却能见到实验效果呢？原因就在于：此时 S5PV210 处理器已经由 U-BOOT 启动过了，选项"7"只是将上述未添加头部信息的可执行程序下载到 SDRAM 的相应位置，并跳转到该位置执行，当然不会出错了，因此能看到相应的实验现象。

解开上述疑问后，读者可能又会想：

为什么能将用户可执行的程序下载到 S5PV210 处理器的 SDRAM 中运行呢？

是谁完成了 SDRAM 的初始化工作？S5PV210 处理器究竟是怎么执行程序的？

为何在 LED 流水灯实验中未对堆栈指针进行初始化也能正常运行？

蜂鸣器实验中的堆栈初始化可以省去吗？

蜂鸣器实验程序中的关闭看门狗操作是否必须的？

S5PV210 启动的流程是怎么样的？

U-BOOT 究竟做了哪些工作，它有什么作用，为何可以用来下载可执行程序？

……

还存在许多这样或那样的疑问，读者可以带着这些疑问去尝试，去实践，去逐步验证自己的猜想，笔者也将一步步带领读者揭开上述困扰初学者在学习嵌入式开发过程中所遇到的各种疑惑和问题。

6.4　本章小结

本章作为本书的第一个实验章节，介绍了两个 GPIO 相关的实验——LED 流水灯实验和蜂鸣器实验。通过这两个实验，读者了解了 GPIO 编程的基本流程，熟悉了操作相关控制寄存器的方法，如何去编写简单的 Makefile 文件，如何对简单的硬件电路进行分析。

通过这两个基本的实验，让读者掌握了嵌入式 Linux 环境下新建一个工程的方法，熟悉了编译、链接源程序的命令以及下载和验证实验可执行程序的步骤。这为下一步进行更为复杂的实验打下坚实的基础。

更为重要的是，通过这两个实验的学习，让读者对 S5PV210 处理器的许多问题产生了疑问，提出了许多现阶段还不能解决的问题，正是由于这些问题的存在，才促使读者进一步深入地学习、思考和探究。尽管还存在许多问题，但是已经成功地点亮了流水灯，让 TQ210 开发板发出了"欢快"的声音。在学习 S5PV210 处理器开发的过程中，只要持续地努力，深入地思考，积极地实践就一定能彻底掌握S5PV210 处理器的嵌入式开发之道。

第7章

探究时钟滴答的奥秘

‹‹‹‹‹‹‹‹

S5PV210 处理器的时钟系统由其内部的时钟管理单元（Clock Management Unit，CMU）所管理，包括 S5PV210 处理器内部各个模块的时钟信号源选择、外部时钟信号的选择、锁相环（Phase Lock Loop, PLL）、时钟分频等在内的一系列涉及时钟相关的问题均由时钟管理单元（CMU）来管理。

本章将对 S5PV210 处理器时钟系统的体系结构进行简要地概述，包括对时钟管理单元各个模块的功能、处理器的各个时钟域、各个时钟信号之间的关系、时钟信号的产生以及如何利用时钟相关的控制寄存器来正确配置时钟系统进行详细的介绍。

在此基础上，将编写代码来配置 S5PV210 处理器各个模板的时钟。特别地，还将设计若干个与时钟系统密切相关的实验来进一步熟悉处理器的时钟模块，这些实验包括定时器实验和 PWM 实验。以期通过上述实验来进一步熟悉嵌入式 Linux 环境下 S5PV210 处理器开发的流程，重点掌握时钟系统相关的编程思想、方法，最终探究到时钟滴答的奥秘。

7.1　S5PV210 处理器时钟体系结构概述

S5PV210 处理器的时钟系统由 3 个时钟域组成，它们分别是主时钟系统（Main System，MSYS）、显示相关时钟系统（Display System，DSYS）以及外围设备时钟系统（Periphereal System，PSYS）。

主时钟系统（MSYS）主要为以下这些模块提供时钟信号源：Cortex-A8 内核、DRAM 存储控制器、3D、内部 SRAM（包括 IROM 和 IRAM）、INTC 以及配置接口（SPERI）。显示相关时钟系统（DSYS）主要为显示相关的模块提供时钟信号源，其中包括 FIMC、FIMD、JPEG、多媒体 IPs 等。外围设备时钟系统则主要为安全、I/O 外围设备以及低功耗音频设备提供时钟信号源。3 个时钟域为各个模块提供时钟信号的具体情况如图 7-1 所示。

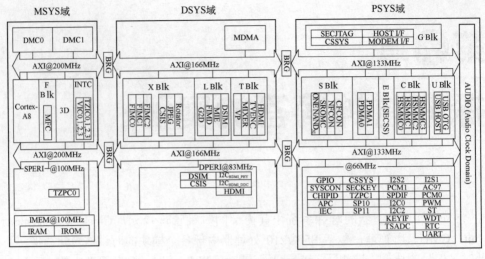

图 7-1　S5PV210 处理器的时钟域

在图 7-1 中，三个时钟域中的系统总线 AXI 的最高工作频率有所不同，如 MSYS 时钟域的 AXI 总线的最高工作频率为 200MHz，DSYS 时钟域的 AXI 总线的最高工作频率为 166MHz，PSYS 时钟域的 AXI 总线的最高工作频率则为 133MHz。各时钟域之间通过异步总线桥来连接。

7.1.1　S5PV210 处理器的顶层时钟

在 S5PV210 处理器中，顶层的时钟信号源主要包括以下 4 类。

- 来自外部时钟引脚，它们分别是 XRTCXTI、XXTI、XUSBXTI 以及 XHDMIXTI。
- 来自时钟管理单元（CMU），例如 ARMCLK、HCLK、PCLK 等。
- 来自 USB PHY。
- 来自 GPIO 引脚。

S5PV210 处理器的顶层时钟如图 7-2 所示，该图展示了顶层时钟与时钟信号源以及各个模块之间的关系。

（1）外部时钟引脚的顶层时钟

外部时钟引脚 XRTCXTI、XXTI、XUSBXTI 以及 XHDMIXTI 的时钟信号分别由外部晶振来提供，处理器也可以将外部晶振所提供的时钟信号所屏蔽。其具体情况如下所示。

- XRTCXTI 的时钟信号来自引脚为 XRTCXTI 和 XRTCXTO 且频率为 32.768kHz 的外部晶振，它的主要目的是给处理器内部的实时时钟 RTC 提供时钟信号。
- XXTI 的时钟信号则由引脚为 XXTI 和 XXTO 的外部晶振所提供，时钟管理单元（CMU）和锁相环（PLL）利用该信号可以产生时钟信号给其他模块，如 APLL、MPLL、VPLL 以及 EPLL。外部晶振的频率一般在 12~50MHz 之间，由于 IROM 的基准时钟频率为 24MHz，因此 XXTI 的外部晶振的推荐频率为 24MHz。

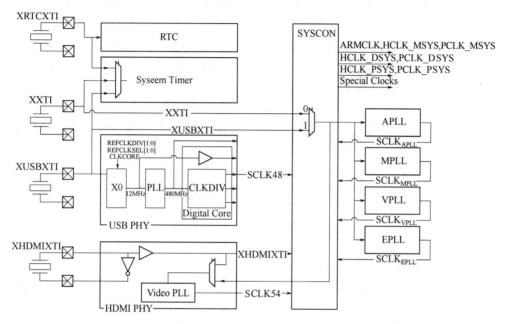

图 7-2 S5PV210 处理器顶层时钟

• XUSBXTI 的时钟信号来自引脚为 XUSBXTI 和 XUSBXTO 的外部晶振，它主要给 APLL、MPLL、VPLL、EPLL 以及 USB PHY 提供时钟信号。同样的道理，由于 IROM 的基准时钟频率为 24MHz，因此 XUSBXTI 的外部晶振的推荐频率为 24MHz。

• XHDMIXTI 的时钟信号由一个引脚为 XHDMIXTI 和 XHDMIXTO 且频率为 27MHz 的外部晶振提供。

（2）时钟管理单元（CMU）的顶层时钟

时钟管理单元（CMU）通过使用外部时钟引脚（XRTCXTI、XXTI、XUSBXTI、XHDMIXTI）、4 个 PLLs（APLL、MPLL、EPLL、VPLL）、USB PHY 以及 HDMI PHY 来产生中间频率的内部时钟信号，这些时钟信号有些具有可选择性且可被预分频，最后提供给对应的模块。按照 S5PV210 用户手册推荐，锁相环 APLL、MPLL、EPLL 以及 VPLL 一般采用频率为 24MHz 的时钟信号源。

时钟管理单元（CMU）产生内部时钟信号时，各个模块需要使用到如下所示的部件。

• APLL 使用 FINPLL 作为输入时钟来产生 30MHz~1GHz 的时钟信号。

• MPLL 使用 FINPLL 作为输入时钟来产生 50MHz~2GHz 的时钟信号。

- EPLL 使用 FINPLL 作为输入时钟来产生 10～600MHz 的时钟信号。
- VPLL 使用 FINPLL 或 SCLK_HDMI127M 作为输入时钟来产生 10～600MHz 的时钟信号，且该锁相环还产生 54MHz 的视频时钟信号。
- USB OTG PHY 使用 XUSBXTI 产生 30MHz 和 48MHz 的时钟信号。
- HDMI PHY 使用 XUSBXTI 或 XHDMIXIT 产生 54MHz 的时钟信号。

在 S5PV210 处理器典型的应用中，各个时钟域一般采用如下的时钟信号源。

- Cortex-A8 内核和 MSYS 时钟域（即 ARMCLK、HCLK_MSYS、PCLK_MSYS）一般采用 APLL 锁相环作为时钟信号源。
- DSYS、PSYS 时钟域（即 HCLK_DSYS、HCLK_PSYS、PCLK_DSYS 以及 PCLK_PSYS）和其他一些外围设备时钟信号（如音频 IPs、SPI 等）则使用 MPLL 和 EPLL 锁相环作为时钟信号源。
- 视频时钟则采用 VPLL 锁相环。

时钟控制器也可以将上述锁相环给旁路掉，以低频率的输入时钟直接提供给各个模块。同时还可以采用软件的方法将上述各个模块与输入时钟断开连接，以降低系统的功耗。

7.1.2 各类时钟频率之间的关系

在 S5PV210 处理器中，3 个时钟域中的时钟信号的频率之间存在如下的关系。

（1）主时钟域

主时钟域内各个模块的时钟信号的频率之间的关系如表 7-1 所示。

表 7-1   主时钟域内各个模块时钟信号频率之间的关系

时钟信号	频率关系
ARMCLK	freq(ARMCLK)=freq(MOUT_MSYS)/n，其中 n 的取值范围为 1～8
HCLK_MSYS	freq(HCLK_MSYS)=freq(ARMCLK)/n，其中 n 的取值范围为 1～8
PCLK_MSYS	freq(PCLK_MSYS)=freq(HCLK_MSYS)/n，其中 n 的取值范围为 1～8
HCLK_IMEM	freq(HCLK_IMEM)=freq(HCLK_MSYS)/2

（2）显示相关时钟域

显示相关时钟域内各个模块的时钟信号的频率之间的关系如表 7-2 所示。

表 7-2   显示相关时钟域内各个模块时钟信号频率之间的关系

时钟信号	频率关系
HCLK_DSYS	freq(HCLK_DSYS)=freq(MOUT_DSYS)/n，其中 n 的取值范围为 1～16
PCLK_DSYS	freq(PCLK_DSYS)=freq(HCLK_DSYS)/n，其中 n 的取值范围为 1～8

（3）外围设备时钟域

外围设备时钟域内各个模块的时钟信号的频率之间的关系如表 7-3 所示。

表 7-3 外围设备时钟域内各个模块时钟信号频率之间的关系

时钟信号	频率关系
HCLK_PSYS	freq(HCLK_PSYS)=freq(MOUT_PSYS)/n，其中 n 的取值范围为 1～16
PCLK_PSYS	freq(PCLK_PSYS)=freq(HCLK_PSYS)/n，其中 n 的取值范围为 1～8
SCLK_ONENAND	freq(SCLK_ONENAND)=freq(HCLK_PSYS)/n，其中 n 的取值范围为 1～8

在高性能的应用中，S5PV210 处理器的 3 个时钟域中的时钟频率的值如表 7-4 所示。

表 7-4 高性能应用中各个时钟信号频率的取值

时钟信号	频率/MHz
ARMCLK	1000
HCLK_MSYS	200
PCLK_MSYS	100
HCLK_IMEM	100
HCLK_DSYS	166
PCLK_DSYS	83
HCLK_PSYS	133
PCLK_PSYS	63
SCLK_ONENAND	133，166

对于 S5PV210 中的 4 个锁相环而言，它们可以输出的时钟信号的最高频率、占空比以及主要用来为哪些时钟域提供时钟信号归纳如下。

- APLL：可以用来驱动主时钟域（MSYS）和显示相关时钟域（DSYS），且可以产生最高 1GHz、占空比为 49:51 的时钟信号。
- MPLL：可以用来驱动显示相关时钟域（DSYS）和外围设备时钟域（PSYS），可产生高达 2GHz、占空比为 40:60 的时钟信号。
- EPLL：主要用来产生音频时钟信号。
- VPLL：主要用来产生 54MHz 的视频时钟信号。

在一般的情况下，S5PV210 处理器使用 APLL 锁相环来驱动主时钟（MSYS），MPLL 来驱动显示相关时钟域（DSYS）。

将上述的 3 个时钟域、外部晶振、锁相环、USB OTG PHY、USB_HOST PHY 等模块中的时钟之间的关系用一张图总结起来就如图 7-3 所示。

从图 7-3 可以看出，时钟信号最初由外部晶振引脚（如 XXTI、XUSBXTI、XHDMIXTI 等）输入，经过若干级多路选择器、锁相环、多级分频器之后最终提供给 S5PV210 处理器内部各个模块。对于该环节所涉及的部件，编程者最应关注的就是前面所提的 4 个锁相环了，因为它的配置对于整个时钟系统的配置至为关键。接下来将重点讲解一下 4 个锁相环的相关配置。

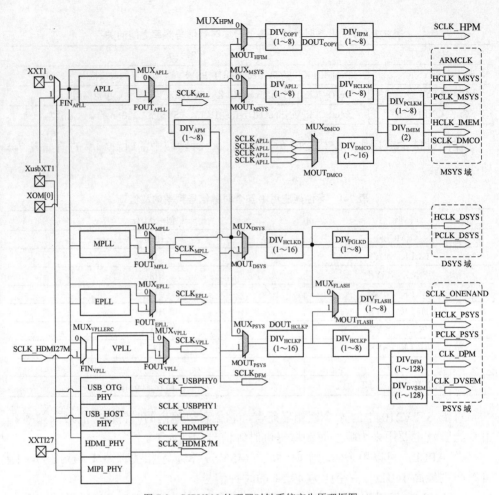

图 7-3　S5PV210 处理器时钟系统产生原理框图

7.2　PLL 的配置及时钟初始化

在处理器中，锁相环 PLL 的主要目标是提供稳定、频率可调的时钟信号。从它的作用来看，人们称之为倍频器，因为它常被用来将低频的外部晶振时钟信号倍频到高频的时钟信号供处理器内部各个模块使用。

作为开发者，如何配置锁相环 PLL 来产生所需要的时钟信号呢？首先需要对 PLL 的工作原理有个基本的了解。锁相环（PLL）主要由鉴相器、环路滤波器以及压控振荡器（VCO）3 个部分组成。其工作原理可简述为：首先采集压控振荡器的输出并对其进行分频，然后将输入信号和采集后的信号同时输入鉴相器，鉴相器通过比较上述两个信号的频率差，然后输出一个直流脉冲电压，该直流脉冲电压作用于压控振荡器（VCO），使它输出信号的频率发生改变。由于上述 3 个部分构成了一个闭环系统误差系统，经过一段时间后，压控振荡器（VCO）输出的信号的频率趋于一个期望值，该期望值也就是倍频之后的时钟频率。

从 PLL 的工作原理可以看出，PLL 倍频的过程中涉及到了 2 个关键的概念：分频和锁定。在设置 PLL 的相关寄存器时，主要考虑上述 2 个关键概念，即根据需要设置恰当的分频比和设置倍频的锁定时间。由于 S5PV210 处理器中的 4 个 PLL 的设置方法存在一定的差异，因此下面分别对 APLL 和 MPLL 进行介绍。

7.2.1 APLL 和 MPLL 的相关寄存器

（1）APLL

APLL 主要为主时钟域(MSYS)和 Cortex-A8 内核提供倍频后的时钟信号。对于 APLL 锁相环而言，涉及到的相关寄存器主要有 APLL_LOCK 和 APLL_CON0，它们分别用来设置 APLL 的锁定时间和分频比。

① APLL 锁定时间寄存器 APLL_LOCK

APLL 的锁定时间与 Freq 相关，其中 Freq 指的是输入时钟信号的频率与分频系数 PDIV 之比，即 Freq = FIN / PDIV。具体的关系如表 7-5 所示。

表 7-5　APLL 的锁定时间与 Freq 的关系

Freq/MHz	6、8	4	2	1
锁定时间/μs	<30	<40	<60	<100

例如，当输入时钟 FIN 为 24MHz，APLL 的分频系数 P = 3 时，根据表 7-5 可知，APLL 的锁定时间可以取 30μs。其他情况照此类推。

一般情况下，取 APLL 锁定时间的默认值即可，APLL 的锁定时间寄存器 APLL_LOCK 的定义如下：APLL_LOCK 是一个 32 位的寄存器，高 16 位的值不能设置，为保留位，低 16 位用来设置锁定时间。

在代码中常常将 APLL_LOCK 寄存器配置如下：

```
#define APLL_LOCK        ( *((volatile unsigned long *)0xE0100000) )
APLL_LOCK |= 0x00000FFF;
```

② APLL 控制寄存器 0 APLL_CON0

APLL 锁相环的输出时钟信号的频率与输入时钟信号的频率之间的关系由下面的数学公式来描述：

$$FOUT = MDIV \times FIN / (PDIV \times 2^{SDIV-1})$$

上式中的 PDIV、MDIV、SDIV 需满足如下条件：

PDIV：$1 \leqslant PDIV \leqslant 63$。

MDIV：$64 \leqslant MDIV \leqslant 1023$。

SDIV：$1 \leqslant SDIV \leqslant 5$。

Fref (= FIN / PDIV)：$1MHz \leqslant Freq \leqslant 12MHz$。

FVCO(= $2 \times MDIV \times FIN / PDIV$)：$1000MHz \leqslant FVCO \leqslant 2060MHz$。

根据输入时钟和输出时钟的频率，结合上述数学表达式以及 PDIV、MDIV、

SDIV 的限制条件，一般可以有许多种关于 PDIV、MDIV、SDI 取值的组合。S5PV210 用户手册上给出了常见条件下输入时钟、输出时钟、PDIV、MDIV、SDIV 取值的推荐组合。因此，在配置 APLL 的 PDIV、MDIV、SDIV 的参数时，采用 S5PV210 用户手册上的推荐值组合。关于上述参数的 APLL 的推荐值组合如表 7-6 所示。

表 7-6　APLL 在不同条件下 P、M、S[1]推荐值

FIN/MHz	FOUT/MHz	FVCO/MHz	P	M	S
24	800	1600	3	100	1
24	1000	2000	3	125	1

APLL 控制寄存器 0 的物理地址为 0xE0100100，其定义如表 7-7 所示。

表 7-7　APLL_CON0 控制寄存器

APLL_CON0	位	描述	复位状态
使能	[31]	APLL 使能控制 (0：禁止，1：使能)	0
保留	[30]	保留位	0
锁定	[29]	APLL 锁定指示 0 = 未锁定 1 = 锁定 只读位	0
保留	[28:26]	保留位	0x0
MDIV	[25:16]	APLL M 分频值	0xC8
保留	[15:14]	保留位	0
PDIV	[13:8]	APLL P 分频值	0x3
保留	[7:3]	保留位	0
SDIV	[2:0]	APLL S 分频值	0x1

从表 7-7 可以看出，APLL_CON0 的最高位决定是否启用 APLL 锁相环的功能。为 "0" 时，表示禁用 APLL，为 "1" 时，表示使能 APLL。APLL_CON0[25:16]、APLL_CON0[13：8]、APLL_CON0[2:0]分别对应于 APLL 的 P、M、S 值。APLL_CON0[29]用来控制 APLL 的输出是否锁定，为 "0" 时，不锁定；为 "1" 时，锁定。APLL_CON0 的其他位均为保留位，不允许对其进行修改。

若 APLL 的输入时钟为 24MHz 的外部晶振信号，现在需产生 1000MHz 的输出时钟，由表 7-6 可知，P、M、S 的值可分别取为 3、125 和 1。具体的代码示例如下：

```
1   #define  APLL_CON0          ( *((volatile unsigned long *)0xE0100100) )
2   #define  APLL_MDIV          0x7d
3   #define  APLL_PDIV          0x3
4   #define  APLL_SDIV          0x1
5   #define  set_pll(mdiv, pdiv, sdiv) (1<<31 | mdiv<<16 | pdiv<<8 | sdiv)
```

---

[1] 这里的 P、M、S 分别为 PDIV、MDIV、SDIV 的简称，下同。

```
6   #define APLL_VAL          set_pll(APLL_MDIV,APLL_PDIV,APLL_SDIV)
7   APLL_CON0 = APLL_VAL;
```

代码详解：

第 1 行的宏定义在前面章节中的代码中经常碰到，在此不再赘述。

第 2～4 行采用#define 宏，定义了三个常数，它们分别对应于 APLL 的分频系数 M、P、S，十六进制数 0x7d、0x3 和 0x1 分别对应于 125、3 和 1。

第 5 行采用#define 宏，定义了一个"函数"set_pll。该"函数"有三个参数 mdiv、pdiv、sdiv。该函数的功能是将三个参数的值配置到对应位置。

第 6 行还是利用#define 将 M、P、S 的值通过函数 set_pll 将其配置到对应位置，最后配置好的值用符号"APLL_VAL"来代替。

第 7 行将符号"APLL_VAL"的值写到控制寄存器 APLL_CON0 中，完成了 APLL 的控制寄存器 0 的配置。

（2）MPLL

MPLL 的作用主要是给 S5PV210 处理器的显示相关时钟域（DSYS）和外围设备时钟域（PSYS）提供时钟信号。MPLL 和 APLL 类似，主要也是通过两个相关寄存器 MPLL_LOCK 和 MPLL_CON 来配置 MPLL。但 MPLL 和 APLL 之间存在某些差异，下面来简单介绍如何配置 MPLL。

① MPLL 锁定时间寄存器 MPLL_LOCK

MPLL 的锁定时间同样与 Freq 相关，其中 Freq 的含义在上一小节已说明，即 Freq = FIN / PDIV。它们之间的具体关系如表 7-8 所示。

表 7-8 MPLL 的锁定时间与 Freq 的关系

Freq/MHz	4	2	1
锁定时间/μs	100	200	400

例如，当输入时钟 FIN 为 24MHz，MPLL 的分频系数 P = 12 时，由表 7-8 可知，MPLL 的锁定时间可以取 200μs。

与 APLL 类似，一般情况下，MPLL 的锁定时间取其默认值即可，MPLL 的锁定时间寄存器 MPLL_LOCK 的定义与 APLL_LOCK 完全一样，在此不再赘述。在程序中，配置 MPLL_LOCK 的代码片段如下：

```
#define MPLL_LOCK          ( *((volatile unsigned long *)0xE0100008) )
MPLL_LOCK |= 0x00000FFF;
```

② MPLL 控制寄存器 MPLL_CON

MPLL 锁相环的输入时钟信号频率与输出时钟信号频率之间的关系与 APLL 有所不同，它的数学表达式如下所示：

$$FOUT = MDIV \times FIN /(PDIV \times 2^{SDIV})$$

式中，MDIV、PDIV 和 SDIV 分别是 MPLL 的分频系数。它们需满足如下条件：

PDIV：$1 \leqslant PDIV \leqslant 63$。

MDIV：$64 \leqslant MDIV \leqslant 1023$。

SDIV：$0 \leqslant$ SDIV $\leqslant 5$。

Freq (= FIN / PDIV)：1MHz $\leqslant$ Freq$\leqslant$ 10MHz。

FVCO(= MDIV × FIN / PDIV)：当 VSEL 为低电平时，1000MHz $\leqslant$ FVCO$\leqslant$ 1400MHz；当 VSEL 为高电平时，1400MHz $\leqslant$ FVCO$\leqslant$ 2000MHz。

FOUT：$32 \leqslant$ MDIV $\leqslant 2000$。

在实际开发中，外部晶振时钟信号频率可能不同，需要的输出时钟信号频率也可能不尽相同。此时可以按照上述的数学关系式以及上述限制条件，可以计算出若干组可行的 P、M、S 值。同样地，在 S5PV210 处理器的用户手册中给出了 MPLL 在不同的输入时钟频率和不同输出时钟频率下，PDIV、MDIV、SDIV 的推荐值。在配置 MPLL 的过程中，可以参考用户手册上给出的推荐值，这样锁相环的工作性能可能是最优、最稳定的。

MPLL 在不同条件下，P、M、S 的推荐值组合如表 7-9 所示。

表 7-9　MPLL 在不同条件下 P、M、S 的推荐值

FIN/MHz	FOUT/MHz	FVCO/MHz	VSEL	P	M	S
24	133	1064	0	6	266	3
24	166	1328	0	6	332	3
24	266	1064	0	6	266	2
24	333	1332	0	6	333	2
24	667	1334	0	12	667	1

MPLL 锁相环的控制寄存器 MPLL_CON 的物理地址为 0xE0100108，其定义如表 7-10 所示。

表 7-10　MPLL_CON 控制寄存器

MPLL_CON	位	描述	复位状态
使能	[31]	MPLL 使能控制 (0：禁止，1：使能)	0
保留	[30]	保留位	0
锁定	[29]	MPLL 锁定指示 0 = 未锁定 1 = 锁定 只读位	0
保留	[28]	保留位	0
VSEL	[27]	VCO 频率范围选择位	0x0
保留	[26]	保留	0
MDIV	[25:16]	MPLL M 分频值	0x14D
保留	[15:14]	保留位	0
PDIV	[13:8]	MPLL P 分频值	0x3
保留	[7:3]	保留位	0
SDIV	[2:0]	MPLL S 分频值	0x1

对比表 7-7 和表 7-10，发现 MPLL 控制寄存器 MPLL_CON 与 APLL 控制寄存器 0 MPLL_CON0 大体一致。具体含义如下：

MPLL_CON 的最高位决定是否使能 MPLL，当 MPLL_CON[31] = 0 时，禁用 MPLL；当 MPLL_CON[31] = 1 时，使能 MPLL。

MPLL_CON 的第 29 位，决定是否锁定 MPLL。当 MPLL_CON[29] = 0 时，不锁定 MPLL；当 MPLL_CON[29] = 1 时，锁定 MPLL。

MPLL_CON 的第 27 位，用来确定 VCO 的频率范围。当 MPLL_CON[27] = 0 时，VCO 的频率范围为 1000～1400MHz；当 MPLL_CON[27] = 1 时，VCO 的频率范围为 1400～2000MHz。

MPLL_CON[25:16]、MPLL_CON[13:8]、MPLL_CON[2:0]分别对应于 MPLL 的分频系数 MDIV、PDIV 以及 SDIV。

其他位均为 MPLL_CON 的保留位，编程者不能修改这些位的值，否则将导致不可知的后果。

假设 MPLL 的输入信号为 24MHz 的外部晶振时钟，现需要产生 667MHz 的输出时钟，根据表 7-9 关于 P、M、S 的推荐值，MPLL 的控制寄存器 MPLL_CON 的相关配置代码如下所示。

```
1    #define MPLL_CON     (*((volatile unsigned long *)0xE0100108) )
2    #define MPLL_MDIV    0x29b
3    #define MPLL_PDIV    0xc
4    #define MPLL_SDIV    0x1
5    #define set_pll(mdiv, pdiv, sdiv) (1<<31 | mdiv<<16 | pdiv<<8 | sdiv)
6    #define MPLL_VAL     set_pll(MPLL_MDIV, MPLL_PDIV, MPLL_SDIV)
7    MPLL_CON  = MPLL_VAL;
```

代码详解：

第 1 行，与之前的#define 宏定义用法类似，将内存地址 0xE0100108 用符号 MPLL_CON 代替，且每次访问 MPLL_CON 时指令不做优化，直接访问对应的内存地址。

第 2～4 行，分别是 MPLL 的分频系数 MDIV、PDIV 以及 SDIV 的值，其中 MDIV 为 667，PDIV 为 12，SDIV 为 1，正好对应于表 7-7 中的 P、M、S 的推荐值。

第 5 行与上一小节中的代码中的第 5 行含义一样，在此不再赘述。

第 6 行，通过第 5 行的定义的宏将 MPLL 的分频系数 MDIV、PDIV 和 SDIV 设置到对应的位置，并将该值用符号 MPLL_VAL 代替。

第 7 行，利用#define 宏将符号 MPLL_VAL 赋值给 MPLL_CON，即将 MPLL 的分频系数写到 MPLL 控制寄存器 MPLL_CON 中。

由于 EPLL 和 VPLL 在本书的裸机实验中并未涉及到，且其配置方法与 APLL、MPLL 大体上一致，因此不再对 EPLL 和 VPLL 的细节进行介绍。接下来，对配置 S5PV210 处理器的时钟的步骤进行归纳和总结。

7.2.2 与时钟相关的其他寄存器及初始化流程

由 S5PV210 处理器的时钟系统产生图 7-3 可知，对 S5PV210 处理器的时钟进行初始化过程中，除了对前面提到的 4 个锁相环进行相关的配置外，还需配置各个模块的输入时钟选择，即各级时钟多路选择器的配置，此外还需对各级分频器的分频系数进行配置。

接下来将对其他两个与时钟系统相关的寄存器进行简单的介绍，它们分别是时钟信号源选择寄存器 0 CLK_SRC0 和时钟分频寄存器 0 CLK_DIV0。

（1）时钟信号源选择寄存器 0 CLK_SRC0

时钟信号源选择寄存器主要是用来对 S5PV210 处理器各个模块中的时钟信号源进行配置，选择需要的时钟信号源作为该模块的时钟输入。在 S5PV210 处理器中，有 CLK_SRC0～6 共 7 个时钟信号源选择寄存器，它们控制着各级模块中输入时钟源的选择。

其中 CLK_SRC0 为最顶层的时钟信号源选择寄存器，它对 4 个锁相环的多路输出、3 个时钟域的输入时钟信号等进行配置。CLK_SRC0 的定义如表 7-11 所示。

表 7-11　时钟信号源选择寄存器 0 CLK_SRC0

CLK_SRC0	位	描述	复位状态
保留	[31:29]	保留位	0x0
ONENAND_SEL	[28]	ONENAND FLASH 时钟信号源选择 (0: HCLK_PSYS, 1: HCLK_DSYS)	0
保留	[27:25]	保留位	0x0
MUX_PSYS_SEL	[24]	PSYS 域时钟信号选择 (0: SCLKMPLL, 1: SCLKA2M)	0
保留	[23:21]	保留位	0x0
MUX_DSYS_SEL	[20]	DSYS 域时钟信号选择 (0: SCLKMPLL, 1: SCLKA2M)	0
保留	[19:17]	保留	0x0
MUX_MSYS_SEL	[16]	MSYS 域时钟信号源选择 (0: SCLKAPLL, 1: SCLKMPLL)	0
保留	[15:13]	保留位	0x0
VPLL_SEL	[12]	VPLL 时钟信号源选择 (0: FINVPLL, 1: FOUTVPLL)	0
保留	[11:9]	保留位	0x0
EPLL_SEL	[8]	EPLL 时钟信号源选择 (0: FINPLL, 1: FOUTEPLL)	0
保留	[7:5]	保留位	0x0
MPLL_SEL	[4]	MPLL 时钟信号源选择(0: FINPLL, 1: FOUTMPLL)	0
保留	[3:1]	保留位	0x0
APLL_SEL	[0]	APLL 时钟信号源选择 (0: FINPLL, 1: FOUTAPLL)	0

对照图 7-3 和表 7-11 发现，表 7-11 中的 APLL_SEL、MPLL_SEL、EPLL_SEL、

VPLL_SEL、MUX_MSYS_SEL、MUX_DSYS_SEL 以及 MUX_PSYS_SEL 分别对应于 4 个锁相环的输出时钟的多路选择器以及 3 个时钟域的输入时钟选择器，通过设置 CLK_SRC0 的相应的时钟信号源选择位就能对上述 7 个时钟多路选择器的时钟进行选择了。

对于其他的时钟信号源多路选择器 CLK_SRC1～CLK_SRC6 的设置方法可以对照图 7-3 进行设置，方法类似于 CLK_SRC0。这里就仅以 CLK_SRC0 为例，需要对到其他的模块时钟信号源进行选择时再对其进行配置。

在图 7-3 中，除了时钟信号源多路选择器之外，还可以看到在时钟树中还存在许多的分频器，通过分频器，3 个时钟域中的时钟信号的频率就呈现出如表 7-1～表 7-3 所描述的频率关系了。接下来将以时钟分频器 0 为例，说明如何让 ARMCLK、HCLK_MSYS、PCLK_MSYS 等一系列时钟信号的频率成一定的比例关系。

（2）时钟分频寄存器 0 CLK_DIV0

正如前面所说的，时钟分频寄存器 0 是用来对 S5PV210 处理器中的高频率时钟信号分频为各种不同频率的时钟信号，以满足各种不同模块的时钟需求。比如，一般 ARMCLK 的频率一般为 1GHz，而 HCLK_MSYS、PCLK_MSYS 的频率一般分别是 667MHz 和 400MHz，它们之间会呈现出什么样的关系呢？时钟分频寄存器 0 CLKDIV0 可以给出答案。

CLK_DIV0 在 S5PV210 处理器中的物理地址是 0xE0100300，它的详细定义如表 7-12 所示。

表 7-12 时钟分频寄存器 0 CLK_DIV0

CLK_DIV0	位	描述	复位状态
保留	[31]	保留位	0
PCLK_PSYS_RATIO	[30:28]	DIVPCLKP 时钟分频比，PCLK_PSYS = HCLK_PSYS/(PCLK_PSYS_RATIO+1)	0x0
HCLK_PSYS_RATIO	[27:24]	DIVHCLKP 时钟分频比，HCLK_PSYS = MOUT_PSYS/(HCLK_PSYS_RATIO+1)	0x0
保留	[23]	保留位	0
PCLK_DSYS_RATIO	[22:20]	DIVPCLKD 时钟分频比，PCLK_DSYS = HCLK_DSYS/(PCLK_DSYS_RATIO+1)	0x0
HCLK_DSYS_RATIO	[19:16]	DIVHCLKD 时钟分频比，HCLK_DSYS = MOUT_DSYS/(HCLK_DSYS_RATIO+1)	0x0
保留	[15]	保留位	0
PCLK_MSYS_RATIO	[14:12]	DIVPCLKM 时钟分频比，PCLK_MSYS = HCLK_MSYS/(PCLK_MSYS_RATIO+1)	0x0
保留	[11]	保留位	0
HCLK_MSYS_RATIO	[10:8]	DIVHCLKM 时钟分频比，HCLK_MSYS = ARMCLK/(HCLK_MSYS_RATIO+1)	0x0
保留	[7]	保留位	0

CLK_DIV0	位	描述	复位状态
A2M_RATIO	[6:4]	DIVA2M 时钟分频比， SCLKA2M = SCLKAPLL / (A2M_RATIO + 1)	0x0
保留	[3]	保留位	0
APLL_RATIO	[2:0]	DIVAPLL 时钟分频比， ARMCLK = MOUT_MSYS / (APLL_RATIO + 1)	0x0

从表 7-12 可以看出，时钟分频寄存器 0 CLK_DIV0 用相应的位控制着时钟信号 MOUT_MSYS 与 ARMCLK、HCLK_MSYS、PCLK_MSYS，MOUT_DSYS 与 HCLK_DSYS、PCLK_DSYS，MOUT_PSYS 与 HCLK_PSYS、PCLK_PSYS 之间频率的比例关系。这也正体现了 7.1.2 节中 3 个时钟域中，各个时钟信号频率之间的关系。

在 S5PV210 处理器中，还存在时钟分频寄存器 CLK_DIV1~CLK_DIV7，它们的作用与 CLK_DIV0 类似，控制着其他模块的时钟信号的分频系数。这些模块与 3 个时钟域中锁相环相比，层次不在同一级别上。比如，CLK_DIV4 主要控制着 UART0~UART3 这 4 个串口的时钟分频系数，而输入给 UART0~UART3 的时钟信号源许多是从 CLK_DIV0 所控制的分频时钟信号而来的，因此 CLK_DIV0~CLK_DIV7 主要区别在于：它们控制着不同层次模块的时钟分频系数。

（3）S5PV210 处理器顶层时钟初始化基本流程

当需要改变 S5PV210 处理器时钟的配置时，下面 2 条原则必须遵循：

- 所有无波形干扰的多路选择器输入必须处于工作状态。
- 一旦某一个 PLL 停止工作，它的输出时钟不能被选择作为其他模块的输入时钟。

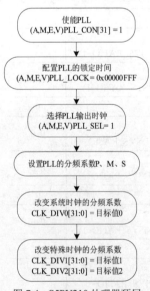

图 7-4　S5PV210 处理器顶层
时钟的配置流程

S5PV210 处理器顶层时钟的具体配置流程如图 7-4 所示。

总的来说，在初始化 S5PV210 处理时的顶层时钟时，基本的流程如图 7-4 所示。结合 S5PV210 处理时时钟信号产生的示意图 7-3，可将其归纳为如下几个要点：

- 首先将 S5PV210 处理器中的 4 个 PLL 相关参数按照图 7-4 所示的顺序配置好。
- 其次按照实际的需要配置 S5PV210 处理器中各个模块的时钟信号多路选择器。
- 最后根据各个模块之间所需的时钟信号频率的比例关系，设置好各级时钟分频器。

之所以这里只给出了 S5PV210 处理器的顶层时钟初始化流程，而未给出系统中所有模块时钟信号的初始化过程，是因为其他更低一级的子模块的时钟初始化方法与顶层时钟类似，且只要在顶层时钟初始化的基础上对各个子模块的时钟信号源进行选择，加之各个子模块的时钟分频即可完成子模块的时钟初始化。故在图 7-4 中并未详细给出 S5PV210 处理器整个时钟树的初始化流程。

7.2.3　时钟初始化应用实例

在图 7-4 中，大致描述了 S5PV210 处理器顶层时钟的初始化流程。按照上述流程，可以编写出如下所示的顶层时钟初始化代码。

```
1   #define APLL_LOCK    ( *((volatile unsigned long *)0xE0100000) )
2   #define MPLL_LOCK    ( *((volatile unsigned long *)0xE0100008) )
3
4   #define APLL_CON0    ( *((volatile unsigned long *)0xE0100100) )
5   #define APLL_CON1    ( *((volatile unsigned long *)0xE0100104) )
6   #define MPLL_CON     ( *((volatile unsigned long *)0xE0100108) )
7
8   #define CLK_SRC0     ( *((volatile unsigned long *)0xE0100200) )
9
10  #define CLK_DIV0     ( *((volatile unsigned long *)0xE0100300) )
11
12  #define APLL_MDIV    0x7d
13  #define APLL_PDIV    0x3
14  #define APLL_SDIV    0x1
15  #define MPLL_MDIV    0x29b
16  #define MPLL_PDIV    0xc
17  #define MPLL_SDIV    0x1
18
19  #define set_pll(mdiv, pdiv, sdiv)    (1<<31 | mdiv<<16 | pdiv<<8 |
sdiv)
20  #define APLL_VAL     set_pll(APLL_MDIV, APLL_PDIV, APLL_SDIV)
21  #define MPLL_VAL     set_pll(MPLL_MDIV, MPLL_PDIV, MPLL_SDIV)
22
23  void clock_init()
24  {
25      // 第 1 步：配置 3 个时钟域的输入时钟选择，暂时不使用 PLL 的输出时钟
26      CLK_SRC0 = 0x0;
27
28  #ifndef PLL_OFF
29
30      // 第 2 步：设置锁定时间，使用默认值即可
31      APLL_LOCK = 0x00000FFF;
32      MPLL_LOCK = 0x00000FFF;
33
34      // 第 3 步：设置分频
35      CLK_DIV0 |= ((1<<28) | (1<<26) | (1<<20) | (3<<16) | (1<<12)
| (1<<10) | (1<<6));
36
```

```
37          // 第 4 步：分别设置 APLL、MPLL 的分频系数并开启 APLL、MPLL
38          APLL_CON0 = APLL_VAL;
39          MPLL_CON = MPLL_VAL;
40
41          // 第 5 步，开启各种开关，并选择 PLL 时钟信号输入给其他模块
42          CLK_SRC0 |= ((1<<28) | (1<<12) | (1<<8) | (1<<4) | (1<<0));
43  #endif
44  }
```

代码详解：

第 1～10 行，采用#define 宏定义将时钟相关的寄存器的物理地址用相应的符号来代替，以便于在程序中使用。关于时钟相关的控制寄存器的物理地址，可以参考 S5PV210 处理器用户手册的第 2 部分第 3 章内容。

第 12～17 行，采用#define 宏定义的方式定义了 6 个符号常量，分别对应于 APLL 和 MPLL 的分频系数 P、M、S。在这里，输入的时钟信号为 24MHz 的外部晶振，最终 APLL 和 MPLL 分别需要向主时钟域（MSYS）和显示相关时钟域（DSYS）提供 1000MHz 和 667MHz 的时钟信号。结合 APLL 和 MPLL 的 P、M、S 的推荐值（见表 7-6 和表 7-9），可以分别得到 APLL 和 MPLL 的 P、M、S 值。

第 19～21 行采用了 3 个#define 宏嵌套将 APLL 和 MPLL 的 P、M、S 值写到相应的位置，且将 APLL 和 MPLL 的锁相环功能开启位置 "1"，最后分别用符号 APLL_VAL 和 MPLL_VAL 代替。

第 26 行，将时钟信号源控制寄存器 0 CLK_SRC0 清 "0"，表示 APLL、MPLL、EPLL、VPLL 的输出时钟暂时不提供给 3 个时钟域，即 MSYS、DSYS 和 PSYS。此时 3 个时钟域的输入时钟为外部晶振的输入时钟。之所以暂时不使用锁相环的输出时钟信号，是因为锁相环还未正确配置好。关于时钟信号源控制寄存器 0 的详细定义请参考表 7-11。

第 28 行，采用了 C 语言中的条件编译#ifndef，与第 43 行配成了一对。

第 29～42 行之间的内容为该条件编译中的整体。采用该条件编译的作用在于便于开发者灵活控制 PLL 的功能。当没有定义宏 "PLL_OFF" 时，第 29～42 行将不被编译器所处理；反之，则第 29～42 行被编译器编译到最终的可执行程序中。意味着当开发者不想启用 PLL 的锁相环功能时，不需要对 PLL 进行相应的配置，只有需要使用 PLL 时，才对 PLL 进行相应的配置。

第 31、32 行，分别使用默认值 0x00000FFF 对 APLL 和 MPLL 的锁定时间寄存器 APLL_LOCK 和 MPLL_LOCK 进行配置。之所以需要对锁相环设定一定的锁定时间是因为锁相环在锁定期望的输出时钟频率需要一定的时间。这里采用处理器默认的锁定时间即可，若需采用更佳的锁定时间，请参照表 7-5 和表 7-8 分别对 APLL 和 MPLL 的锁定时间进行设置。

第 35 行，通过时钟分频控制寄存器 0 CLK_DIV0 来配置 S5PV210 处理器中 ARMCLK 、 HCLK_MSYS 、 PCLK_MSYS 、 HCLK_DSYS 、 PCLK_DSYS 、

HCLK_PSYS、PCLK_PSYS 时钟信号的频率。时钟分频控制寄存器 0 CLK_DIV0 的详细定义如表 7-12 所示。通过将第 35 行的或复合表达式后，时钟 ARMCLK、HCLK_MSYS、PCLK_MSYS、HCLK_DSYS、PCLK_DSYS、HCLK_PSYS 以及 PCLK_PSYS 的频率分别被设置为：1000MHz、200MHz、100MHz、166MHz、83MHz、133MHz 以及 66MHz。这也正是 S5PV210 处理器在高性能应用场合 3 个时钟域中各时钟信号频率的典型值，如表 7-4 所示。

第 38 行，将#define 宏定义的符号 "APLL_VAL" 的值写到 APLL 控制寄存器 0 APLL_CON0 的物理地址中，完成 APLL 的 P、M、S 值的设置，并开启 APLL 的锁相环功能。

第 39 行，与第 38 行的含义类似，采用与第 38 行相同的方法，将 MPLL 的 M、P、S 的推荐值写到 MPLL 的控制寄存器 MPLL_CON 物理地址中，完成 MPLL 的 P、M、S 值的设置，并开启 MPLL 的锁相环功能。

第 42 行，将值((1<<28) | (1<<12) | (1<<8) | (1<<4) | (1<<0))通过或复合表达式赋值给时钟源选择寄存器 0 CLK_SRC0，此后 3 个时钟域的顶层时钟信号 MOUT_MSYS、MOUT_DSYS 以及 MOUT_PSYS 将分别使用来自锁相环 APLL、MPLL 以及 MPLL 的输出时钟。即 APLL、MPLL 的 P、M、S 值设置好，并经过锁定时间后，将输出外部晶振时钟倍频后的时钟信号到 3 个时钟域。

第 43 行，与第 28 行构成一个完整的条件编译命令。其作用在前面已有说明，故不在此赘述。

通过上述示例代码后，S5PV210 处理器的顶层时钟初始化已经完成。在下面的小节中，将继续沿着 S5PV210 处理器的时钟树，学习处理器中其他与时钟密切相关的模块。

7.3 PWM 定时器的原理及应用

在 S5PV210 处理器中，与系统时钟关系最密切的模块莫过于定时器了。定时器是几乎所有的处理器中必备的模块之一，它往往是许多上层应用的基石。譬如，现代的操作系统大多都是多任务系统，即操作系统具有多个任务。任务之间需要调度，而任务调度需要定时器的支持，没有时钟滴答，就谈不上任务调度，也就更谈不上多任务操作系统。可见，定时器在整个软硬件系统中发挥着不可替代的作用。

在 S5PV210 处理器中，有 4 个与定时器相关的外设，它们分别是 PWM 定时器(PWM Timer)、系统定时器(System Timer)、看门狗定时器(Watchdog Timer)以及实时时钟(Real Time Clock)。其中，PWM 定时器作为处理器的常规定时器，可以实现一般意义上的定时功能，此外它还具有 PWM 功能；系统定时器作为 S5PV210 处理器中一个独立的模块，可以为系统提供 1ms 的系统时钟滴答和 1ms 的系统时钟中断；看门狗定时器则与以往的处理器中的一样，主要是为了提供系统在运行过程中的稳定性；实时时钟主要是为了让处理器在断电状态下，系统仍能保持秒、分、时、日、月、年等时间信息。

由于上述 4 个定时器相关的模块的基本原理大致相同，因此本章将以 PWM 定时器为例，重点讲解定时器的工作原理、相关寄存器配置方法、初始化流程以及简单的应用实例。最后，还将定时器实验拓展到与其相关的 PWM 实验、实时时钟 RTC 实验以及看门狗实验。

7.3.1 PWM 定时器概述

PWM 定时器其实就是一个普通的定时器，该定时器在输入时钟脉冲的作用下使得内部的计数器倒计数，当计数器溢出时，产生相应的中断或标志位，以此来达到定时的功能。之所以称之为 PWM 定时器，是因为它还具有输出占空比可调的脉冲信号的功能。

那么，S5PV210 处理器中的 PWM 定时器是如何做到的呢？这需要从 PWM 定时器的内部结构说起，首先请看 PWM 定时器的原理图，如图 7-5 所示。

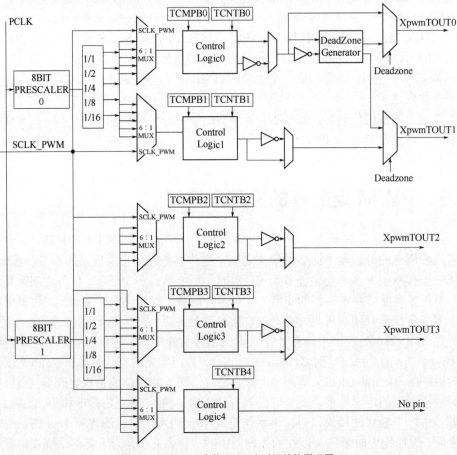

图 7-5　S5PV210 中的 PWM 定时器结构原理图

从图 7-5 可以看出，S5PV210 处理器共有 5 个 32 位定时器，其中定时器 0～定时器 3 具有脉冲宽度调制功能(Pulse Width Modulation，PWM)，并从定时器内部分别引出了 XpwmTOUT0～XpwmTOUT3 这 4 个功能复用的 I/O 接口，当配置成 PWM 功能时，这 4 个引脚可分别输出定时器 0～定时器 3 的 PWM 调制信号。此外，定时器 0 在结构上还另加了死区电压产生单元，用来支持驱动大电流电力电子器件。定时器 4 是一个内部定时器，没有相应的 PWM 信号输出到外部。

5 个定时器的结构大体一致，它们采用外围设备时钟域(PSYS)中的 APB-PCLK 时钟信号，APB-PCLK 的时钟频率一般为 66MHz。定时器 0 和定时器 1 共用同一个可配置的 8 位时钟预分频器 0，定时器 2～定时器 4 则共用另一个可配置的 8 位时钟预分频器 1。两个 8 位时钟预分频器可对 APB-PCLK 时钟进行 0～255 之间的分频。

同时，每个定时器还有自己独立的时钟分频器，该分频器作为定时器的第二级时钟分频器可对 8 位时钟预分频器之后的时钟信号按照 1/1、1/2、1/4、1/8、1/16 的比例再次进行分频。此后时钟进入了一个 6 选 1 时钟信号源多路选择器，第二级时钟分频器只有 5 种分频时钟，为何成为了 6 选 1 呢？从图 7-5 可以看到，S5PV210 处理器的定时器在该环节加入了一个时钟信号 SCLK_PWM，该时钟信号来自时钟管理单元(CMU)，SCLK_PWM 的时钟频率为多少呢？读者感兴趣的话，可以自行查看 S5PV210 处理器的时钟树结构，里面对 SCLK_PWM 的来源以及如何设置其时钟频率有具体的说明，在此就不赘述了。

经过 6 选 1 的时钟多路选择器后，定时器得到了最终的时钟信号，该时钟信号的频率将作为定时器的基准频率。

在上述 5 个 PWM 定时器中，除第 4 个定时器外，均包括 4 个寄存器。它们分别是定时器计数缓冲寄存器 TCNTBn、定时器计数寄存器 TCNTn、定时器缓冲比较寄存器 TCMPBn 以及定时器比较寄存器 TCMPn。这 4 个寄存器可以分为 2 组：TCNTn 与 TCNTBn 以及 TCMPn 与 TCMPBn。前一组用来控制定时器输出波形的周期，后一组用来调节定时器输出波形的占空比。

定时器工作的基本流程为：当启动定时器后，定时器计数寄存器 TCNTn 开始倒计数。TCNTn 的值为 0 时，定时器计数缓冲寄存器 TCNTBn 和定时器缓冲比较寄存器 TCMPBn 的值分别加载到定时器计数寄存器 TCNTn 和定时器比较寄存器 TCMPn 中，若定时器的中断使能，定时器的中断机制将发出中断请求通知 CPU 定时器操作已完成。

PWM 定时器有 2 种工作模式：自动加载模式和单次加载模式。当定时器工作在自动加载模式，定时器计数寄存器 TCNTn 倒计数到 0 时，硬件自动地将定时器计数缓冲寄存器 TCNTBn 中的值加载到定时器计数寄存器 TCNTn 中，并开始下一轮的定时操作，依次输出周期的 PWM 波形，直到定时器的定时功能被终止。当定时器工作在单次加载模式下时，定时器在完成一次定时功能后，不再从定时器计数缓冲寄存器 TCNTBn 中加载初值到定时器计数寄存器 TCNTn 中，即定时器只输出单次 PWM 波形。

定时器比较寄存器 TCMPn 以及定时器缓冲比较寄存器 TCMPBn 的作用在于：实现输出 PWM 波形的功能。在定时器计数寄存器 TCNTn 倒计数的过程中，当 TCNTn 的值与 TCMPn 的值相等时，此后定时器输出的波形将翻转，即定时器输出的波形从高电平变成低电平或者从低电平变成高电平。定时器比较寄存器的值可依据预输出的波形的占空比来改变。当 TCNTn 的值减为 0 时，硬件自动地将 TCMPBn 中的值加载到 TCMPn 中，用来控制下一个输出波形的占空比。最终实现输出占空比可调的 PWM 波形。

S5PV210 处理器中的 PWM 定时器的一个鲜明特点是：无论是定时器计数寄存器 TCNTn 还是定时器比较寄存器 TCMPn，它们都采用了双缓冲结构，即有相应的缓冲寄存器 TCNTBn 及 TCMPBn。为什么要采用这种双缓冲结构？其原因在于：采用这种双缓冲结构，可以使得用户在不干扰正在运行的定时器的前提下，改变定时器下一个输出波形的周期、占空比。用户修改定时器输出波形的周期、占空比时不是直接将值写到定时器计数寄存器 TCNTn 和定时器比较寄存器 TCMPn 中，而是将相应的值写到定时器计数缓冲寄存器 TCNTBn 和定时器缓冲比较寄存器 TCMPBn 中。当 TCNTn 倒计数为 0 时，硬件自动地将 TCNTBn 和 TCMPBn 中的值分别加载到 TCNTn 和 TCMPn 中。在定时器倒计数的过程中，其当前的计数值可以通过读取定时器观测寄存器 TCNTOn 而得到。

如何控制定时器启动或停止，输出不同频率和占空比可调的 PWM 波形，实现给定时间的定时功能？这些问题将在接下来的小节中详细讲解。首先来了解 PWM 定时器相关的控制寄存器。

7.3.2　PWM 定时器相关寄存器

PWM 定时器与定时功能相关的寄存器包括 5 组，它们分别对应于 5 个不同的定时器 Timer0～Timer4。除第 4 个定时器 Timer4 之外，每个定时器均包括 3 个可供用户读或写的特殊功能寄存器。它们分别是：定时器计数缓冲寄存器 TCNTBn、定时器缓冲比较寄存器 TCMPBn 以及定时器观测寄存器 TCNTOn。除此之外，还有 4 个共性特殊功能寄存器：定时器配置寄存器 0 TCFG0、定时器配置寄存器 1 TCFG1、定时器控制寄存器 TCON 以及定时器中断控制及状态寄存器 TINT_CSTAT。前文提到的 TCNTn、TCNTBn、TCMPn、TCMPBn 以及 TCNTOn 中的 "n" 泛指定时器 0～定时器 4 的标号。由于上述 5 个定时器的大体结构和寄存器操作方法类似，因此下面将以定时器 0 为例，分析如何通过定时器相关寄存器来控制定时器工作。

（1）定时器配置寄存器 0 TCFG0

定时器配置寄存器 0 的作用在于：配置预分频器 0 和预分频器 1 的分频系数以及死区电压长度。TCFG0 的物理地址是 0xE2500000，其具体的定义如表 7-13 所示。

表 7-13　定时器配置寄存器 0 TCFG0

TCFG0	位	描述	复位状态
保留	[31:24]	保留位	0x00
死区长度	[23:16]	死区长度值	0x00
预分频器 1	[15:8]	定时器 2，3，4 的预分频器 1 的分频值	0x01
预分频器 0	[7:0]	定时器 0，1 的预分频器 0 的预分频值	0x01

在一般的应用中，主要是设置定时器配置寄存器 0 的低 16 位，即设置预分频器 0 和预分频器 1 的分频系数。定时器输入时钟的频率可通过如下的公式来计算：

定时器输入时钟频率 = PCLK / ({prescaler value +1}) / {divider value}

上式中的 {prescaler value} 即为 TCFG0 中的第[7:0]位或第[15:8]位的值，该值的取值范围是 1～255。{divider value} 则为定时器时钟多路选择器的分频值，可为 1、2、4、8、16 或 TCLK，该分频值是由定时器配置寄存器 1 TCFG1 的相应位来决定的。此外，死区长度的取值范围是 0～254。

（2）定时器配置寄存器 1 TCFG1

定时器配置寄存器 1 TCFG1 的功能为各个定时器从 6 路时钟信号中选择其中的 1 路作为该定时器的时钟输入信号，6 路时钟信号分别是：经过预分频器 0 或预分频器 1 后的时钟信号的 1/1、1/2、1/4、1/8、1/16，以及 SCLK_PWM 信号。TCFG1 的物理地址是 0xE2500004，其具体的定义如表 7-14 所示。

表 7-14　定时器配置寄存器 1 TCFG1

TCFG1	位	描述	复位状态
保留	[31:20]	保留位	0x00
PWM 定时器 4 的分频	[19:16]	PWM 定时器 4 的时钟信号输入选择 0000 = 1/1 0001 = 1/2 0010 = 1/4 0011 = 1/8 0100 = 1/16 0101 = SCLK_PWM	0x00
PWM 定时器 3 的分频	[15:12]	PWM 定时器 3 的时钟信号输入选择 0000 = 1/1 0001 = 1/2 0010 = 1/4 0011 = 1/8 0100 = 1/16 0101 = SCLK_PWM	0x00
PWM 定时器 2 的分频	[11:8]	PWM 定时器 2 的时钟信号输入选择 0000 = 1/1 0001 = 1/2 0010 = 1/4 0011 = 1/8 0100 = 1/16 0101 = SCLK_PWM	0x00

续表

TCFG1	位	描述	复位状态
PWM 定时器 1 的分频	[7:4]	PWM 定时器 1 的时钟信号输入选择 0000 = 1/1 0001 = 1/2 0010 = 1/4 0011 = 1/8 0100 = 1/16 0101 = SCLK_PWM	0x00
PWM 定时器 0 的分频	[3:0]	PWM 定时器 0 的时钟信号输入选择 0000 = 1/1 0001 = 1/2 0010 = 1/4 0011 = 1/8 0100 = 1/16 0101 = SCLK_PWM	0x00

如表 7-14 所示，每一个定时器均可以通过 TCFG1 的相应位来选择所需的时钟信号作为最终的定时器时钟输入信号。值得注意的是，在定时器的 6 路时钟信号中，有 1 路时钟信号为 SCLK_PWM，该时钟信号的来源和频率可参考 S5PV210 处理器手册中时钟体系部分的说明。由于 SCLK_PWM 与 PCLK 是异步时钟信号，SCLK_PWM 会对定时器的输出波形造成一定的误差，因此在实际的使用中，手册中推荐的 SCLK_PWM 时钟频率低于 1MHz。

各个定时器对于 6 路时钟信号的选择可通过 TCFG1 的第[4n+3:4n]位来设置。例如，对于定时器 0 而言，若想选择经过预分频器之后 1/8 频率的时钟信号，则只需将 TCFG1 的第[3:0]位配置成 "0011" 即可。

（3）定时器控制寄存器 TCON

定时器控制寄存器 TCON 的作用是：控制 5 个定时器的启动与停止、是否更新定时器计数缓冲寄存器 TCNTBn 和定时器缓冲比较寄存器 TCMPBn 的值、决定定时器输出波形是否翻转、配置定时器计数寄存器 TCNTn 和定时器比较寄存器值的加载模式以及决定是否使能死区电压。TCON 的物理地址是 0xE2500008，具体的定义如表 7-15 所示。

表 7-15 定时器控制寄存器 TCON

TCON	位	描述	复位状态
保留	[31:23]	保留位	0x000
定时器 4 自动加载开/关	[22]	0 = 单次加载 1 = 自动加载	0x0
定时器 4 手动更新	[21]	0 = 无操作 1 = 更新 TCNTB4 的值	0x0
定时器 4 启动/停止	[20]	0 = 停止 1 = 启动定时器 4	0x0

TCON	位	描述	复位状态
定时器 3 自动加载开/关	[19]	0 = 单次加载 1 = 自动加载	0x0
定时器 3 输出波形翻转开/关	[18]	0 = 翻转功能关闭 1 = 输出波形翻转功能开启	0x0
定时器 3 手动更新	[17]	0 = 无操作 1 = 更新 TCNTB3 和 TCMPB3 的值	0x0
定时器 3 启动/停止	[16]	0 = 停止 1 = 启动定时器 3	0x0
定时器 2 自动加载开/关	[15]	0 = 单次加载 1 = 自动加载	0x0
定时器 2 输出波形翻转开/关	[14]	0 = 翻转功能关闭 1 = 输出波形翻转功能开启	0x0
定时器 2 手动更新	[13]	0 = 无操作 1 = 更新 TCNTB2 和 TCMPB2 的值	0x0
定时器 2 启动/停止	[12]	0 = 停止 1 = 启动定时器 2	0x0
定时器 1 自动加载开/关	[11]	0 = 单次加载 1 = 自动加载	0x0
定时器 1 输出波形翻转开/关	[10]	0 = 翻转功能关闭 1 = 输出波形翻转功能开启	0x0
定时器 1 手动更新	[9]	0 = 无操作 1 = 更新 TCNTB1 和 TCMPB1 的值	0x0
定时器 1 启动/停止	[8]	0 = 停止 1 = 启动定时器 1	0x0
保留	[7:5]	保留位	0x0
死区使能/禁止	[4]	死区产生功能使能/禁止	0x0
定时器 0 自动加载开/关	[3]	0 = 单次加载 1 = 自动加载	0x0
定时器 0 输出波形翻转开/关	[2]	0 = 翻转功能关闭 1 = 输出波形翻转功能开启	0x0
定时器 0 手动更新	[1]	0 = 无操作 1 = 更新 TCNTB0 和 TCMPB0 的值	0x0
定时器 0 启动/停止	[0]	0 = 停止 1 = 启动定时器 0	0x0

从表 7-15 来看，各个定时器的控制均可通过定时器控制寄存器 TCON 的相应位来配置，其中包括了定时器的启动与停止、手动更新 TCNTBn 和 TCMPBn 的值、定时器自动加载功能开启与否等。在接下来的实例中，将说明如何操作 TCON 寄存器。

（4）定时器计数缓冲寄存器 TCNTB0

TCNTB0 是定时器 0 的计数缓冲寄存器，它是一个 32 位的寄存器，它的作用在于确定定时器 0 的倒计数的初始值。在每一个定时器 0 倒计数寄存器 TCNT0 减为 0 时，若定时器 0 开启了自动加载功能，TCNTB0 的值将由硬件自动加载到 TCNT0 中，继续下一个周期的倒计数功能。开发者若想小范围地改变定时器 0 输出波形的频率，只需通过修改 TCNTB0 的值，下一轮的倒计数将以修改后的 TCNTB0 值作为定时器 0 倒计数的初始值。TCNTB0 的物理地址是 0xE250000C。

（5）定时器缓冲比较寄存器 TCMPB0

与 TCNTB0 类似，TCMPB0 则是定时器 0 的缓冲比较寄存器，它也是一个 32 位的寄存器，其作用在于决定定时器 0 输出波形的占空比。在定时器 0 的计数寄存器 TCNT0 倒计数过程中，每次均与定时器 0 的比较寄存器 TCMP0 的值进行比较，一旦 TCNT0 的值小于 TCMP0 的值，此后定时器 0 输出的波形会发生翻转。因此，通过改变定时器缓冲比较寄存器 TCMPB0 的值，即可调节定时器 0 输出波形的占空比。同样地，由于 S5PV210 处理器采用了双缓冲结构，TCMPB0 修改后的值只能在定时器 0 计数值减为 0 时才被加载到 TCMP0 中，即调节后的输出波形的占空比只能在下一轮波形中体现。TCMPB0 的物理地址是 0xE250_0010。

（6）定时器中断控制与状态寄存器 TINT_CSTAT

顾名思义，定时器中断控制与状态寄存器的作用就在于：配置 5 个 PWM 定时器的中断功能以及反映 5 个 PWM 定时器中断标志的寄存器。TINT_CSTAT 是 PWM 定时器的中断开关，且用相应的位来标志是否有相应的定时中断发生。TINT_CSTAT 的物理地址是 0xE2500044，其具体的定义如表 7-16 所示。

表 7-16 定时器中断控制与状态寄存器 TINT_CSTAT

TINT_CSTAT	位	描述	复位状态
保留	[31:10]	保留位	0x00000
定时器 4 中断状态	[9]	定时器 4 中断状态位，通过往该位写 "1" 可清除中断标志	0x0
定时器 3 中断状态	[8]	定时器 3 中断状态位，通过往该位写 "1" 可清除中断标志	0x0
定时器 2 中断状态	[7]	定时器 2 中断状态位，通过往该位写 "1" 可清除中断标志	0x0
定时器 1 中断状态	[6]	定时器 1 中断状态位，通过往该位写 "1" 可清除中断标志	0x0
定时器 0 中断状态	[5]	定时器 0 中断状态位，通过往该位写 "1" 可清除中断标志	0x0
定时器 4 中断使能	[4]	使能定时器 4 中断， 1 = 使能， 0 = 禁止	0x0

续表

TINT_CSTAT	位	描述	复位状态
定时器 3 中断使能	[3]	使能定时器 3 中断， 1 = 使能， 0 = 禁止	0x0
定时器 2 中断使能	[2]	使能定时器 2 中断， 1 = 使能， 0 = 禁止	0x0
定时器 1 中断使能	[1]	使能定时器 1 中断， 1 = 使能， 0 = 禁止	0x0
定时器 0 中断使能	[0]	使能定时器 0 中断， 1 = 使能， 0 = 禁止	0x0

在表 7-16 中，TINT_CSTAT 的第[4:0]位分别控制着定时器 4～定时器 0 的中断功能，当相应的位为"1"时，使能定时器中断功能；当相应的位为"0"时，禁止定时器中断功能。TINT_CSTAT 的第[9:5]位分别为定时器 4～定时器 0 的中断状态，当相应的位为"1"时，表示该定时器产生了定时中断，清除中断的方法是往该位写入"1"即可；当相应的位为"0"时，表示该定时器未产生定时中断。

除了上述寄存器与定时器 0 相关外，还有定时器 0 计数寄存器 TCNT0、定时器 0 计数观测寄存器 TCNTO0，这两个寄存器在实际中访问得少，这里就不一一介绍了。

7.3.3　PWM 定时器的操作方法

由于 PWM 定时器涉及到时钟信号，因此在使用 PWM 定时器时，除了设置定时器相关寄存器 TCON、TCFG0、TCFG1、TCNTBn、TCMPBn 以及 TINT_CSTAT 之外，还需配置好 S5PV210 处理器的时钟系统，特别是 PSYS 时钟域，因为定时器主要的时钟信号来源于 PCLK_PSYS。以定时器 0 为例，归纳起来，PWM 定时器的操作步骤如下所示。

第 1 步：根据 S5PV210 处理器的典型应用，将 PSYS 时钟域的 PCLK 设置为 66MHz。这一步可以在上一节时钟初始化的基础上实现。

第 2 步：根据实际情况和需要，设置好 TCFG0 中预分频器 0 的预分频值，并配置好 TCFG1 中的关于定时器 0 的 6 路输入时钟的选择。

第 3 步：将定时器 0 计数初始值和定时器 0 比较初始值分别写入到寄存器 TCNTB0 和 TCMPB0 中。

第 4 步：将定时器 0 的手动更新位置"1"，即往 TCON 的第[1]位写入"1"，此时 TCNTB0 的值和 TCMPB0 的值将分别被加载到 TCNT0 和 TCMP0 中，之后将定时器 0 的手动更新位清"0"。且将定时器 0 的 TCNT0 和 TCMP0 设置成自动加载模式，即往 TCON 的第[3]位写 "1"。

第 5 步：将 TCON 的第[0]位置 "1"，此后定时器 0 开始倒计数。若采用查询的方式来确定定时器 0 是否溢出，只需要循环查询 TINT_CSTAT 的第[5]位。一旦定时时间到，TINT_CSTAT 的第[5]位将置位，之后往该位写 "1" 即可清除该标志位。

7.3.4 PWM 定时器应用实例

在熟悉了 PWM 定时器的基本原理、相关寄存器以及操作方法后，接下来以一个简单而典型的实例来应用 PWM 定时器。本实例的任务在于：让 LED 灯点亮 1s，然后熄灭 1s，并依次循环。

虽然本实验的目的也是点亮一个 LED 灯，但其不同点在于：对于点亮和熄灭 LED 灯的持续时间做出了具体要求。如何达到上述特殊的要求呢？由于本实例对点亮和熄灭 LED 灯的持续时间做出了明确要求，因此可以考虑借助于定时器来实现精确定时，一旦定时时间到，就依次执行点亮或熄灭 LED 灯的操作，本实例中，将以 LED1 灯为例。

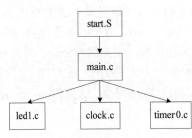

图 7-6　5 个源文件之间的调用关系图

由于该实验涉及到了系统初始化、时钟初始化、定时器初始化、GPIO 初始化等相关操作，因此，将采取模块化的方法将其分解为 start.S、clock.c、timer0.c、led1.c 以及 main.c 5 个主要的源文件，各个源文件之间的关系如图 7-6 所示。

由于系统初始化与之前的实验类似，这里就不再赘述了，重点讲解 timer0.c、clock.c、led1.c 以及 main.c 这 4 个源文件，接下来分别对上述 4 个文件进行源码编写和详细分析。

（1）源代码编写与详解

① timer0.c 子程序　timer0.c 子程序主要完成定时器的初始化工作以及实现定时时间可变的函数。其源代码如下所示。

```
1    #include "timer0.h"
2
3    void timer0_init(unsigned long utcntb0, unsigned long utcmpb0)
4    {
5        // 定时器的输入时钟 = PCLK / ( {prescaler value + 1} ) / {divider
value}
6        // PCLK 时钟频率为 66MHz，预分频系数为 65，预分频之后时钟频率为 1MHz
7        TCFG0 |= 0x41;
8
9        // 对预分频之后的时钟进行 4 分频
```

```
10      TCFG1 |= (0x2<<0);
11
12      // 初始化定时器计数缓冲寄存器 TCNTB0
13      TCNTB0 = utcntb0;
14
15      // 初始化定时器比较缓冲寄存器 TCMPB0
16      TCMPB0 = utcmpb0;
17
18      // 手动更新 TCNTB0 和 TCMPB0 的值
19      TCON |= (1<<1);
20
21      // 清除手动更新 TCNTB0 和 TCMPB0 位
22      TCON &= ~(1<<1);
23
24      // 设置定时器 0 自动加载 TCNTB0 和 TCMPB0 功能并启动定时器 0
25      TCON |= ((1<<0)|(1<<3));
26  }
```

代码详解：

第 1 行，采用#include 预处理命令，将头文件 "timer0.h" 中的相关宏定义和声明包括到文件 timer0.c 中。

第 3 行，定义了定时器 0 的初始化函数，该函数将定时器 0 的预分频器的分频系数设定为 65，并在此基础上对时钟进行 4 分频。最终定时器 0 的输入时钟频率为 250kHz。该时钟信号的时间最小分辨率为 4μs，最长定时可达 17180s。能满足一般的定时需求。

第 7 行，将十六进制数 "0x41" 赋值给 TCFG0，根据定时器输入时钟频率计算公式可得出经过预分频器 0 后，PCLK 时钟被预分频为 1MHz。

第 10 行，将 "0010" 赋值给 TCFG1 的低 4 位。作用在于对预分频之后的 PCLK 时钟 4 分频。

第 13 行，将函数 timer0_init() 的第一个参数 utcntb0 赋值给定时器 0 计数缓冲寄存器 TCNTB0，该值决定定时器 0 的定时长度。

第 16 行，将函数 timer0_init() 的第二个参数 utcmpb0 赋值给定时器 0 比较缓冲寄存器 TCMPB0，该值确定定时器 0 输出波形的占空比。

第 19 行，将定时器 0 的手动更新位置 "1"，即将 TCON 的第[1]位置 "1"，使得定时器 0 的 TCNTB0 和 TCMPB0 的值分别被加载到 TCNT0 和 TCMP0。

第 22 行，将定时器 0 的手动更新位清 "0"。之所以要对手动更新位清 "0"，原因在于：手动加载 TCNTB0 和 TCMPB0 的值后，定时器 0 倒计数溢出后，将采取自动加载的模式把 TCNTB0 和 TCMPB0 的值分别加载到 TCNT0 和 TCMP0。

第 25 行，将 TCON 的第[3]位和第[0]位分别置 "1"，此后定时器 0 将以自动加载的模式启动定时操作。

timer0_init 函数含 2 个无符号长整型的参数，这 2 个参数分别对应于定时器 0 的 TCNTB0 和 TCMPB0 寄存器的值，用来确定定时时间的长度以及定时器 0 输出波形的占空比。在本实验中，暂时不使用 PWM 的功能，即 timer0_init 函数的第 2 个参数 utcmpb0 在这里不起作用。定时 1s 到时，点亮 LED 灯，再定时 1s，熄灭 LED 灯，依次循环点亮、熄灭 LED 灯。

② clock.c 子程序　在本实验中，clock.c 子程序的作用主要在于初始化系统各个模块的时钟，重点为 PWM 定时器提供 66MHz 的 PCLK 时钟信号作为预分频器的输入时钟。S5PV210 处理器时钟初始化的步骤和方法在上一节中已做过详细讲解，这里将重点放在如何为 PWM 定时器提供 66MHz 的时钟信号。clock.c 子程序的源代码如下所示。

```
1    #include "clock.h"
2
3    void clock_init()
4    {
5        // 第 1 步：配置 3 个时钟域的输入时钟选择，暂时不使用 PLL 的输出时钟
6        CLK_SRC0 = 0x0;
7
8    #ifndef PLL_OFF
9
10       // 第 2 步：设置锁定时间，使用默认值即可
11       APLL_LOCK = 0x00000FFF;
12       MPLL_LOCK - 0x00000FFF;
13
14       // 第 3 步：设置分频
15       CLK_DIV0 |= ((1<<28) | (1<<26) | (1<<20) | (3<<16) | (1<<12)
| (1<<10) | (1<<6));
16
17       // 第 4 步：分别设置 APLL、MPLL 的分频系数并开启 APLL、MPLL
18       APLL_CON0 = APLL_VAL;
19       MPLL_CON = MPLL_VAL;
20
21       // 第 5 步，开启各种开关，并选择 PLL 时钟信号输入给其他模块
22       CLK_SRC0 |= ((1<<28) | (1<<12) | (1<<8) | (1<<4) | (1<<0));
23   #endif
24   }
```

关于 clock.c 的代码详解可以参考 7.2.3 小节的时钟初始化程序的代码详解，经过上述初始化工作后，可以得到频率为 66MHz 的 PCLK 时钟。

③ led1.c 子程序　led1.c 子程序的作用是：初始化与 LED1 灯相连接的 GPIO 接口 GPC1[3]，实现点亮和熄灭 LED1 灯的功能。其源代码如下所示。

```
1    #include "led1.h"
2
```

```
3    // LED1 初始化
4    void led1_init(void)
5    {
6        GPC1CON |= 1<<12;           //将 GPC1[3]配置成输出功能
7    }
8
9    //点亮 LED1 灯
10   void led1_on(void)
11   {
12       GPC1DAT |= 1<<3;            //使 GPC1[3]输出高电平，点亮 LED1 灯
13   }
14
15   //熄灭 LED1 灯
16   void led1_off(void)
17   {
18       GPC1DAT &= ～(1<<3);        //使 GPC1[3]输出低电平，熄灭 LED1 灯
19   }
```

代码详解：

第 1 行，采用#include 预处理命令，将头文件"led1.h"中的相关宏定义和声明包括到文件 led1.c 中。

第 4～7 行，LED1 灯初始化函数。通过第 7 行代码，与 LED1 灯相连接的接口 GPC1[3]被配置成输出功能。

第 10～13 行，点亮 LED1 灯函数。第 12 行代码通过往 GPC1DAT 的第[3]位写入"1"，GPC1[3]将输出高电平，LED1 灯点亮。

第 16～19 行，熄灭 LED1 灯函数。与第 12 行类似，第 17 行代码通过往 GPC1DAT 的第[3]位写入"0"，GPC1[3]将输出低电平，LED1 灯熄灭。

在第 6 章已经对 LED 灯接口电路以及点亮 LED 的原理进行了详细的分析，这里就不再赘述了。与第 6 章使用了汇编语言的方式点亮和熄灭 LED 灯不同的是，在本实例中，采用了 C 语言的方式同样可以实现点亮和熄灭 LED 灯的功能。

④ main.c 主程序　在 main.c 主程序中，主要完成的工作是：系统时钟以及 PCLK_PSYS 时钟、定时器 0 以及 LED1 灯的初始化，调用并启动定时器 0，在特定的时刻循环点亮或熄灭 LED1 灯。其源代码如下所示。

```
1    #include "led1.h"
2    #include "timer0.h"
3    #include "clock.h"
4
5
6    void main(void)
7    {
8        int flag = 0;
9
```

```
10        //初始化时钟系统，并将 PCLK_PSYS 的时钟频率设定为 66MHz
11        clock_init();
12
13        //初始化 LED1 灯
14        led1_init();
15
16        //初始化定时器 0，并以 1s 的定时时长启动定时器 0
17        timer0_init(0x3D090,0x1E848);
18
19        while(1)
20        {
21            while( 0 == (TINT_CSTAT & 0x20));
22            TINT_CSTAT = TINT_CSTAT;
23            flag = !flag;
24            if (1 == flag)
25            {
26                led1_on();
27            }
28            else
29            {
30                led1_off();
31            }
32        }
33  }
```

代码详解：

第 1～3 行，使用#include 预处理命令将 3 个头文件"led1.h"、"timer0.h"以及"clock.h"包括到主程序中来。

第 5 行，因主程序中需要使用到定时器 0 的溢出标志位，故在此用#define 宏定义一个符号"TINT_CSTAT"，该符号的意义在前面多次提到，不再赘述其含义。

第 6～33 行，主程序 main.c 的函数体。完成上述提到的函数功能。

第 8 行，定义了一个标记变量，用来指示 LED1 灯熄灭和点亮的状态。

第 11 行，调用时钟初始化函数 clock_init()，完成系统时钟初始化工作，并将 PCLK_PSYS 的频率配置为 66MHz。

第 14 行，调用 LED1 灯初始化函数 led1_init()，将与 LED1 灯相连的 GPIO 接口 GPC1[3]配置成输出功能。

第 17 行，调用定时器 0 初始化函数 timer0_init()，并将参数 0x3D090 和 0x1E848 传递给该函数，这 2 个实参作为定时器 0 的计数缓冲寄存器 TCNTB0 和比较缓冲寄存器 TCMPB0 的值，在该函数的最后启动定时器 0。

经过初始化函数 timer0_init()对 PCLK_PSYS 时钟进行预分频、分频之后，定时器 0 的输入时钟的频率变为 250kHz。由于本实验需要定时 1s，故定时器 0 的计数缓冲寄存器的倒计数初始值为 250000，转换成十六进制数，即为 0x3D090。另一个参数在本实验中并不起作用，这里取 TCMPB0 的值为 TCNTB0 的一半，可以预见定时器 0 输出的波形将是占空比为 50%的频率为 1Hz 的方波信号。

第 19 行，使用 while(1)来循环点亮和熄灭 LED1 灯，点亮和熄灭 LED1 灯的持续时间分别是 1s。S5PV210 处理器进入该循环后，将一直在该函数体中循环。

第 21 行，通过循环测试定时器 0 的溢出标志位是否为"1"来判断定时器 0 倒计时是否完成，一旦 1s 倒计时完成，定时器 0 的溢出标志将被置位，处理器退出该空循环，继续执行后面的语句。

第 22 行，定时器 0 产生溢出标志后，需要通过读取该溢出标志位的方法来清除溢出标志。一个简单而实用的方法是采用该语句来实现清除溢出标志。

第 23 行，一旦定时器 1s 倒计时完成，标记 LED1 灯点亮或熄灭状态的变量 flag 发生翻转。后面的判定语句根据 flag 的值来调用点亮或熄灭 LED1 灯函数。

第 24～30 行，利用 if...else...语句来判断 LED1 灯的状态，决定点亮或熄灭 LED1 灯。

值得注意的是，这里在测试 flag 是否为"1"时，有意将"flag == 1"写成了"1 == flag"，这样的好处在于减少程序开发过程中的"低级错误"。即有时可能将"flag == 1"写成了"flag = 1"，这样并不存在语法错误，但逻辑上却存在问题。在编译过程中，编译器并不会报错。采用本书中的比较方式，若漏写了一个等号"="，编译器将报错。这样大大地降低了犯这种低级错误的机会，这也是良好编码习惯的体现之一。

⑤ 头文件及 Makefile 文件　3 个源程序文件 led1.c、timer0.c 以及 clock.c 对应的头文件为 led1.h、timer0.h 和 clock.h。它们的源码分别如下所示。

头文件 led1.h 的内容如下：

```
1    #ifndef      _LED1_H_
2    #define      _LED1_H_
3
4    #define GPC1CON      (*(volatile unsigned long *)0xE0200060)
5    #define GPC1DAT      (*(volatile unsigned long *)0xE0200064)
6
7    extern void led1_init(void);
8    extern void led1_on(void);
9    extern void led1_off(void);
10
11   #endif
```

头文件 timer0.h 的内容如下：

```
1    #ifndef      _TIMER0_H_
2    #define      _TIMER0_H_
3
4    #define PWMTIMER_BASE        (0xE2500000)
5
6    #define  TCFG0    ( *((volatile unsigned long *)(PWMTIMER_BASE+0x00)))
```

```
7   #define  TCFG1     ( *((volatile unsigned long *)(PWMTIMER_BASE+0x04)) )
8   #define  TCON      ( *((volatile unsigned long *)(PWMTIMER_BASE+0x08)) )
9   #define  TCNTB0    (*((volatile unsigned long *)(PWMTIMER_BASE+0x0C)))
10  #define  TCMPB0    ( *((volatile unsigned long *)(PWMTIMER_BASE+0x10)) )
11  #define  TINT_CSTAT ( *((volatile unsigned long *)(PWMTIMER_BASE+0x44)) )
12
13  void timer0_init(unsigned long utcntcb0,unsigned long utcmpb0);
14
15  #endif
```

头文件"clock.h"的内容如下：

```
1   #ifndef     _CLOCK_H_
2   #define     _CLOCK_H_
3
4   #define APLL_LOCK   ( *((volatile unsigned long *)0xE0100000) )
5   #define MPLL_LOCK   ( *((volatile unsigned long *)0xE0100008) )
6
7   #define     APLL_CON0 ( *((volatile unsigned long *)0xE0100100) )
8   #define APLL_CON1   ( *((volatile unsigned long *)0xE0100104) )
9   #define MPLL_CON    ( *((volatile unsigned long *)0xE0100108) )
10
11  #define     CLK_SRC0 ( *((volatile unsigned long *)0xE0100200) )
12
13  #define     CLK_DIV0 ( *((volatile unsigned long *)0xE0100300) )
14
15  #define APLL_MDIV    0x7d
16  #define APLL_PDIV    0x3
17  #define APLL_SDIV    0x1
18  #define MPLL_MDIV    0x29b
19  #define MPLL_PDIV    0xc
20  #define MPLL_SDIV    0x1
21
22  #define set_pll(mdiv, pdiv, sdiv)   (1<<31 | mdiv<<16 | pdiv<<8
| sdiv)
23  #define APLL_VAL    set_pll(APLL_MDIV, APLL_PDIV, APLL_SDIV)
24  #define MPLL_VAL    set_pll(MPLL_MDIV, MPLL_PDIV, MPLL_SDIV)
25
26  void clock_init(void);
27
28  #endif
```

按照第 6 章中建立工程文件的步骤，在 Ubuntu 12.04 虚拟机的 TQ210 文件夹下，将上述源文件创建一个名为"TIMER"的工程文件。该工程文件的源文件列表如图 7-7 所示。

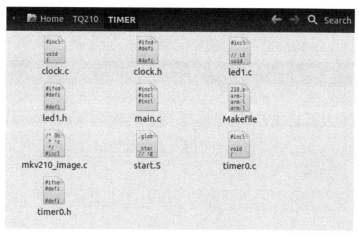

图 7-7　定时器实验的工程文件列表

在图 7-7 中的文件中，除 Makefile、mkv210_image.c 之外，其他的源文件已在前面的章节中做出详细的分析。接下来了解下本实验的 Makefile 文件。

本实验的 Makefile 文件内容如下所示：

```
1   210.bin: start.o main.o clock.o led1.o timer0.o
2       arm-linux-ld -Ttext 0x00000000 -o timer.elf $^
3       arm-linux-objcopy -O binarytimer.elf   timer.bin
4       arm-linux-objdump -D timer.elf > timer_elf.dis
5       gcc mkv210_image.c -o mktq210.exe
6       ./mktq210.exe timer.bin 210.bin
7
8   %.o : %.S
9       arm-linux-gcc -o $@ $< -c
10
11  %.o : %.c
12      arm-linux-gcc -o $@ $< -c
13
14  clean:
15      rm *.o *.elf *.bin *.dis *.exe -f
```

比较本实验的 Makefile 文件和蜂鸣器实验的 Makefile 文件，可以发现 2 个 Makefile 文件的结构一致，不同之处仅在于第一个目标的依赖文件列表和生成的中间文件的命名有所不同。其原因是这 2 个工程文件的依赖关系一致。

start.S 与前面的 2 个实验完全一样，在此不再赘述。对于 mkv210_image.c 文件，其作用也在前面的实验中进行了说明，其具体的内容将在后面的章节中进行介绍。

（2）编译、链接工程文件

打开 Ubuntu 12.04 的命令终端，将工作目录切换至 "home/sunny/TQ210/TIMER"，在终端中输入 "make" 命令，执行编译、链接。最终，在定时器实验的工程文件夹 TIMER 下将生成如图 7-8 所示的可执行文件 210.bin，中间文件

timer.bin、timer.elf、timer_elf.dis，目标文件 clock.o、main.o、led1.o、start.o 以及 timer0.o。

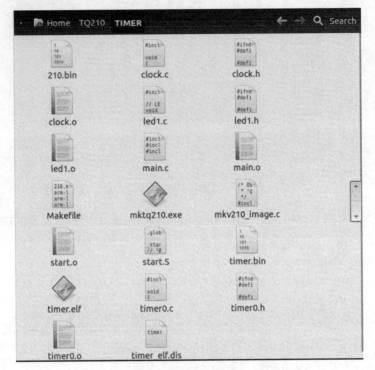

图 7-8　执行编译、链接后的定时器实验工程文件列表

　　最后，将生成的 210.bin 可执行程序通过 Windows 与 Ubuntu 12.04 虚拟机之间传递文件的方法转移到 Windows 的桌面相对路径"TQ210/TIMER"下。

　　（3）下载、测试可执行程序

　　打开 TQBoardDNW 可执行程序烧写软件，连接好 TQ210 开发板与 PC 机之间的串口通信线以及 OTG USB 下载线，并给 TQ210 开发板上电。若 TQ210 开发板的 NAND FLASH 中还存在 U-BOOT 镜像，则 TQ210 的启动方式选择从 NAND FLASH 中启动；若 NAND FLASH 中的 U-BOOT 镜像已损坏或被覆盖，则选择从 SD 卡启动的方式，先将 U-BOOT 镜像重新烧写到 NAND FLASH 中，之后再选择从 NAND FLASH 中启动 TQ210 开发板。下载定时器实验的操作截图如图 7-9 所示。

　　如图 7-9 所示，在 U-BOOT 的下载模式中，本实验选择以方式"7"将定时器实验的可执行程序"210.bin"下载到 S5PV210 处理器的 IRAM 中运行，即地址 0xd0020010 处运行。

　　之所以选择方式"7"将可执行程序下载到 S5PV210 处理器的 IRAM 中运行，原因在于：一方面，可以避免因将可执行程序下载 NAND FLASH 中而覆盖 NAND FLASH 中的 U-BOOT 镜像；另一方面，采用这种方式同样可以测试一般实验的效果。

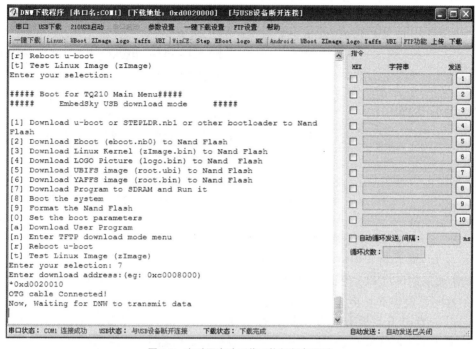

图 7-9　定时器实验下载可执行程序界面

　　然后采用 USB 下载方式，将定时器实验的可执行程序"210.bin"下载到 S5PV210 处理器的 IRAM 中。下载完毕后，将看到 LED1 灯循环地点亮 1s，熄灭 1s。到此，本实验测试完毕，达到了实验的任务和目标。

　　到这里，读者可能会对上述的下载方式"7"产生疑问：为什么可以将可执行程序下载到 S5PV210 处理器的 IRAM 中？IRAM 中可以执行程序吗？IRAM 是什么？为什么下载地址选择为 0xd0020010……关于这些问题，将在后面的章节中进行解释和分析。

7.4　PWM 定时器拓展实验——蜂鸣器实验

　　在第 6 章的第 3 小节中，利用蜂鸣器使得 TQ210 开发板发出了响声。在那里，采用的方法是通过延时程序实现蜂鸣器发出间断的滴答声。在本小节中，将采用 PWM 定时器的输出波形来驱动蜂鸣器发出滴答声，通过调整 PWM 定时器输出波形的周期以及占空比来更加智能地控制蜂鸣器发出响声的频率和响度。

　　蜂鸣器的硬件电路如图 6-17 所示。

　　在第 6.3.1 节中已对蜂鸣器的原理和接口电路进行了比较详细的分析和阐释。本实验将不再将 XpwmTOUT1 引脚配置成通用的 GPIO 口，然后采用软件延时的方法来驱动蜂鸣器发出响声，而是直接把 XpwmTOUT1 引脚配置成定时器 1 的

PWM 波形输出功能，通过控制定时器 1 的 PWM 波形的周期和占空比，从而实现任意控制蜂鸣器发出声音的频率和响度。

PWM 定时器输出 PWM 波形的原理如图 7-10 所示。

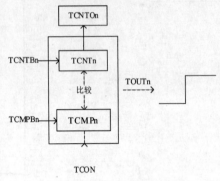

图 7-10　PWM 定时器内部原理图

由图 7-10 可知，PWM 定时器产生 PWM 波形的原理如下所述。

- 首先，将定时器的比较值和初始值装入寄存器 TCMPBn 和 TCNTBn 中。
- 然后，设置定时器控制寄存器 TCON，启动定时器，此时 TCMPBn 和 TCNTBn 中的值会加载到寄存器 TCMPn 和 TCNTn 中。
- 此后，定时器会减 1 计数，即 TCNTn 进行减 1 计数，当 TCMPn=TCNTn 时，TOUTn 引脚输出取反。

在本节中，将利用定时器输出的 PWM 波形来驱动蜂鸣器。通过调节定时器的 PWM 波形的周期和占空比，即通过改变定时器的 TCNTBn 和 TCMPBn 的值，来控制蜂鸣器发出滴答声的频率和响度。

以 TQ210 开发板上的蜂鸣器为例，从图 7-10 可知，该蜂鸣器的控制引脚来自定时器 1 的 PWM 波形输出端。故只需通过控制定时器 1，实现利用 PWM 波形来控制蜂鸣器。

让定时器输出 PWM 波形的操作方法与前面的利用定时器点亮和熄灭 LED 灯的方法类似，所需做的工作主要有以下几方面。

- 初始化 S5PV210 处理器的时钟系统，包括 ARMCLK、MSYS 时钟域、DSYS 时钟域及 PSYS 时钟域，重点是将时钟信号 PCLK_DSYS 的频率设置为 66MHz，该工作与上一节中的时钟初始化一样。
- 配置好定时器的预分频器 0 和分频器的分频系数，手动更新定时器 1 的计数器初始值 TCNTB1 以及比较寄存器值 TCMPB1，并将定时器 1 配置成自动更新模式，启动定时器 1。
- 最后将 GPIO 接口 GPD0[1]配置成输出定时器 PWM 波形的功能。

PWM 定时器输出波形驱动蜂鸣器实验的程序主要包括 4 个源程序，它们分别是 clock.c、pwm.c、main.c 以及 start.S。其中 clock.c 和 start.S 的作用和源代码与上一节的实验完全一致，在此不再赘述。pwm.c 和 main.c 的源代码及相应的详解如下所述。

（1）pwm.c 子程序

pwm.c 的作用在于完成定时器 1 相关的参数的配置，并提供可以控制其输出的 PWM 波形的周期和占空比的接口。pwm.c 的内容如下。

```
1    #include"pwm.h"
2
```

```
3   void pwmtimer1_init(unsigned long utcntb1,unsigned long utcmpb1)
4   {
5
6       // 定时器的输入时钟 = PCLK / ( {prescaler value + 1} ) / {divider
value}
7       // PCLK 时钟频率为 66MHz，预分频系数为 65，预分频之后时钟频率为 1MHz
8       TCFG0 |= 0x41;
9
10      // 对预分频之后的时钟进行 4 分频
11      TCFG1 |= (0x2<<4);
12
13      // 初始化定时器计数缓冲寄存器 TCNTB1
14      TCNTB1 = utcntb1;
15
16      // 初始化定时器比较缓冲寄存器 TCMPB1
17      TCMPB1 = utcmpb1;
18
19      // 手动更新 TCNTB1 和 TCMPB1 的值
20      TCON |= (1<<9);
21
22      // 清除手动更新 TCNTB1 和 TCMPB1 位
23      TCON &= ~(1<<9);
24
25      // 设置定时器 1 自动加载 TCNTB1 和 TCMPB1 功能并启动定时器 1
26      TCON |= ((1<<8)|(1<<11));
27  }
```

由于 pwm.c 与上一节的 timer0.c 内容大体一致，不同之处仅在于对寄存器 TCFG0、TCFG1 以及 TCON 初始化有所区别。读者可以参考 timer0.c 的代码详解来理解本源代码的语句。

（2）main.c 主程序

main.c 所做的工作是：调用时钟初始化函数 clock.c，定时器 1 初始化函数，并将 GPIO 接口 GPD0[1]配置成输出 PWM 波形的功能。其源代码如下所示。

```
1   #include"clock.h"
2   #include"pwm.h"
3
4   void main()
5   {
6       //初始化系统时钟
7       clock_init();
8
9       //初始化 PWM 定时器 1，并设置好 PWM 定时器 1 输出波形的周期和占空比
10      pwmtimer1_init(0x63,0x32);
11
```

```
12        //将 GPD0[1]配置成 PWM 波形输出功能
13        GPD0CON |= (2<<4);
14
15        while(1)
16        {
17            while( 0 == (TINT_CSTAT & 0x40));
18            TINT_CSTAT = TINT_CSTAT;
19        }
20  }
```

由于main.c的程序比较简单，注释也很详细，因此这里不再对其进行详细分析。

注 意

　　pwm.c 和 clock.c 的头文件与前一个实验的对应的头文件基本一致，区别仅在于定时器 0 的相关寄存器宏定义换成了定时器 1 的相关寄存器，此外函数名的声明也变成了相应的名字。此外，本实验的 Makefile 文件也与前一个实验基本一致，由于区别不大，故在此不再对其赘述，读者可以直接参考本书光盘中的源代码文件。

　　在 TQ210 文件夹下，将上述相关文件建立一个名为 PWM 的工程文件，按照之前介绍过的编译、链接程序的方法对 PWM 工程编译、链接，最终得到该工程的可执行程序。将可执行程序通过 U-BOOT 的下载方式"7"烧写到 TQ210 开发板上运行。

　　读者会发现，此时蜂鸣器发出的响声与第 6 章中的蜂鸣器实验发出的响声存在区别，通过 PWM 波形驱动蜂鸣器发出的响声是不间断的，而 6.3 节中的蜂鸣器发出的响声是间断的。实质上，两者并不存在本质的区别，只是 6.3 节是采用软件延时的方法来模拟 PWM 波形的高低电平持续时间。PWM 波形驱动蜂鸣器则可以更加方便地通过调节定时器的计数初始值以及比较值来控制蜂鸣器响声的频率和响度。

　　读者可以尝试调节main.c中的第10行的pwmtimer1_init()函数的两个参数来调节蜂鸣器发出响声的频率和响度。pwmtimer1_init()函数的两个参数分别对应于定时器 1 的计数初始值和比较值，通过改变这两个参数改变输出 PWM 波形的周期和占空比。

　　需要注意的是，pwmtimer1_init()函数的第 1 个参数的值必须大于第 2 个参数。且第 1 个参数的值只能位于某一个范围时，人们才能听到蜂鸣器发出的声音。这是什么原因呢？道理很简单，因为人耳所能听到的声音的频率在 20～20000Hz 之间，故 pwmtimer1_init()函数的第 1 个参数在一定的范围时才能听到蜂鸣器发出的响声。第 2 个参数的大小对蜂鸣器发出响声的频率不起作用，但对响声的响度有直接的影响，其值越大，蜂鸣器发出的声音越响。读者可以通过改变 pwmtimer1_init()函数的 2 个参数的大小来体验蜂鸣器发出声音的特点。

说　明

声音是一种压力波，是由于物体的振动对介质（空气分子）的作用而产生的。声音有 2 个重要的特性，其一是音调，它取决于声音的频率；其二是响度，它取决于声音的振幅。直观地讲，响度就是声音的大小，频率就是声音变化的快慢。

7.5　本章小结

本章主要介绍了 S5PV210 处理器的时钟系统以及与定时器紧密相关的定时器模块。时钟系统是一款处理器非常核心的模块，几乎处理器每个模块都与时钟相关，因此本章是学习其他相关组件的基础。

在本章中，通过对 S5PV210 处理器的时钟系统的分析，掌握了如何配置系统的主时钟域 MSYS、显示相关时钟域 DSYS 和外围设备时钟域 PSYS 及相关模块的时钟信号。在分析和配置 S5PV210 处理器的时钟系统时，一方面在于理解和掌握各个时钟域 PLL 的作用和配置步骤；另一方面在于理清 S5PV210 处理器时钟域内各级时钟之间的关系以及时钟多路选择器的配置。

在本章中，还对与系统时钟有紧密联系的模块——PWM 定时器的原理进行了介绍，并设计了 2 个定时器相关的实验。通过这 2 个实验，掌握了定时器的操作方法，并熟悉了定时器输出 PWM 波形的原理及作用。通过本章的学习和实验，基本探明了时钟滴答的奥秘，并进一步地掌握了 Linux 环境下进行嵌入式开发的流程以及具体操作。

由于时钟是一个处理器的核心部件，因此在学习和使用一款处理器的过程中，可以沿着处理器的时钟树，逐步扩展直至掌握处理器上所有相关的模块。在接下来的章节中，将沿着这样的思路，一步一步熟悉 S5PV210 处理器重要的模块。直至系统地掌握嵌入式 Llinux 环境下 S5PV210 处理器的开发流程和基本技能。

第8章

玩转 UART

◄◄◄◄◄◄

通用异步收发器（Universal Asynchronous Receiver and Transmitter，UART）作为一款处理器中最常见、最重要的部件之一，可以用来实现不同处理器之间数据的串行通信。UART 之所以被称为"异步"收发器，原因在于收发器双方并不要求具有相位同步的时钟信号。在传输数据的过程中，UART 主要采用 RXD 和 TXD 端来收发数据，并不需要在收发器之间传输时钟信号。UART 是一种简单而高效的异步通信方式，其传输速率最高可达 3Mbps。

本章将对 S5PV210 处理器的 UART 串口通信进行学习和探究，掌握 UART 的基本结构和工作原理、UART 的工作模式、UART 的相关寄存器及其配置方法与步骤。在此基础上，通过若干个 UART 相关的实验来熟悉 UART 的使用方法并更深一步地熟悉嵌入式 Linux 环境下 S5PV210 处理器开发的种种细节，最终达到玩转 UART 的目标。

8.1 UART 概述

在对 UART 进行详细介绍之前，首先来了解下任意一款处理器与 PC 机通过 UART 串口通信的基本原理，这将有助于更有好地理解 UART 串口通信的全过程。

一般而言，处理器与 PC 机通过 UART 串口进行通信的原理图如图 8-1 所示。

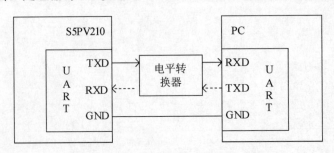

图 8-1   S5PV210 处理器与 PC 机串口通信原理图

电平转换器的作用是完成通信双方之间的电平转换。S5PV210 处理器的输出电平是 CMOS 电平，对于 CMOS 电平：

输入电压：VIL<0.3Vcc，VIH>0.7Vcc。

输出电压：VOL<0.1Vcc，VOH>0.9Vcc，S5PV210 的 UART 模块的 Vcc=3.3V。

由于 CMOS 电平在长距离传输过程中会受到噪声的干扰及衰减因素的影响，因此需要采用电平转换器来提高串口通信的距离，其中 RS232 是一种最常见的电平转换标准。

RS232 最早是一种用在公用电话网的串行通信标准，传输距离一般不超过 15m。对 RS232 而言，逻辑"0"和"1"对应的电平如下：

逻辑"0"：+3～+15V

逻辑"1"：-3～-15V

之所以这样规定，主要是因为这更有利于提高传输数据的抗噪性能，使数据传输的距离更远。因此电平转换器的作用也在于此。

虽然 UART 在进行数据传输时并没有在收发器之间传输时钟信号，但 UART 与系统时钟仍存在密切的关系。UART 包含了波特率发生器、发送器、接收器以及控制单元 4 个主要部分，其中的波特率发生器决定了 UART 数据传输速率，而波特率发生器需要处理器为之提供时钟信号。故 UART 与时钟系统存在直接的关联。那么 UART 的 4 个部分之间的关系如何，它们之间是如何协同工作的呢？请看图 8-2 所示的 UART 结构原理图。

在图 8-2 中，显示了一个 UART 中 4 个主要组成部分之间的相互关系。它们具体的工作机制如下：

• 波特率发生器为 UART 的收发器提供时钟信号，以便收发器根据时钟的节拍接收和发送数据。

• 在波特率发生器时钟脉冲的作用下，接收器将 RXD 端的数据串行地接收到接收移位寄存器中，并将接收到的数据位中去掉起始位和停止位提取出真正的数据；发送器则正好相反，将预发送的数据加上起始位和停止位，然后从发送移位寄存器中串行发送出去。

• 控制单元则在总体上起管理和协调作用。它负责 UART 与数据总线之间的数据交互，对 UART 数据传输中出现的错误做出处理，控制收发器和控制波特率发生器的工作状态等。

• 开发者可以通过配置相关寄存器来指示控制单元，进而达到控制 UART 的目的。

在 S5PV210 处理器中，包括了 4 个独立的 UART 接口，它们均可以采用基于中断或查询和基于 DMA 的方式传输数据。波特率发生器作为与系统时钟有紧密联系的模块，它可以采用 PCLK_PSYS 或 SCLK_UART 时钟信号作为时钟源。

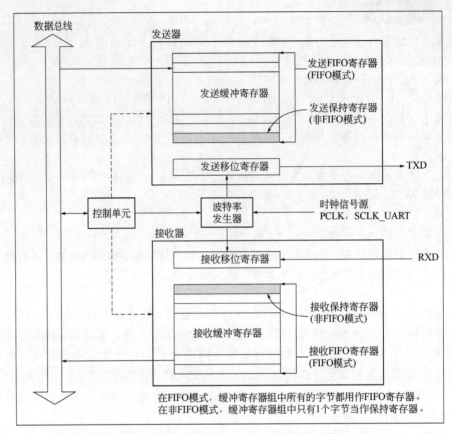

图 8-2　S5PV210 处理器 UART 内部结构原理图

　　由于 S5PV210 处理器的内核的工作频率可以高达 1GHz，而 UART 的时钟信号的频率一般较低，因此处理器与 UART 之间在工作频率上存在着较大的差距。为了更有效地利用 CPU，UART 的收发器不仅含有移位寄存器，还包括先入先出（First In First Out，FIFO）单元。FIFO 好比一个蓄水池，可以在高速工作的 CPU 和低速工作的 UART 之间起到缓冲的作用。在介绍 UART 的工作模式时，将详解介绍 UART 的 FIFO 相关知识。

8.2　UART 的操作

　　UART 在工作过程中主要涉及到以下 4 种操作：数据发送、数据接收、中断产生以及波特率的产生。下面对它们分别进行详细的介绍。

　　（1）数据发送

　　数据发送是 UART 将预发送的数据按照一定的数据帧格式组合成数据包，并经过发送移位寄存器串行发送到 TXD 端的过程。

发送的数据帧格式如下：

- 1 位起始位。
- 5～8 位的数据位。
- 可选的奇偶校验位。
- 1～2 位的结束位。

数据帧的格式是可编程的，比如 5～8 位的数据位、可选的奇偶校验位以及 1～2 位的结束位是可以通过配置线控制寄存器 ULCONn 来实现的。

一般而言，利用 UART 进行串口通信时，数据包的格式是由通信双方约定好的，一旦发送方规定了数据发送的数据帧格式，接收方则必须按照发送方的数据帧格式来提取接收到的数据包。

（2）数据接收

与数据发送的过程正好相反，数据接收则是 UART 从 RXD 端将数据位通过接收移位寄存器串行接收的过程。串行接收到的数据位组合成数据包，再根据发送方的数据帧格式从数据包中提取真正的数据。

与发送的数据帧格式一样，接收的数据帧格式也是可编程的。接收方可以通过配置线控制寄存器来完成。接收的数据帧格式和发送的数据帧格式是一致的。

接收器可以检测到数据包的溢出错误、奇偶校验错误、帧格式错误以及停止条件。这些错误含义如下所示：

- 溢出错误是指新接收到的数据将未被读取的旧数据覆盖而产生的错误。一旦出现该错误，UART 错误标志寄存器 UERSTATn 的第[0]位将被置 "1"。
- 奇偶校验错误是指接收器接收到的数据包的奇偶校验位与预期的不一致。若出现奇偶校验错误，UART 错误标志寄存器 UERSTATn 的第[1]位将被置 "1"。
- 帧格式错误是指接收到的数据包不包含有效的停止位。若出现该错误，UART 错误寄存器 UERSTATn 的第[2]位将被置 "1"。
- 停止条件则是指数据接收端 RXD 的电平持续为 "0" 的时间超出了一个数据帧的时间长度。

接收方的 UART 将根据双方约定好的数据帧格式对接收到的数据包进行解析，结合 UART 的错误标志寄存器 UERSTATn 的状态，将真正的数据提取出来。

（3）中断产生

在 UART 中，为实时了解其各个模块的工作状态，S5PV210 处理器提供了许多状态寄存器来描述 UART 各个模块的工作状态。常见的状态寄存器有：UART 发送/接收状态寄存器 UTRSTATn、UART 错误状态寄存器 UERSTATn 以及 UART 的 FIFO 状态寄存器 UFSTATn 等。开发者可以通过查询各个状态寄存器来了解 UART 的当前工作状态，例如，可以通过查询 UTRSTATn 的状态来判断 UART 的发送器或接收器是否完成。但查询法往往存在耗费 CPU 资源的缺点。

为了减轻 UART 对 CPU 的工作负荷，UART 采用中断的机制来提高串口通信的工作效率。在 UART 串口通信中，总共存在 7 种不同种类的中断。它们分别是：溢出中断、奇偶校验错误中断、帧错误中断、传输停止中断、接收缓冲数据就绪中断、发送缓冲空中断以及发送移位寄存器空中断。关于 UART 的中断部分，将在下一章中进行详细的介绍，在此不进行深入探究。

（4）波特率产生

波特率发生器是 UART 一个重要组成部分，主要负责产生 UART 的时钟信号。波特率发生器的原理框图如图 8-3 所示。

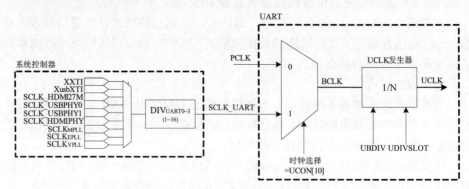

图 8-3 波特率发生器时钟框图

如图 8-3 所示，波特率发生器的输入时钟主要有 2 个来源，它们分别是 PCLK 和 SCLK_UART。其中，这里的 PCLK 和定时器模块中的 PCLK 一样，均来自于外围设备时钟域 PSYS 中的 PCLK 时钟信号。SCLK_UART 时钟信号的来源则非常广，它们有 XXTI、XusbXTI、SCLK_HDMI27M、SCLK_USBPHY0、…、SCLK$_{\text{VPLL}}$ 等 9 个时钟信号源。可以通过配置时钟选择寄存器 CLK_SRC4 来选择其中的 1 个时钟信号作为之后的分频器的输入时钟，经过分频器的分频之后，便可得到 SCLK_UART。

通过对 UART 控制寄存器 UCON 的第[10]位进行设置来选择 PCLK 和 SCLK_UART 其中之一作为波特率发生器的时钟信号。在图 8-3 中，该信号被称之为 BCLK。BCLK 时钟信号还需经过 UCLK 发生器的处理，最终才产生应用于 UART 串口通信的时钟信号 UCLK。那么，BCLK 与 UCLK 之间的关系如何，它们是通过什么寄存器来设置的呢？接下来对其进行详细的说明。

简言之，BCLK 与 UCLK 之间的关系就是时钟频率的变换，它们通过如下的公式建立联系：

$$UBRDIVn = (int)(PCLK / (buad\ rate \times 16)) -1$$

或者

$$UBRDIVn = (int)(SCLK\_UART / (buad\ rate \times 16)) -1$$

在上式中，PCLK 和 SCLK_UART 分别代表 PCLK 和 SCLK_UART 的时钟频率。buad rate 表示 UART 串口通信的波特率，其单位为 bps，意味着"比特每秒"，即 1s 传输的二进制位数。(int) 表示将 (PCLK / (buad rate×16))或(SCLK_UART / (buad rate×16))强制转换成整数。UBRDIVn 则是 BCLK 和 UCLK 频率变换所得的一个系数，该系数由上述 2 个公式之一计算可得。从这一点来看，波特率发生器实质上是一个分频器。UBRDIVn 的值用来初始化波特率分频寄存器 UBRDIVn 的低 16 位，具体将在下面的相关寄存器小节进行介绍。

在实际中，(PCLK / (buad rate×16))或(SCLK_UART / (buad rate×16))的值并不一定是个整数，而 UBRDIVn 只取了其整数部分。这样产生的 UART 时钟信号与期望的波特率将存在误差。为了产生更加精确的 UART 时钟信号，S5PV210 处理器在 UART 模块中还引入了一个特殊功能寄存器 UDIVSLOTn 来对 UART 的波特率进行修正，以便产生更加精确的波特率。UDIVSLOTn 的值可以由下式得出：

$$[UDIVSLOTn]_2 数中 "1" 的个数 = 16×[(PCLK/SCLK\_UART)/(16×buad rate)]_{小数部分}$$

上式中，$[UDIVSLOTn]_2$ 表示 UDIVSLOTn 的值用二进制数表示，$[(PCLK/SCLK\_UART / (buad rate×16))]_{小数部分}$ 表示 PCLK 或 SCLK_UART 时钟频率除以波特率的 16 倍所得到的值的小数部分。因此，上式的意思是 UDIVSLOTn 的值用二进制数表示时 "1" 的个数等于 PCLK 或 SCLK_UART 时钟频率除以波特率的 16 倍所得到的值的小数部分再乘以 16 所得的整数值。

上式中的左边只是规定了 UDIVSLOTn 二进制数的 "1" 的个数，并没有给定一个具体的数，S5PV210 处理器的用户手册给出了关于 UDIVSLOTn 二进制数 "1" 的个数的推荐值，如表 8-1 所示。

表 8-1　UDIVSLOTn 二进制数 "1" 的个数不同条件下的推荐值

1 的个数	UDIVSLOTn	1 的个数	UDIVSLOTn
0	0x0000(0000_0000_0000_0000b)	8	0x5555(0101_0101_0101_0101b)
1	0x0080(0000_0000_0000_1000b)	9	0xD555(1101_0101_0101_0101b)
2	0x0808(0000_1000_0000_1000b)	10	0xD5D5(1101_0101_1101_0101b)
3	0x0888(0000_1000_1000_1000b)	11	0xDDD5(1101_1101_1101_0101b)
4	0x2222(0010_0010_0010_0010b)	12	0xDDDD(1101_1101_1101_1101b)
5	0x4924(0100_1001_0010_0100b)	13	0xDFDD(1101_1111_1101_1101b)
6	0x4A52(0100_1010_0101_0010b)	14	0xDFDF(1101_1111_1101_1111b)
7	0x54AA(0101_0100_1010_1010b)	15	0xFFDF(1111_1111_1101_1111b)

关于如何根据 PCLK 或 SCLK_UART 的时钟频率和预期的波特率计算出 URBDIVn 和 UDIVSLOTn 的值，在本章的 UART 相关寄存器和实例中将进行详细的分析。

8.3　UART 的工作模式

从不同的角度，UART 可以分为若干种工作模式。从数据发送和接收方式的角度来看，UART 可以分为基于中断或查询模式和基于 DMA 模式。从数据帧时序的角度来看，UART 可以分为红外模式和正常模式。从测试的角度来看，UART 可以

分为正常模式和环回测试模式。从收发数据是否使用 FIFO 的角度来看，可以将 UART 分为 FIFO 和非 FIFO 模式。接下来对上述不同的模式进行说明。

（1）中断或查询模式

基于中断或查询模式是指 UART 在传输数据时，一个数据帧接收或发送完毕后，UART 将向 CPU 发出中断请求，若未开启中断功能，开发者可以通过查询相应的状态寄存器来判断数据是否发送完成。数据收发的中断或查询模式可通过 UART 控制寄存器 UCONn 来设置，具体配置方法本章的相关寄存器和实例部分进行详细介绍。

（2）DMA 模式

DMA 模式是与中断或查询模式相对应的。由于 S5PV210 处理器与 UART 模块的工作频率相差较大，即使采用中断模式来传输数据，其数据传输的效率仍然较低。而 DMA 模式则可以较好地解决上述问题。

DMA 是直接内存访问（Direct Memory Access，DMA）的缩写。DMA 控制器允许不同速度的硬件装置之间传输数据，而不需要依赖于 CPU 的大量中断负载。若不采用 DMA，由于 ARM 处理器的特点，CPU 需要先将数据复制到暂存器，然后再将暂存器中的数据写到目的地址处。在这个过程中，CPU 无法完成其他工作。而 DMA 传输方式则无需 CPU 直接控制传输，也不需要中断处理方式那样频繁地保留和恢复现场的过程。在 S5PV210 处理器中，存在针对 UART 的 4 条 DMA 通道，通过硬件为内存与 I/O 设备之间开辟一条直接传送数据的通路，使 CPU 的效率大为提高。

UART 串口通信的 DMA 模式与收发器中的 FIFO 单元密切相关。当采用 DMA 方式来收发数据时，需要借助于收发缓冲寄存器，也即 FIFO 单元。在 S5PV210 处理器的 4 个 UART 接口中，UART0 的 FIFO 容量为 256 字节，UART1 的 FIFO 的容量为 64 字节，UART2 和 UART3 的 FIFO 的容量均为 16 字节。

在 DMA 模式下，UART 在收发数据时是以突发方式来传输的。突发方式与普通方式的区别在于前者一次传输数据的字节数可以配置，例如可以为单个字节，也可以为 4 个字节。当收发器 FIFO 中缓存的数据达到了设定的触发深度时，硬件将开启 DMA 传输，以突发方式传输 FIFO 中缓存的数据，直到传输的数据达到了设定的触发水平。关于这里的触发水平和突发方式传输数据的字节数可以通过设置 UART 控制寄存器 UCONn 来完成。在接下来的相关寄存器小节部分，将对 DMA 模式的相关设置进行详细的介绍。

（3）红外模式

红外模式（Infra-Rea，IR）是 S5PV210 处理器 UART 模块在收发数据时所支持的一种模式。UART 红外收发模式的原理如图 8-4 所示。

从图 8-4 可以看出，红外模式与普通模式的区别仅在于：红外模式在数据收发时分别加入了一个红外接收解码器和红外发送编码器。红外接收解码器和红外发送编码器的作用在于对接收的数据帧进行解码以及预发送的数据帧进行编码。正常模式下与红外模式下数据帧时序图如图 8-5～图 8-7 所示。

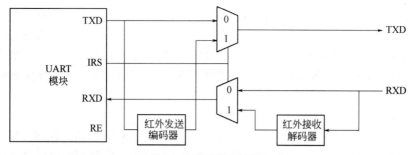

图 8-4　红外模式功能框图

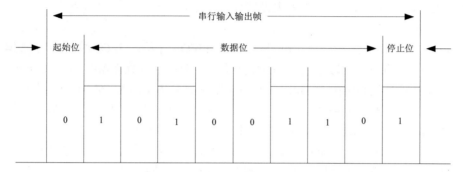

图 8-5　正常模式下 UART 数据帧时序图

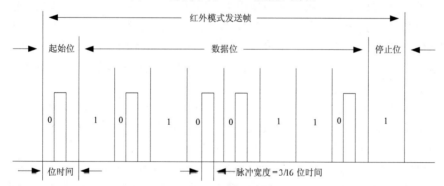

图 8-6　红外模式下 UART 发送数据帧时序图

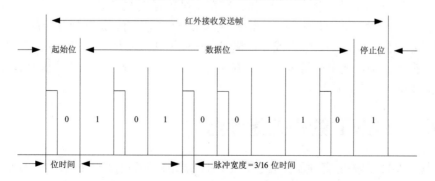

图 8-7　红外模式下 UART 接收数据帧时序图

IrDA 串行红外模块的作用是在异步 UART 数据流和半双工串行 SIR 接口之间进行转换。片上不会执行任何模拟处理操作。串行红外模块的任务就是要给 UART 提供一个数字编码输出和一个解码输入。UART 信号引脚可以和一个红外收发器连接以实现 IrDA SIR 物理层连接。在一般的应用中，采用正常模式来使用 UART 串口通信。

（4）环回模式

UART 的环回模式（Loopback Mode）是用来诊断和调试的。在回环模式下，UART 的数据发送端 TXD 将被数据接收端 RXD 接收。回环模式可以通过 UART 的控制寄存器 UCONn 的第[5]位来设置。

（5）FIFO 模式

FIFO 是一种先进先出（First In First Out，FIFO）结构。FIFO 常被应用于数据传输速度不匹配的场合，起到数据缓冲池的作用。在 S5PV210 处理器中，由于 Cortex-A8 内核的运行速度最高可达 1GHz，而 UART 的时钟频率最高为 66MHz，两者存在巨大的差别。为了解决 UART 串口通信中两者速度严重不匹配的情况，UART 模块中引入了 FIFO 结构来减轻由于 UART 串口通信给 CPU 带来的延迟负担。

在 FIFO 模式下，UART 预发送的数据不是直接从数据总线通过发送移位寄存器输出到 TXD 端，而是按照"先入先出"的方式将预发送的数据先写到 FIFO 单元中，然后在波特率发生器时钟的作用下，FIFO 中的数据再依次通过发送移位寄存器串行地输出到 TXD 端。由于 FIFO 单元有一定的容量，因此 FIFO 可以在一定程度上缓解缓慢的 UART 对于 CPU 所造成的负担。因为 CPU 在发送数据时，只需要在满足 FIFO 不溢出的条件下，往 FIFO 中写入预发送的数据即可，而不需要循环等待数据是否发送完毕。

对于接收数据而言，其接收的方式与 FIFO 模式下的发送数据步骤刚好相反。在非 FIFO 模式下，UART 在收发数据时，则只使用 FIFO 其中的 1 个字节作为收发数据保持寄存器。这也是 FIFO 模式与非 FIFO 模式的区别所在。

UART 中的 FIFO 模式可以通过 UART FIFO 控制寄存器 UFCONn 的第[0]位来开启。一般而言，FIFO 模式与 DMA 模式配套使用，以更高的效率完成数据的传输。在接下来的小节中将对 FIFO 相关寄存器进行详细的介绍。

在上述几种模式中，中断或查询模式和 DMA 模式两者是互相排斥的，其他的则可以相互组合。比如，中断或查询模式、红外模式以及环回模式是可以组合在一起的。在实际中，使用得最多的组合方式有基于中断或查询模式以及基于 DMA 模式结合 FIFO 模式这两种。

8.4 UART 的相关寄存器

与 UART 相关的寄存器主要包括 UART 线路控制寄存器 ULCONn、UART 控制寄存器 UCONn、UART FIFO 控制寄存器 UFCONn、UART 收发状态寄存器

UTRSTATn、UART 错误状态寄存器 UERSTATn、UART FIFO 状态寄存器 UFSTATn、UART 收发缓冲寄存器 UTXHn、URXHn、UART 波特率分频寄存器 UBRDIVn、UART 分频槽寄存器 UDIVSLOTn、UART 中断请求寄存器 UINTPn、UART 中断请求源寄存器 UINTSPn 以及 UART 中断屏蔽寄存器 UINTMn 等。

尽管 S5PV210 处理器包括 4 个 UART 串口通信接口，但是它们的使用方法基本类似，因此只要掌握其中的 1 个 UART 接口的使用方法即可。操控 UART 接口的方法就是通过对 UART 相关寄存器进行设置来完成的。接下来对 UART 相关寄存器及其配置方法进行介绍。

（1）UART 线路控制寄存器 ULCONn

UART 线路控制寄存器 ULCONn 的主要作用是用来设置各个 UART 串口通信接口的数据帧的格式及红外模式与正常模式的配置。4 个 ULCONn 的物理地址如下：

- ULCON0，可读写，物理地址为 0xE2900000。
- ULCON1，可读写，物理地址为 0xE2900400。
- ULCON2，可读写，物理地址为 0xE2900800。
- ULCON3，可读写，物理地址为 0xE2900C00。

ULCONn 的具体定义如表 8-2 所示。

表 8-2   UART 线路控制寄存器 ULCONn

ULCONn	位	描述	复位状态
保留	[31:7]	保留位	0
红外模式	[6]	决定是否使用红外模式。 0 = 正常工作模式， 1 = 红外收发模式	0
校验模式	[5:3]	UART 收发数据时，决定数据帧中校验的类型。 0xx = 无校验， 100 = 奇校验， 101 = 偶校验， 110 = 强制为 "1" 的校验， 111 = 强制为 "0" 的校验	000
停止位的位数	[2]	确定数据帧中帧尾停止位的位数。 0 = 每帧数据中有 1 个停止位， 1 = 每帧数据中有 2 个停止位	0
字长	[1:0]	指示一个数据帧中含有效数据的位数。 00 = 5 位， 01 = 6 位， 10 = 7 位， 11 = 8 位	00

从表 8-2 中可以看出，ULCONn 决定了 UART 收发数据帧的格式，包括对数据帧的字长的位数、停止位的数量以及校验位的方式。此外，该寄存器还可以设置 UART 的红外模式。

（2）UART 控制寄存器 UCONn

UART 控制寄存器 UCONn 涉及了 UART 串口通信的方方面面，包括了对 UART 输入时钟信号的选择、数据收发方式的设置、收发中断类型的配置、DMA 模式下收发数据突发方式字节数大小的设置等。与 ULCONn 类似，UCONn 也存在 4 个对应的寄存器。它们的读写特性和物理地址如下：

- UCON0，可读写，物理地址为 0xE2900004。
- UCON1，可读写，物理地址为 0xE2900404。
- UCON2，可读写，物理地址为 0xE2900804。
- UCON3，可读写，物理地址为 0xE2900C04。

UCONn 的具体定义如表 8-3 所示。

表 8-3　UART 控制寄存器 UCONn

UCONn	位	描述	复位状态
保留	[31:21]	保留位	000
DMA 突发方式发送的字节数	[20]	DMA 突发方式一次发送的字节数。 0 = 1 个字节， 1 = 4 个字节	0
保留	[19:17]	保留位	000
DMA 突发方式接收的字节数	[16]	DMA 突发方式一次接收的字节数。 0 = 1 个字节， 1 = 4 个字节	0
保留	[15:11]	保留位	0000
时钟选择	[10]	波特率发生器输入时钟的选择。 0 = PCLK， 1 = SCLK_UART	0
发送中断触发方式	[9]	发送中断触发方式。 0 = 脉冲方式（在非 FIFO 模式下，发送缓冲寄存器为空时，发出中断脉冲请求；在 FIFO 模式下，发送 FIFO 寄存器中的数据达到触发深度时，发出中断脉冲请求）。 1 = 电平方式（在非 FIFO 模式下，发送缓冲寄存器为空时，发出中断脉冲请求；在 FIFO 模式下，发送 FIFO 寄存器中的数据达到触发深度时，发出中断脉冲请求）	0
接收中断触发方式	[8]	接收中断触发方式。 0 = 脉冲方式（在非 FIFO 模式下，接收缓冲寄存器有数据时，发出中断脉冲请求；在 FIFO 模式下，接收 FIFO 寄存器中的数据达到触发深度时，发出中断脉冲请求）。 1 = 电平方式（在非 FIFO 模式下，接收缓冲寄存器有数据时，发出中断脉冲请求；在 FIFO 模式下，接收 FIFO 寄存器中的数据达到触发深度时，发出中断脉冲请求）	0
接收时间超时使能	[7]	在 FIFO 模式下，使能/禁止接收时间超时中断。 0 = 禁止， 1 = 使能	0

续表

UCONn	位	描述	复位状态
接收错误状态中断使能	[6]	使能 UART 产生中断，若在接收数据过程中出现如下的异常，如停止、帧错误、校验错误、覆盖错误。 0 = 不产生接收错误中断， 1 = 产生接收错误中断	0
回环模式	[5]	将 UART 设置成回环模式，该模式仅用于测试。 0 = 正常模式， 1 = 回环模式	0
发送停止信号	[4]	设置该位将触发 UART 在一个帧的时间内发送一个停止信号，发送停止信号后，该位将自动清零。 0 = 正常发送， 1 = 发送停止信号	0
发送数据模式	[3:2]	决定 UART 以何种方式将预发送的数据写到发送缓冲寄存器。 00 = 禁止， 01 = 基于中断或查询方式， 10 = 基于 DMA 方式， 11 = 保留	00
接收数据模式	[1:0]	决定 UART 以何种方式从接收缓冲寄存器中读取数据。 00 = 禁止， 01 = 基于中断或查询模式， 10 = 基于 DMA 模式， 11 = 保留	00

注意

a. S5PV210 处理器的中断控制器只能使用电平触发方式。因此，收发数据中断触发方式只能设置成电平触发方式，即 UCONn[8]和 UCONn[9]必须被置"1"。

b. 在 DMA 传输模式下，如果 UART 接收的数据并没有到达 FIFO 触发的深度并在 3 个字长的时间段内未收到任何数据，此时 UART 将会产生接收超时中断。用户必须检查 FIFO 的状态并将未读取的数据从 FIFO 寄存器中读取出来。

（3）UART FIFO 控制寄存器 UFCONn

UART FIFO 控制寄存器 UFCONn 主要用来配置UART 的收发缓冲寄存器FIFO单元的相关功能。同样地，UFCONn 也存在 4 个对应的寄存器。它们的读写特性以及物理地址如下：

- UFCON0，可读写，物理地址为 0xE2900008。
- UFCON1，可读写，物理地址为 0xE2900408。
- UFCON2，可读写，物理地址为 0xE2900808。
- UFCON3，可读写，物理地址为 0xE2900C08。

UFCONn 的具体定义如表 8-4 所示。

表 8-4   UART FIFO 控制寄存器 UFCONn

UFCONn	位	描述	复位状态
保留	[31:11]	保留位	0x0
发送FIFO触发深度	[10:8]	确定 FIFO 发送触发深度。如果 FIFO 发送寄存器中的数据少于或等于设定的触发深度时，UART 触发发送中断。 通道 0 000 = 0 字节　　001 = 32 字节 010 = 64 字节　　011 = 96 字节 100 = 128 字节　　101 = 160 字节 110 = 192 字节　　111 = 224 字节 通道 1 000 = 0 字节　　001 = 8 字节 010 = 16 字节　　011 = 24 字节 100 = 32 字节　　101 = 40 字节 110 = 48 字节　　111 = 56 字节 通道 2 和通道 3 000 = 0 字节　　001 = 2 字节 010 = 4 字节　　011 = 6 字节 100 = 8 字节　　101 = 10 字节 110 = 12 字节　　111 = 14 字节	000
保留	[7]	保留位	0
接收FIFO触发深度	[6:4]	确定 FIFO 接收触发深度。如果 FIFO 发送寄存器中的数据多于或等于设定的触发深度时，UART 触发接收中断。 通道 0 000 = 32 字节　　001 = 64 字节 010 = 96 字节　　011 = 128 字节 100 = 160 字节　　101 = 192 字节 110 = 224 字节　　111 = 256 字节 通道 1 000 = 8 字节　　001 = 16 字节 010 = 24 字节　　011 = 32 字节 100 = 40 字节　　101 = 48 字节 110 = 56 字节　　111 = 64 字节 通道 2 和通道 3 000 = 2 字节　　001 = 4 字节 010 = 6 字节　　011 = 8 字节 100 = 10 字节　　101 = 12 字节 110 = 14 字节　　111 = 16 字节	000

续表

UFCONn	位	描述	复位状态
保留	[3]	保留位	0
发送 FIFO 复位	[2]	FIFO 复位后自动清除。 0 = 正常， 1 = 发送 FIFO 复位	0
接收 FIFO 复位	[1]	FIFO 复位后自动清除。 0 = 正常， 1 = 接收 FIFO 复位	0
FIFO 使能	[0]	0 = 禁止， 1 = 使能	0

说 明

在 UFCONn 寄存器中，涉及到发送和接收 FIFO 触发深度的设置。可以看出，4 个 UART 串口通信接口的触发深度有所区别。例如，通道 0、通道 1 以及通道 2 和通道 3 的触发深度均有所不同。造成这一区别的原因在于通道 0、通道 1 以及通道 2 和 3 的 FIFO 的容量不同，它们的容量分别为 256 字节、64 字节以及 16 字节。

（4）UART 收发状态寄存器 UTRSTATn

为了便于掌握 UART 的收发器的工作状态，UART 在其中引入了收发状态寄存器 UTRSTATn。UTRSTATn 的作用在于实时地指示 UART 收发缓冲寄存器的状态。同样地，UTRSTATn 存在 4 个对应的收发状态寄存器 UTRSTAT0～3，它们的读写特性及物理地址如下：

- UTRSTAT0，只读，物理地址为 0xE2900010。
- UTRSTAT1，只读，物理地址为 0xE2900410。
- UTRSTAT2，只读，物理地址为 0xE2900810。
- UTRSTAT3，只读，物理地址为 0xE2900C10。

UTRSTATn 各位的具体含义如表 8-5 所示。

表 8-5　UART 收发状态寄存器 UTRSTATn

UTRSTATn	位	描述	复位状态
保留	[31:3]	保留位	0
发送器空	[2]	当发送缓冲寄存器中无有效数据需发送且发送移位寄存器为空时，该位将自动置 "1"。 0 = 非空， 1 = 发送器为空（包括了发送缓冲寄存器和发送移位寄存器）	1

UTRSTATn	位	描述	复位状态
发送缓冲空	[1]	当发送缓冲寄存器为空时，该位将自动置"1"。 0 = 发送缓冲寄存器非空， 1= 发送缓冲寄存器为空（在非 FIFO 模式下，中断或 DMA 请求将被发出。在 FIFO 模式下，若 FIFO 的触发深度设为 0，中断或 DMA 请求将被发出）。 如果 UART 采用 FIFO 模式，可以去查看 UFSTAT 寄存器中的发送 FIFO 计数位和发送 FIFO 满标志位，而不需要查看该位	1
接收缓冲数据就绪	[0]	当接收缓冲寄存器包含有效的数据时，该位将自动置"1"。 0 = 接收缓冲寄存器为空， 1= 接收缓冲寄存器中已有数据（在非 FIFO 模式下，中断或 DMA 请求将被发出）。 如果 UART 采用 FIFO 模式，可以去查看 UFSTAT 寄存器中的接收 FIFO 计数位和接收 FIFO 满标志位，而不需要查看该位	0

当采用基于中断或查询模式收发数据时，常常采用如下的方式来判断是否接收到有效的数据，或已经将数据发送完毕。

a. 可以采用语句 while(!(UTRSTATn & (1 << 2)));来判断 UARTn 发送的数据是否发送完毕。

b. 可以采用语句 while(!(UTRSTATn & (1 << 0)));来判断 UARTn 是否已经接收到有效数据。

（5）UART 错误状态寄存器 UERSTATn

UART 在传输数据的过程中，可能由于各种因素导致错误出现。UART 错误状态寄存器 UERSTATn 的作用就是标记 UART 在串口通信过程中出现的各种错误。这些错误包括停止信号、帧错误、校验错误、溢出错误。类似地，UERSTATn 也包括 4 个相应的寄存器，它们的读写特性以及物理地址如下所示：

- UERSTAT0，只读，物理地址为 0xE2900014。
- UERSTAT1，只读，物理地址为 0xE2900414。
- UERSTAT2，只读，物理地址为 0xE2900814。
- UERSTAT3，只读，物理地址为 0xE2900C14。

关于 UERSTATn 寄存器各位的具体含义，如表 8-6 所示。

表 8-6　UART 错误状态寄存器 UERSTATn

UERSTATn	位	描述	复位状态
保留	[31:4]	保留位	0
停止检测	[3]	当接收到一个停止信号时，该位将被自动置"1"。 0 = 未接收到停止信号， 1= 接收到停止信号（并发出中断请求）	0

续表

UERSTATn	位	描述	复位状态
帧错误	[2]	当接收数据的过程中出现了帧错误时，该位将被自动置"1"。 0 = 接收数据过程中未出现帧错误， 1= 接收数据过程中出现了帧错误，并发出中断请求	0
校验错误	[1]	当接收数据的过程中出现了校验错误时，该位将被自动置"1"。 0 = 接收数据过程中未出现校验错误， 1= 接收数据过程中出现了校验错误，并发出中断请求	0
溢出错误	[0]	当接收数据过程中出现了溢出错误时，该位将被自动置"1"。 0 = 接收数据过程中未出现溢出错误， 1 = 接收数据过程中出现了溢出错误，并发出中断请求	0

注　意

　　当 UART 的错误标志被读取之后，UERSTATn 的低 4 位，即 UERSTATn[3:0] 将被自动地清零。关于 UART 的上述 4 种错误，在 8.2 节中已经对其介绍过了，若忘记了这 4 种错误的具体含义，请参考 8.2 节中的内容。

（6）UART FIFO 状态寄存器 UFSTATn

若 UART 开启了 FIFO 模式，在使用 FIFO 缓冲寄存器进行收发数据的过程中，UART FIFO 状态寄存器 UFSTATn 将用来反映各个 FIFO 单元的工作状态，其中包括了 FIFO 是否已满的标志、收发 FIFO 当前的数据量以及接收 FIFO 的错误标志。UFSTATn 同样有 4 个相应的寄存器，它们的读写特性以及物理地址如下所示：

- UFSTAT0，只读，物理地址为 0xF2900018。
- UFSTAT1，只读，物理地址为 0xE2900418。
- UFSTAT2，只读，物理地址为 0xE2900818。
- UFSTAT3，只读，物理地址为 0xE2900C18。

UFSTATn 寄存器各位的具体含义如表 8-7 所示。

表 8-7　UART FIFO 状态寄存器 UFSTATn

UFSTATn	位	描述	复位状态
保留	[31:25]	保留位	0
发送 FIFO 满	[24]	当发送 FIFO 缓冲寄存器被填满时，该位将被自动置"1"。 0 = 未满， 1 = 已满	0

续表

UFSTATn	位	描述	复位状态
发送 FIFO 数据字节数	[23:16]	发送 FIFO 缓冲寄存器中数据的字节数量	0
保留	[15:10]	保留位	0
接收 FIFO 错误	[9]	当接收 FIFO 缓冲寄存器接收了由于错误条件导致的非法数据时，该位将被置"1"。 0 = 没有错误， 1 = 出现错误	0
接收 FIFO 满	[8]	当接收 FIFO 缓冲寄存器被填满时，该位将被自动置"1"。 0 = 未满， 1 = 已满	0
接收 FIFO 数据字节数	[7:0]	接收 FIFO 缓冲寄存器中数据的字节数量	0

（7）UART 发送缓冲寄存器 UTXHn

UART 发送缓冲寄存器 UTXHn 也称为发送保持寄存器或 FIFO 发送寄存器。之所以称之为缓冲寄存器或保持寄存器，是因为该寄存器是用来缓存和保持预发送的数据，最终 UTXHn 中的数据将通过发送移位寄存器串行地发送到 TXD 端。UTXHn 同样包括 4 个相应的寄存器，它们的读写特性和物理地址如下所示：

- UTXH0，只写，物理地址为 0xE2900020。
- UTXH1，只写，物理地址为 0xE2900420。
- UTXH2，只写，物理地址为 0xE2900820。
- UTXH3，只写，物理地址为 0xE2900C20。

UTXHn 寄存器比较简单，具体的定义如表 8-8 所示。

表 8-8 UART 发送缓冲寄存器 UTXHn

UTXHn	位	描述	复位状态
保留	[31:8]	保留位	-
UTXHn	[7:0]	待发送的数据	-

注 意

在表 8-8 中，UTXHn 的复位状态为"-"，在这里表示不确定的意思。即 S5PV210 处理器复位后，UTXHn 的状态不确定。UART 预发送的数据将被缓存在 UTXHn 的低 8 位。

当 UART 采用非 FIFO 模式时，FIFO 发送缓冲寄存器的第 1 个字节也就是 UTXHn 寄存器。

在实际的应用中，可以采用如下的语句来发送数据。

```
1    unsigned char c;
2    while(!(UTRSTATn & (1 << 2)));  //等待发送数据完毕
3    UTXHn = c;
```

（8）UART 接收缓冲寄存器 URXHn

与 UART 发送缓冲寄存器 UTXHn 相对应，UART 接收缓冲寄存器 URXHn 也可称为接收保持寄存器或 FIFO 接收寄存器。URXHn 的作用是：用来缓存从接收移位寄存器中接收到的数据，等待 CPU 来读取。URXHn 也存在 4 个相应的寄存器，它们的读写特性以及物理地址如下所示：

- URXH0，只读，物理地址为 0xE2900024。
- URXH1，只读，物理地址为 0xE2900424。
- URXH2，只读，物理地址为 0xE2900824。
- URXH3，只读，物理地址为 0xE2900C24。

URXHn 寄存器的具体定义如表 8-9 所示。

表 8-9　UART 接收缓冲寄存器 URXHn

URXHn	位	描述	复位状态
保留	[31:8]	保留位	0
URXHn	[7:0]	接收到的数据	0x00

🔍 注　意

当出现溢出异常时，URXHn 的数据必须被读取出来。否则，下一个接收到的数据又将覆盖当前数据并产生溢出异常，即使是在 UERSTATn 的溢出错误标志位被读取之后的情况下。

类似地，当 UART 采用非 FIFO 模式时，FIFO 接收缓冲寄存器的第 1 个字节也就是 URXHn 寄存器。

在实际的应用中，可以采用如下的语句来读取 URXHn 中的数据。

```
1    unsigned char c;
2    while(!(UTRSTATn & (1 << 0)));  //等待接收到有效数据
3    c = URXHn;
```

（9）UART 波特率分频寄存器 UBRDIVn

UART 波特率分频寄存器 UBRDIVn 的作用在于：在给定的输入时钟频率和要求的波特率情况下，为波特率发生器提供正确的时钟分频系数。当给波特率发生器设定好恰当的波特率分频系数后，波特率发生器将产生所要求的波特率时钟信号。UBRDIVn 同样有 4 个对应的寄存器，它们的读写特性以及物理地址如下所示：

- UBRDIV0，可读写，物理地址为 0xE2900028。
- UBRDIV1，可读写，物理地址为 0xE2900428。
- UBRDIV2，可读写，物理地址为 0xE2900828。

- UBRDIV3，可读写，物理地址为 0xE2900C28。

UBRDIVn 寄存器各位的具体含义如表 8-10 所示。

表 8-10　UART 波特率分频寄存器 UBRDIVn

UBRDIVn	位	描述	复位状态
保留	[31:16]	保留位	0
UBRDIVn	[15:0]	波特率分频系数 （若 UART 的时钟信号源是 PCLK，UBRDIVn 必须大于 0）	0x0000

 注　意

　　UBRDIVn 的值为 0 时，UART 的波特率将不被接下来要介绍的 UDIVSLOTn 所影响。在 S5PV210 处理器中，UART 的波特率不仅与 UBRDIVn 的值相关，还与 UDIVSLOTn 的值有关系。其中前者决定着波特率分频系数的整数部分，后者则逼近波特率分频系数的小数部分。这样产生的波特率时钟信号容差更小，精度更高。

（10）UART 波特率分频槽寄存器 UDIVSLOTn

　　如前所述,波特率发生器所产生的输出时钟不仅与 UBRDIVn 相关，还与 UART 分频槽寄存器 UDIVSLOTn 相关。UDIVSLOTn 主要是为了提高波特率发生器所产生的 UART 时钟的精确度。UDIVSLOTn 有 4 个对应的寄存器，它们的读写特性及物理地址如下所示：

- UDIVSLOT0，可读写，物理地址为 0xE290002C。
- UDIVSLOT1，可读写，物理地址为 0xE290042C。
- UDIVSLOT2，可读写，物理地址为 0xE290082C。
- UDIVSLOT3，可读写，物理地址为 0xE2900C2C。

UDIVSLOTn 寄存器各位的具体含义如表 8-11 所示。

表 8-11　UART 波特率分频槽寄存器 UDIVSLOTn

UDIVSLOTn	位	描述	复位状态
保留	[31:16]	保留位	0
UDIVSLOTn	[15:0]	从表 8-1 中为波特率发生器选择恰当的槽值	0x0000

　　关于波特率分频寄存器 UBRDIVn 和波特率分频槽寄存器 UDIVSLOTn 的计算方法，已经在 8.2 节中的第 4 小节进行了详细的说明。下面，举一个简单的例子来说明具体的操作方法。

　　假设 UART 的输入时钟选择为 PCLK_PSYS，时钟频率为 66MHz，UART 的波特率为 115200bps。下面通过波特率公式来分别计算波特率分频寄存器 UBRDIVn 和波特率分频槽寄存器 UDIVSLOTn 的值。以 UART 的通道 0 为例，UBRDIV0 和

UDIVSLOT0 的值分别如下所示：

$$UBRDIV0 = (int)(PCLK / (buad\ rate \times 16)) - 1$$
$$= (int)(66000000 / (115200 \times 16)) - 1$$
$$= (int)(35.8072) - 1$$
$$= 34$$

$$[UDIVSLOT0]_2\ 中\ "1"\ 的个数 = 16 \times [PCLK / (16 \times buad\ rate)]_{小数部分}$$
$$= 16 \times 0.8072$$
$$= 13$$

结合 UDIVSLOTn 的二进制数 "1" 的个数不同条件下的推荐表 8-1，可以取 UDIVSLOT0 的值为：

```
UDIVSLOT0 = 0xDFDD(1101_1111_1101_1101b)
```

（11）UART 调制解调控制寄存器 UMCONn

UART 调制解调控制寄存器(UART Modem Control Register，UMCONn)的主要作用在于配置 UART 的自动流控制功能。UMCONn 只有 3 个对应的寄存器，它们的读写特性以及内存地址如下所示：

- UMCON0，可读写，物理地址为 0xE290000C。
- UMCON1，可读写，物理地址为 0xE290040C。
- UMCON2，可读写，物理地址为 0xE290080C。

UMCONn 寄存器部分位的含义如表 8-12 所示。

表 8-12　UART 调制解调寄存器 UMCONn

UMCONn	位	描述	复位状态
自动流控制(Auto Flow Control，AFC)	[4]	0 = 禁止， 1 = 使能	0
调制解调中断使能	[3]	0 = 禁止， 1 = 使能	0
保留	[2:1]	保留位	00
发送请求	[0]	当自动流控制功能位被使能时，该位的值将被忽略，在这种情况下，S5PV210 处理器将自动地控制 nRTS 信号；当自动流控制功能禁止时，必须通过软件的手段来控制 nRTS 信号。 0 = "H" 电平(禁止 nRTS)， 1 = "L" 电平(激活 nRTS)	0

注　意

UART0、UART1 均支持 AFC 功能。当 GPA1CON 的 nRxD3 和 nTxD3 引脚分别配置成 nRTS2 和 nCTS2 时，UART2 支持 AFC 功能。而 UART3 不支持 AFC 功能，因为 S5PV210 处理器没有 nRTS3 和 nCTS3 引脚。这也是 UMCONn 只有 3 个对应的寄存器的原因。

接下来，将以一个 UART 的应用实例来说明如何使用 S5PV210 处理器的 UART，该实例将接收 PC 机的串口终端向 S5PV210 处理器发送的字符，并通过 S5PV210 处理器的 UART 串口回显接收到的字符。

8.5 UART 接口应用实例

在介绍 UART 的控制方法和应用实例之前，首先来了解下 TQ210 开发板上的 UART 接口电路的硬件部分。

8.5.1 UART 接口硬件电路分析

在 TQ210 开发板上，引出了全部的 4 个 UART 串口通信通道。这 4 个通道的 UART 接口均提供了收发数据端口 RXD 和 TXD 端。其中，UART0 和 UART1 通道还经过了 RS232 电平转换器，最终可以与 PC 机进行串口通信。以 UART0 为例介绍 TQ210 开发板上 UART0 接口电路硬件原理图，如图 8-8 所示。

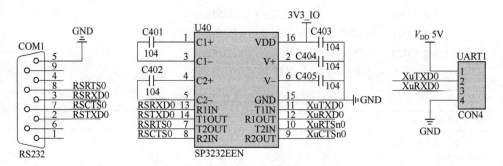

图 8-8　UART0 接口电路硬件连接原理图

在图 8-8 中，S5PV210 处理器的 UART0 数据收发端 XuRXD0 和 XuTXD0 经过了一个电平转换器芯片 SP3232EEN，它的作用在于将 S50PV210 处理器输出的 CMOS 电平转换成 RS232 标准的电平，最终通过 9 针的串口端口发送出去。

电平转换芯片 SP3232EEN 的使用方法见 SP3232EEN 的数据手册，图 8-8 中涉及到许多电容外围引脚电路的设计。初学者无需对该芯片的外接电容过多地关注，只需要按照芯片的数据手册给出的典型应用电路接上合适的电容即可，SP3232EEN 的数据手册中给出了图 8-9 所示的典型应用电路。

在典型应用电路中，外接的电容大小为 $0.1\mu F$，也即 $10^5 pF$。值得一提的是，在图 8-8 中，给出的电容值均为 104。事实上，104 与 $10^5 pF$ 是电容电阻大小的两种不同表示方法。104 表示 $10 \times 10^4 pF$，即 $10^5 pF$。

此外在图 8-8 中，还包括了 RSRTS0、RSCTS0、XuRTSn0 以及 XuCTSn0 这 4 个引脚，它们用于硬件流控，本实验中未使用硬件流控的功能，初学者可以暂时不考虑 UART 的硬件流控功能。

S5PV210 处理器通过 UART 的数据收发端 XuRXD0 和 XuTXD0 接收和发送数据。在数据发送时，S5PV210 处理器通过 UART 的 XuTXD0 端，预发送的数据帧在 UART 时钟的作用下串行地传输到电平转换器 SP3232EEN 的 T1IN 端，经过电平转换器 SP3232EEN 的转换后，其波形通过 SP3232EEN 的 T1OUT 端输出至 COM1 的 2 号引脚，最终与 PC 机的数据接收端相连。至于 UART 的数据接收端 XuRXD0，其接收数据的过程与发送数据过程类似，在此不再赘述。

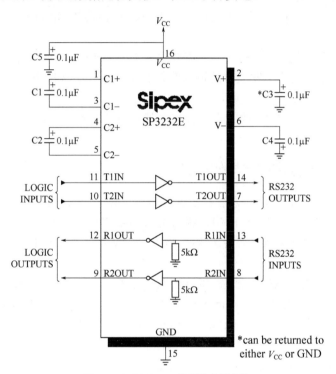

图 8-9　SP3232EEN 典型的应用电路

8.5.2　UART 的操作方法与步骤

由于 UART 具有多种工作模式，所涉及的相关寄存器数目较多，因此对于 UART 的操作方法和步骤相较于前面的章节难度有所增加。但控制 UART 的思想与之前的相关组件是一致的，同样是通过对相关寄存器的配置来完成工作模式的配置、波特率发生器的设置以及收发数据的操作等。

概括起来，利用 UART 来进行串口通信主要包括以下几个方面的工作需要通过程序来完成：

- UART 输入时钟的初始化工作以及波特率发生器的配置。
- UART 工作模式的配置，包括基于中断或查询的模式还是基于 DMA 的模式等。

- UART 串口通信的数据帧格式的配置。
- 读写数据的操作。
- 将 UART 收发端 RXD 和 TXD 所占用的 GPIO 接口配置成 UART 功能。

总的来说，UART 的操作步骤如下所示。

第 1 步：完成系统时钟的初始化，重点是完成对 PCLK_PSYS 输入时钟的初始化，将 PCLK_PSYS 的时钟频率初始化为 66MHz。

第 2 步：配置好 UART 串口通信的数据帧格式，波特率输入时钟的选择、UART 收发数据的模式、UART 中断的方式。并将 UART 所占用的 GPIO 接口配置成 UART 收发数据端功能。

第 3 步：若采用 FIFO 模式，还需要设置 FIFO 收发缓冲寄存器的触发深度。

第 4 步：根据波特率发生器的输入时钟频率和要求的波特率，配置好波特率分频寄存器和分频槽寄存器。

第 5 步：结合 UART 的状态寄存器，通过发送和接收缓冲寄存器来发送和接收数据。

8.5.3 UART 程序设计与代码详解

按照上述 UART 操作的方法和步骤，接下来以一个实例来演示 UART 的串口通信。具体任务是：由 PC 机的串口终端通过 UART0 接口向 S5PV210 处理器发送字符，S5PV210 处理器接收到字符后，将收到的字符再发送给 PC 机的串口终端，实现字符"回显"功能。

同样按照模块化编程的思想，将该实例划分为 clock.c、uart.c、start.S 和 main.c 4 个主要部分。由于 clock.c 和 start.S 这 2 个源文件在之前的实例中多次提到过，故在此不再赘述。将重点放在 uart.c 和 mian.c 上，下面对它们进行一一编写和详细分析。

（1）uart.c 源文件

uart.c 源文件的主要作用在于：对 UART0 进行相应的初始化工作，包括对 UART0 工作模式、数据帧格式、中断方式、收发数据的方式以及波特率发生器的配置等。其次，实现 UART 串口的以 115200bps 的波特率发送和接收字符的功能。接下来，实现上述功能，并对其源程序进行详细解释。uart.c 的程序如下所示。

首先是 Uart0_Init()函数，该函数的功能在于初始化 UART0，具体代码如下：

```
1    // 初始化串口
2    void Uart0_Init()
3    {
4        // 将 GPA0[0]、GPA0[1]分别配置成 UART 的 RXD 和 TXD 数据收发端
5        GPA0CON |= ((2<<4|2<<0));
6
7        // 设置 UART0 数据帧格式、时钟信号选择、工作模式及收发数据的方式等
```

```
8           // 设置 UART0 的数据帧格式
9           ULCON0 = 0x3;
10          // 时钟：PCLK，禁止中断，使能 UART 发送、接收
11          UCON0 = 0x5;
12          // 禁止 FIFO 功能
13          UFCON0 = 0x0;
14          // 禁止自动流控制功能
15          UMCON0 = 0x0;
16
17          // 设置 UART0 的波特率
18          UBRDIV0 = UART0_UBRDIV_VAL;
19          UDIVSLOT0 = UART0_UDIVSLOT_VAL;
20      }
```

代码详解：

第 2～20 行，这一段程序完成了 UART0 的初始化。包括了对 UART0 的工作模式、中断模式、数据帧格式、输入时钟信号的选择、波特率发生器的配置等。

第 5 行，由于 UART0 需要使用 RXD 和 TXD 端来收发数据，而 GPIO 一般情况下是功能复用的。因此，在使用 UART0 进行串口通信前，需要将 GPA0[0]、GPA0[1] 配置成 RXD 和 TXD 功能，而该行代码正好完成了此功能。

第 9 行，将 UART0 串口通信的数据帧格式设置为：8 个数据位，1 个停止位，无校验位。且 UART0 工作在正常模式。

第 11 行，将 UART0 收发数据的方式设置为基于中断或查询模式，输入时钟选择为 PCLK，禁止收发数据的中断功能，禁止接收超时功能，不使用回环模式。事实上，经过该行的配置后，UART0 收发数据的方式成了基于查询的模式。

第 13 行，禁止使用 FIFO 功能。在本实验中，基于查询的模式来使用 UART0。因此，没有必要使能 UART0 的 FIFO 功能。

第 15 行，禁止使用 UART0 的自动流控制功能。

第 18～19 行，分别用宏定义常量 UART_UBRDIV_VAL 和 UART_UDIVSLOT_VAL 初始化 UART0 的波特率分频寄存器 UBRDIV0 和分频槽寄存器 UDIVSLOT0，以产生波特率为 115200bps 的时钟信号。

Uart_Init()函数也可以改写成带参数的函数，例如可以将波特率作为参数之一，这样就可以得到波特率可变的 UART0 初始化函数。读者可以自己尝试改写 Uart0_Init()函数，大致的方法和步骤前面已经有详细的介绍，在此不再赘述。

接下来是 UART0 字符接收函数 getc()，该函数的功能是从 UART0 的接收缓冲寄存器 URXH0 中读取一个字节的数据。详细的源代码如下所示：

```
1    // 接收字符函数
2    unsigned char getc(void)
3    {
4        // 循环等待，直到 URXH0 存在有效数据，即 UTRSTAT0 的第[0]位置"1"。
```

```
5        while (!(UTRSTAT0 & (1<<0)));
6        // 读取 URXH0 中的数据
7        return URXH0;
8    }
```

代码详解：

第 5 行，采用循环等待加查询的方式来判断 UART0 是否接收到有效的数据，这也是基于查询方式收发数据的关键步骤所在。

第 7 行，一旦 UART0 的接收数据保持寄存器 URXHn 中存在有效数据，即可将其读取到 S5PV210 处理器的 CPU 中。这一步没有借助中间变量，而是直接将 URXH0 作为返回值，体现了 C 语言编程的简洁性。

最后是 UART0 的发送字符函数 putc()，该函数的作用在于将预发送的数据通过 UART0 的发送移位寄存器串行地发送到 TXD 端。其源代码如下所示：

```
1    // 发送字符函数
2    void putc(unsigned char c)
3    {
4        // 循环等待,直到 UTXHn 中的数据发送完毕,即 UTRSTAT0 的第[2]位置"1"。
5        while (!(UTRSTAT0 & (1<<2)));
6        // 将预发送的数据写到 UTXHn 中
7        UTXH0 = c;
8    }
```

代码详解：

第 5 行，同样是通过循环加查询的方式来判断 UART0 是否已经将数据发送完毕，只有当 UART0 发送缓冲寄存器中的数据发送完毕后，才能发送下一个预发送的数据，否则将造成发送数据的覆盖错误。

第 7 行，UART0 发送缓冲寄存器为空后，可以通过该行代码将预发送的数据"c"写入发送缓冲寄存器 UTXHn 中，之后 UART0 将会把 UTXHn 中的数据通过发送移位寄存器串行地发送出去。

uart.c 源文件的头文件内容如下：

```
1    #ifndef _UART_H_
2    #define _UART_H_
3    //UART 收发数据端口控制寄存器
4    #define GPA0CON    ( *((volatile unsigned long *)0xE0200000) )
5    #define GPA1CON    ( *((volatile unsigned long *)0xE0200020) )
6
7    // UART 相关寄存器
8    #define ULCON0     ( *((volatile unsigned long *)0xE2900000) )
9    #define UCON0      ( *((volatile unsigned long *)0xE2900004) )
10   #define UFCON0     ( *((volatile unsigned long *)0xE2900008) )
11   #define UMCON0     ( *((volatile unsigned long *)0xE290000C) )
12   #define UTRSTAT0   ( *((volatile unsigned long *)0xE2900010) )
```

```
13   #define UERSTAT0      ( *((volatile unsigned long *)0xE2900014) )
14   #define UFSTAT0       ( *((volatile unsigned long *)0xE2900018) )
15   #define UTXH0         ( *((volatile unsigned long *)0xE2900020) )
16   #define URXH0         ( *((volatile unsigned long *)0xE2900024) )
17   #define UBRDIV0       ( *((volatile unsigned long *)0xE2900028) )
18   #define UDIVSLOT0     ( *((volatile unsigned long *)0xE290002C) )
19   #define UINTP         ( *((volatile unsigned long *)0xE2900030) )
20   #define UINTSP        ( *((volatile unsigned long *)0xE2900034) )
21   #define UINTM         ( *((volatile unsigned long *)0xE2900038) )
22
23   #define UART0_UBRDIV_VAL        34
24   #define UART0_UDIVSLOT_VAL  0xDFDD
25
26   extern void Uart0_Init();
27   extern unsigned char getc(void);
28   extern void putc(unsigned char c);
29
30   #endif
```

代码详解：

第 3～21 行，采用了#define 宏，定义了若干个与 UART0 相关的寄存器的宏。其意义与之前的#define 宏定义类似，在此不再赘述。

第 23 行，利用#define 宏定义，定义了一个宏常量 UART0_UBRDIV_VAL，其值为 34。该宏定义常量是用来初始化波特率分频寄存器 UBRDIV0 的，用来产生所要求的波特率。

第 24 行，同样采用了#define 宏定义，定义了另外一个宏常量 UART0_UDIVSLOT_VAL，它的值为 0xDFDD。该宏定义常量将用来初始化波特率分频槽寄存器，使得所产生的波特率时钟频率偏差更小。

（2）main 主程序

main.c 主函数则比较简单，只需按照顺序调用各个子函数即可，最后通过 UART0 串口通信实现字符"回显"的功能。main.c 的内容如下所示。

```
1    #include "clock.h"
2    #include "uart.h"
3
4    int main(void)
5    {
6        unsigned char c;
7
8        // 初始化系统时钟
9        clock_init();
10
11       // 初始化串口 0
12       Uart0_Init();
```

```
13
14      while (1)
15      {
16          // S5PV210 处理器接收一个字符
17          c = getc();
18
19          // PC 机的串口终端接收 S5PV210 处理器发送的"回显"字符
20          putc(c);
21      }
22      return 0;
23  }
```

代码详解：

第 1、2 行，通过#include 预处理命令分别将头文件"clock.h"和"uart.h"包含到 main.c 主程序中来。

第 6 行，定义了一个无符号字符型变量 c，该变量将用于存放从 PC 机串口终端发来的字符。同时，该变量也将用作 S5PV210 处理器发送"回显"字符的变量。

第 9 行，调用时钟初始化函数 clock_init()，该函数的主要任务在于将 PCLK 时钟信号的频率初始化为 66MHz。函数 clock_init()已在前面的实例中进行过详细讲解，不再赘述。

第 12 行，调用串口 0 初始化函数 Uart0_Init()，为串口 0 发送和接收字符做好准备。

第 14~21 行，while 死循环，实现循环发送和接收字符的功能。

第 17 行，调用字符接收函数 getc()，该函数将从 PC 机串口终端接收一个字符，并将接收到的字符存放在变量"c"。

第 20 行，调用字符发送函数 putc()，该函数往 PC 机的串口终端发送一个接收到的字符，实现字符"回显"功能。

8.5.4 UART 实例测试

按照之前建立工程文件的方法，进入 Ubuntu 12.04 的虚拟机平台，在文件夹"TQ210/"下新建一个名为"UART"的工程文件夹，并将前一小节中的源程序文件和头文件加入到 UART 工程文件下。

同样地，还需要在该工程文件夹下加入 Makefile 文件，该文件的具体内容如下所示。

```
1   210.bin: start.o main.o uart.o clock.o
2       arm-linux-ld -Ttext 0x00000000 -o uart.elf $^
3       arm-linux-objcopy -O binary uart.elf uart.bin
4       arm-linux-objdump -D uart.elf > uart_elf.dis
5       gcc mkv210_image.c -o mktq210.exe
6       ./mktq210.exe uart.bin 210.bin
7
```

```
8   %.o : %.S
9       arm-linux-gcc -o $@ $< -c
10
11  %.o : %.c
12      arm-linux-gcc -o $@ $< -c
13
14  clean:
15      rm *.o *.elf *.bin *.dis *.exe *~ -f
```

由于上述 Makefile 文件与之前的 Makefile 类似，因此就对其进行详细分析了。最终 UART 工程文件列表如图 8-10 所示。

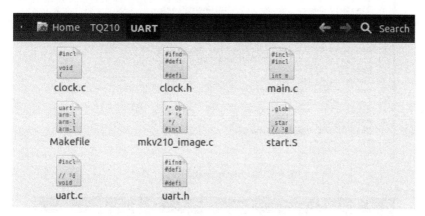

图 8-10 UART 实验的工程源文件列表

打开 Ubuntu 12.04 虚拟机中的终端，在终端中输入如下命令，完成 UART 实例的编译、链接。

```
1   cd TQ210/UART
2   make clean
3   make
```

最终，在相对路径"TQ210/UART"下，生成可在 TQ210 开发板上执行的文件"210.bin"。使用 Windows 与虚拟机之间交换文件的方法，将"210.bin"发送到 Windows 主机对应的文件夹中。

打开 TQBoardDNW 可执行程序下载软件，并将 TQ210 开发板与 PC 机之间的接口按照之前的方法连接好。之后 TQBoardDNW 将打印出 U-BOOT 的下载方式选择界面，如图 8-11 所示。

在图 8-11 所示的框中，输入"7"，将 UART 实验的可执行程序下载到 IRAM 中运行。此后，TQBoardDNW 将提示输入程序下载地址，这里以地址 0xD0020000 为例。此后等待 TQBoardDNW 的状态栏的 USB 显示为"开发板连接成功"，如图 8-12 所示。

之后，通过"USB 下载"的方式将 UART 实验的可执行程序"210.bin"烧写到 S5PV210 处理器的 IRAM 中。然后，UART 就可以接收由 PC 机通过串口终端发送的字符数据了。与此同时，S5PV210 处理器将接收到的字符数据发送到 PC 机的串口终端。实验效果如图 8-13 所示。

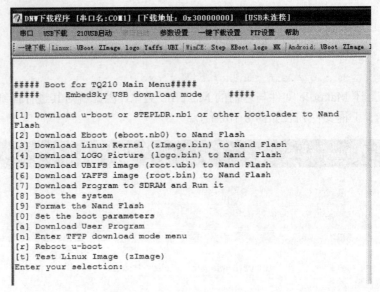

图 8-11　U-BOOT 下载方式选择界面

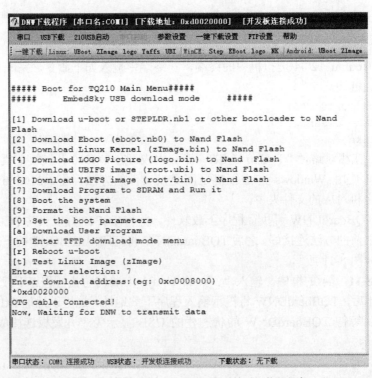

图 8-12　选择方式 "7" 下载 UART 实验可执行程序

图 8-13　UART 实验的"回显"功能

如图 8-13 所示，只要通过键盘往 TQBoardDNW 软件中输入任意的 ASCII 字符，S5PV210 处理器将收到该字符，并将相应的字符"回显"到 TQBoardDNW 的界面中。读者也可以关闭该软件，尝试使用其他串口终端软件或者 Windows 自带的超级终端，笔者不在此一一列举了。

那么读者也许会对 UART 与 PC 机之间串口通信时真正的波形是什么样的产生疑问，UART 的数据帧格式究竟如何呢？带着这些疑问，读者可以借助于一台示波器来观察 UART0 的数据收发端 RXD 和 TXD 的波形即可。

如图 8-14 所示，这是通过键盘向 PC 机输入字符"a"时，从 S5PV210 处理器 UART0 的 RXD 端捕获到的波形。波形是通过泰克 TDS2012，带宽为 100MHz，采样频率为 1GHz 的双通道示波器捕捉到的。

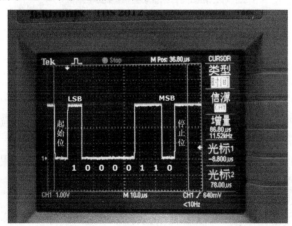

图 8-14　UART0 接收字符"a"时 RXD 端的波形

从图 8-14 可以看出，UART0 采用了 8 个数据位，1 个起始位，1 个停止位的数据帧格式。且 UART 是按照先最低位、后最高位的方式来接收数据的。UART 是以低电平"0"作为起始位，以高电平"1"作为停止位的。

字符"a"的 ASCII 值为"01100001"，正好对应于上述波形中的数据位部分。

根据示波器的时间测量功能，从起始位开始，到停止位结束总共持续了 86.8μs，即 11.52kHz，如图 8-14 中的右侧数据显示所示。这说明了什么呢？

由于 UART0 采用了 1 个起始位，8 个数据位，再加 1 个停止位的数据帧格式，总共 10 位。UART0 的波特率为 115200bps，换言之，传输 1 个 bit 位的时间为：

$$1/115200 = 8.68 \times 10^{-6} \, s$$

即传输 1 个 bit 位的时间为 8.68μs，不难得出，传输 10 个 bit 位的时间为 86.8μs。这正是 UART0 接收 1 个字符"a"所花费的时间！这也验证了本实验的波特率为 115200bps 这一事实。

按照类似的方法，测量一下从 S5PV210 处理器的 TXD 端发送数据到 PC 机的串口终端的波形。如图 8-15 所示，该波形是通过泰克 TDS2012 示波器测量 S5PV210 处理器的 UART0 的数据发送端 TXD 所捕捉到的。

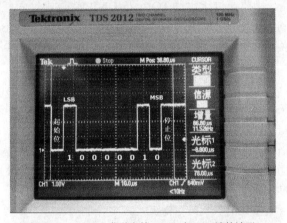

图 8-15　UART0 发送字符"A"时 TXD 端的波形

如图 8-15 所示 UART0 发送字符"A"时 TXD 端的波形。从图中可以得出：S5PV210 处理器的 UART 在发送数据时也是按照先最低位、后最高位的顺序来发送数据的。发送数据的帧格式与接收数据帧的格式完全一致。由于字符"A"的 ASCII 码为"01000001"，因此按照 UART 发送和接收数据的顺序，字符"A"的波形与 ASCII 码完全匹配。

接收字符"a"和发送字符"A"的 TQBoardDNW 的显示结果如图 8-16 所示。

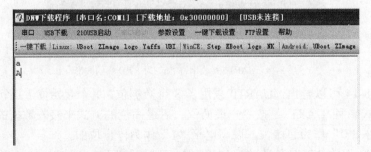

图 8-16　S5PV210 处理器与 PC 机串口终端 UART 串口通信

注　意

　　UART 实验中所提到的接收和发送字符均是以 S5PV210 处理器为中心的，即接收是指 S5PV210 处理器接收来自 PC 机串口终端的数据，发送则是指 S5PV210 处理器向 PC 机串口终端发送数据。

　　到目前为止，所进行的实验都是将可执行程序下载到 S5PV210 处理器的 IRAM 中运行的。在第 6.3.5 小节中，了解到 U-BOOT 的下载选项"1"和"7"都可以用来烧写可执行程序，它们的区别在于：选项"1"将可执行程序烧写到了 NAND FLASH 的起始地址处。而选项"7"则是将可执行程序烧写到了 S5PV210 处理器的 IRAM 中的指定地址处，具体的烧写地址由用户通过 TQBoardDNW 输入给 U-BOOT，从而 U-BOOT 将可执行程序烧写到该地址处，最终 S5PV210 处理器通过一个跳转指令跳转到烧写地址处执行烧写的可执行程序。它们的具体区别将在下一章中进行详细介绍。

　　现在尝试一下将 UART 实验的可执行程序通过 U-BOOT 的选项"1"烧写到 NAND FLASH 中，验证 UART 实验的可执行程序能否实现所要求的功能。

　　利用 U-BOOT 下载选项"1"与选项"7"来烧写程序的步骤基本一致，不同之处在于：当操作进行到图 8-11 所示的界面时，输入"1"，此时将可执行程序烧写到 NAND FLASH 中，然后复位 S5PV210 处理器，此后执行烧写到 NAND FLASH 中的可执行程序。

　　按照上述方法，将 UART 实验的可执行程序烧写到 NAND FLASH 中，复位 S5PV210 处理器。此时并不能实现与 PC 机的串口通信。同时，读者还可以验证第 7 章中定时器实验的可执行程序，可以发现这些可执行程序被烧写到 NAND FLASH 中运行时，并没有出现预期的实验效果，但是若烧写到 S5PV210 处理器的 IRAM 中运行，一切功能正常。

　　出现这　现象，读者也许首先会怀疑编写的代码是不是出现了错误。如何分析这一问题呢？为什么编写的程序能在 S5PV210 处理器的 IRAM 中实现预期的功能，而将其烧写到 NAND FLASH 中运行时，不能实现预期的功能？或许可以这样来考虑：从 IRAM 中运行可执行程序和从 NAND FLASH 中运行可执行程序的主要区别在哪里？这也许是造成上述现象的真正原因。关于这些问题，暂时不在本章中展开，下一章的关于 S5PV210 处理器的启动流程将揭开上述现象的真正面纱。

8.6　本章小结

　　本章主要介绍了 S5PV210 处理器中的 UART 串口通信的基本原理、工作模式、相关寄存器的配置方法、操作方法和步骤。重点介绍了 UART 串口通信数据收发

的2种工作方式，即基于中断或查询的方式和基于DMA的方式。一般而言，基于中断或查询的方式适用于串口通信数据量不大的场合，而基于DMA的方式则适用于大数据量传输的场合。

以基于中断或查询的方式为例，设计了一个利用UART进行串口通信的实例。通过该实例，进一步熟悉了S5PV210处理器UART串口通信模块的硬件电路分析、UART的初始化方法和步骤以及如何使用UART进行其他设备进行串口通信。在实验中，还采用了示波器来观察S5PV210处理器UART的数据收发端RXD和TXD的波形，进一步验证了UART串口通信的数据帧格式，并对UART的波特率有了一个更加直观的认识。

最后，通过将UART实验的可执行程序分别烧写到NAND FLASH和IRAM所得到的不同的实验现象引发了对于S5PV210处理器进一步的思考和疑问，加上在前面章节中所碰到的问题，使得S5PV210处理器的启动流程这一问题变得尤为关键。接下来将迎接S5PV210处理器启动流程的挑战。

第9章

挑战启动流程

和以往的 ARM 处理器相似，由于运行程序的需要，S5PV210 处理器在运行可执行程序前处理器自身需要执行必要的初始化操作。这些初始化操作主要有：禁止看门狗、初始化指令 Cache、初始化堆栈指针、设置系统的时钟和 PLL 的相关参数等。这些都是 ARM 处理器在启动过程中必须完成的操作。与以往 ARM 处理器不同的是，S5PV210 处理器在启动流程还有自身的特殊性，这种特殊性主要体现在 S5PV210 处理器的启动流程是分阶段的。S5PV210 处理器的分阶段启动给系统的初始化和启动的安全性方面带来了更为合理的解决方案。关于 S5PV210 处理器分阶段启动的细节，将在接下来的小节中对其进行详细介绍和必要的说明。

在前面章节中的实验中，并没有对 S5PV210 处理器的启动流程进行过详细地介绍和说明，导致前面实验过程中出现的许多问题都不能得到很好地解释。在本章中，试图从 S5PV210 处理器启动流程出发，一步一步揭开 S5PV210 处理器从上电复位到最终运行可执行程序这一过程中所经历的种种细节。

9.1 S5PV210 处理器启动流程概述

首先需要明白一个概念：何为启动流程？通俗地讲，启动流程是指处理器从上电复位开始，一直到处理器加载运行用户存储在外部存储器中的可执行程序的这一阶段所经历的各种操作的集合。

正如 PC 机从被按下"Power Button"键开始，CPU 将从基本输入/输出系统（Basic Input Output System，BIOS）芯片中读取第 1 条指令，开始执行 BIOS 程序。BIOS 程序的主要作用在于对系统硬件进行自检并对 CPU 和主板上的相关硬件进行初始化。最终 BIOS 将加载运行存放在主存中的操作系统，并把 CPU 的控制权交给操作系统，完成 PC 机的启动流程。

S5PV210 处理器的内部存储器由 64KB 的 IROM 和 96KB 的 SRAM/IRAM 所

组成。它们在 S5PV210 处理器的内存映射如图 9-1 所示。

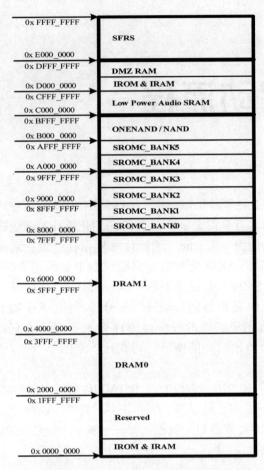

图 9-1　IROM 和 IRAM 在 S5PV210 处理器的内存映射

从图 9-1 中可以看出内部存储器 IROM 和 IRAM 在 S5PV210 处理器的内存映射情况。它们在 S5PV210 处理器内存映射中的具体起始地址和容量由表 9-1 给出。

表 9-1　IROM 和 IRAM 在 S5PV210 处理器内存映射中的起始地址和容量

起始地址	结束地址	大小	描述
0xD000_0000	0xD000_FFFF	64KB	IROM
0xD001_0000	0xD001_FFFF	64KB	保留区
0xD002_0000	0xD003_7FFF	96KB	IRAM

之所以在这里提及 S5PV210 处理器的内部存储器 IROM 和 IRAM，是因为 S5PV210 处理器在启动过程中需要使用到片内存储器。一般而言，S5PV210 处理

器可以从以下设备列表中启动，它们分别是：

- 通用 NAND FLASH 存储器；
- OneNAND FLASH 存储器；
- SD/MMC 存储器（例如 MoviNAND，iNAND 等）；
- eMMC 存储器；
- eSSD 存储器；
- UART 和 USB 设备。

S5PV210 处理器的启动流程是分阶段的，从启动的流程来看，主要可以分为 3 个阶段，它们分别被称之为 IROM 代码阶段（Boot Loader 0，BL0）、第一启动阶段（Boot Loader 1，BL1）以及第二启动阶段（Boot Loader 2，BL2）。3 个阶段的主要特点如下所示。

BL0 阶段：这一阶段的代码存储在内部的 ROM 中，该段代码容量很小，完成的任务也比较简单，且这部分代码与处理器所在的硬件平台无关。

BL1 阶段：这一阶段的代码存储在外部存储器中，该段代码同样容量较小，最大的容量为 16KB，完成的任务也比较简单，且这部分代码与 S5PV210 处理器所在的硬件平台也是无关的。BL1 阶段的代码与 S5PV210 处理器的安全启动相关。

BL2 阶段：这一阶段的代码也存储在外部存储器中，但该部分代码容量较大，最大的容量可以达到 80KB，完成的任务也比较复杂，且这一阶段的代码所完成的工作与 S5PV210 处理器所在的具体硬件平台相关。

接下来将对 S5PV210 处理器启动流程中 3 个阶段的详细情况和 S5PV210 处理器的安全启动进行介绍。

9.1.1　启动流程的 3 部曲

如前所述，S5PV210 处理器在启动过程中主要经历了 3 个阶段，分别是 BL0 阶段、BL1 阶段以及 BL2 阶段。其中 BL0 阶段的代码被固化在 S5PV210 处理器内部存储器 IROM 中，BL1 阶段和 BL2 阶段的代码被存放在外部存储器中。3 个阶段的工作分别对应于 S5PV210 处理器不同的存储设备中完成，它们分别是内部存储器 IROM、内部存储器 IRAM 以及外部存储器 DRAM。下面从 S5PV210 处理器执行程序所在位置的角度，来分析 S5PV210 处理器启动流程的具体细节。

（1）在内部存储器 IROM 中

在 IROM 中，S5PV210 处理器执行的是启动流程 BL0 阶段的代码。其主要工作在于对 S5PV210 处理器进行基本的初始化操作并将 BL1 阶段的代码从外部存储器中加载到 S5PV210 处理器的内部存储器 IRAM 中。具体的操作有：

- 禁止看门狗。
- 初始化指令 Cache 控制器。
- 初始化 S5PV210 处理器的堆栈指针。
- 检查 BL1 阶段代码的完整性。

- 设置好处理器的时钟的分频系数、锁定时间、PLL 以及时钟源的选择。
- 检查 S5PV210 处理器 OM 引脚的状态，据此选择从特定的启动设备中加载 BL1 阶段的代码到 IRAM 中。
- 若是安全启动方式，则执行代码完整性检查。判断是否为安全启动方式标准在于是否将安全密钥写入 S5PV210 处理器中。
- 若代码完整性检查通过，处理器的 PC 指针跳转到 BL1 阶段的起始地址（0xD0020010）处继续执行。

由于 BL0 阶段的代码已经被固化在 S5PV210 处理器的 IROM 中，因此用户一般不能对其进行修改。换言之，上述操作都是 S5PV210 处理器启动过程中的固定动作。

（2）在内部存储器 IRAM 中

BL1 阶段的代码的主要作用在于加载 BL2 阶段的代码，对 BL2 阶段的代码的完整性进行验证，并为 BL2 阶段代码的运行做好 DRAM 的初始化工作。具体的工作如下：

- 将 BL2 阶段的代码加载到 IRAM 中。
- 若选择安全启动方式成功，则执行代码完整性检查。
- 若代码的安全性检查通过，则处理器的 PC 指针跳转到 IRAM 中 BL2 阶段的起始地址处（BL2 阶段的起始地址取决于用户所编写的代码）。若代码的安全性检查不通过，则 S5PV210 处理器的启动停止在 BL1 阶段。
- 运行 BL2 阶段的初始化 DRAM 控制器，为加载用户程序或操作系统镜像到 DRAM 中运行做准备。
- 从特定的存储设备中加载用户程序或操作系统镜像到 DRAM 中。
- PC 指针跳转到 DRAM 中，运行用户程序或操作系统镜像。

在内部存储器 IRAM 中运行的代码需要用户来编写，上述提及的具体工作是需要用户使用代码来实现的。在 IRAM 中运行的主要是 BL1 阶段和 BL2 阶段的代码，也就是说 BL1 和 BL2 阶段的代码需要用户自己来实现。

（3）在外部存储器 DRAM 中

- 若 S5PV210 处理器处于睡眠模式（SLEEP）、深度停止模式（DEEP_STOP）、深度待机模式（DEEP_IDLE），那么处理器将恢复到原来的状态。
- 执行 DRAM 中的用户程序或操作系统镜像。

由于 S5PV210 处理器内部的 IRAM 的空间只有 96KB，因此对于较大的用户程序或者需要操作系统的支持，那么就需要更大的内存来支持。S5PV210 处理器和 PC 机类似，采用了 DRAM 来支持运行更大的程序。在 S5PV210 处理器中，所采用的 DRAM 存储器一般有 DDR2、低功耗 DDR（Low Power DDR，LPDDR）以及低功耗 DDR2（Low Power DDR2，LPDDR2）。

读者可能会存在疑问：为什么程序存放在外部存储器中，却还需要通过程序将外部存储器中的程序加载到上述的 DDR2、LPDDR 或 LPDDR2 等这些 DRAM 中呢？其中一个最直接的原因在于：外部存储器，如 NAND FLASH、SD/MMC 等这些存储介质处理器的地址总线和数据总线不能直接访问，即处理器的 PC 指针不能从上述存储介质中获取指令，而 DRAM 存储器则不然，处理器的 PC 指针可以直接获取存储在 DRAM 中的指令，因此处理器可以在 DRAM 中运行程序。

上述过程也就是 S5PV210 处理器启动过程中的 3 部曲，用图形化的方式展示启动流程的过程如图 9-2 所示。

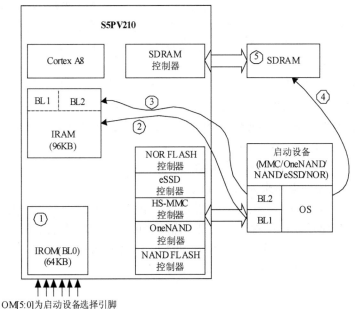

图 9-2 S5PV210 处理器启动流程示意图

如图 9-2 所示，该图其实也说明了 S5PV210 处理器启动过程中 BL0、BL1 以及 BL2 这 3 个阶段运行的先后顺序。图中的序号①～⑤所包含的操作解释如下。

① IROM 中的代码 BL0 完成启动相关的初始化，其中包括系统时钟初始化、启动设备识别以及相关设备控制器的初始化。

② IROM 中的代码 BL0 从启动设备中将后续的启动代码 BL1 加载到 IRAM 中，若 S5PV210 处理器是在安全启动模式下，BL0 还需要验证启动代码 BL1 的代码完整性。

③ BL1 阶段的代码被执行：BL1 将剩余的启动代码 BL2 加载到 IRAM 中，若 S5PV210 处理器是在安全启动模型下，BL1 还需要验证启动代码 BL2 的代码完整性。

④ BL2 阶段的代码被执行：BL2 阶段的代码将完成 DRAM 控制器的初始化，并将用户程序或操作系统镜像加载到 DRAM 中。

⑤ 最后，处理器的 PC 指针跳转到用户程序或操作系统镜像在 DRAM 中的入

口地址处，此后 S5PV210 处理器的控制权交给用户程序或操作系统。

在前面的介绍中，一直都提到了 S5PV210 处理器的安全启动功能，那么 S5PV210 处理器的安全启动究竟是怎样的机制呢？接下来将对 S5PV210 处理器的安全启动机制和整个流程做进一步的介绍和说明。

9.1.2　安全启动（Secure Booting）

S5PV210 处理器提供了安全启动的功能。当 S5PV210 处理器选择从内部存储器 IROM 启动时，可以使能安全启动的功能。安全启动可以让镜像免于受到未授权用户的修改。此外安全启动还可以对加载的镜像文件进行完整性检查，提高了镜像文件和代码的安全性。

在 S5PV210 处理器中，安全启动首先依赖于"信任根（Root of Trust）"这一机制。这一机制必须通过硬件来实现，因为不可能要求软件来验证自身的完整性。具体来讲，信任根是通过固化在 S5PV210 处理器内部存储器 IROM 中的 BL0 来实现的，而固化在 IROM 中的 BL0 不能被未授权的用户所修改。所以在未授权的情况下，信任根是不能被修改的。固化在 S5PV210 处理器内部存储器中的 BL0 代码的完整性是通过硬件电路来完成验证的。

另一方面，由于 BL1、BL2 以及镜像文件一般都存储在外部存储器中，因此 BL0（由于 BL0 的完整性已由硬件电路验证）需要验证 BL1 的完整性，BL1 则需要验证 BL2 的完整性，最后镜像文件的完整性则通过 BL2 来验证。S5PV210 处理器的安全启动原理如图 9-3 所示。

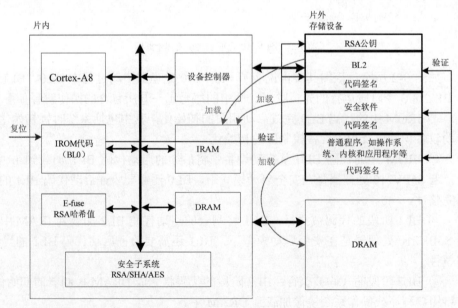

图 9-3　S5PV210 处理器安全启动原理图

从图 9-3 可以得出安全启动的流程如下。

（1）BL0 阶段

① 使用 E-fuse RSA 哈希值来验证 RSA 公钥的完整性。

② 加载启动代码 BL1 到 IRAM 中。

③ 使用验证过的 RSA 公钥来验证启动代码 BL1 的完整性。

（2）BL1 阶段

① 将安全软件加载到 IRAM 中。

② 使用验证过的 RSA 公钥来验证安全软件的完整性。

③ 加载启动代码 BL2 到 IRAM 中。

④ 使用验证过的 RSA 公钥来验证启动代码 BL2 的完整性。

（3）BL2 阶段

① 将安全软件加载到 IRAM 中。

② 使用验证过的 RSA 公钥来验证安全软件的完整性。

③ 加载操作系统镜像或应用程序到 DRAM 中。

④ 使用验证过的 RSA 公钥来验证操作系统镜像或应用程序的完整性。

9.2　深入理解 S5PV210 处理器的启动流程

在上一小节中对 S5PV210 处理器的启动流程做了大概的描述。正如前面所提到的，BL1、BL2 阶段的代码都需要用户自己编程来实现，读者只是对其需要完成的功能做了大致地了解，那么实际中应用与裸机开发中的 BL1 和 BL2 阶段的代码是什么样的呢？S5PV210 处理器的启动设备是如何选择的呢？在启动过程中，更为详细的流程是怎样的？这些问题都有待于对 S5PV210 处理器的启动做更进一步的认识。接下来带着上述问题对 S5PV210 处理器的启动流程进行一次更为深入的探究。

9.2.1　启动设备的选择

在前面已提到，S5PV210 处理器的启动设备可以是 NAND FLASH、OneNAND FLASH、SD/MMC、eMMC、eSSD、UART 以及 USB 等。那么 S5PV210 处理器在启动过程中究竟是如何从上述存储设备中加载启动代码的呢？

在 S5PV210 处理器中，处理器是通过引脚 OM[5:0]的电平状态来决定从上述启动设备中选择加载启动代码的。当 S5PV210 处理器上电复位后，首先执行内部存储器 IROM 中的 BL0 代码，BL0 完成基本的初始化后会检测 OM[5:0]的电平状态，然后选择从特定的启动设备加载后续的启动代码。启动设备的选择与引脚 OM[5:0]的电平状态之间的关系如表 9-2 所示。

表 9-2　S5PV210 处理器不同的启动方式下 **OM[5:0]**的状态

OM[5]	OM[4]	OM[3]	OM[2]	OM[1]	OM[0]	OM[5]	OM[4]	OM[3]	OM[2]	OM[1]	OM[0]
0	0	0	0	0	0	Boot Mode	IROM	eSSD			X-TAL
					1						X-TAL(USB)
				1	0			Nand 2KB, 5 cycle (Nand 8bit ECC)			X-TAL
					1						X-TAL(USB)
			1	0	0			Nand 4KB, 5 cycle (Nand 8bit ECC)			X-TAL
					1						X-TAL(USB)
				1	0			Nand 4KB, 5 cycle (Nand 16bit ECC)			X-TAL
					1						X-TAL(USB)
		1	0	0	0			OneNandMux(Audi)			X-TAL
					1						X-TAL(USB)
				1	0			OneNandDemux(Audi)			X-TAL
					1						X-TAL(USB)
			1	0	0			SD/MMC			X-TAL
					1						X-TAL(USB)
				1	0			eMMC(4-bit)			X-TAL
					1						X-TAL(USB)
	1	0	0	0	0			Nand 2KB, 5cycle (16-bit bus, 4-bit ECC)			X-TAL
					1						X-TAL(USB)
				1	0			Nand 2KB, 4cycle (Nand 8bit ECC)			X-TAL
					1						X-TAL(USB)
			1	0	0			iROM NOR boot			X-TAL
					1						X-TAL.(USB)
				1	0			eMMC(8-bit)			X-TAL
					1						X-TAL(USB)
1	0	0	0	0	0		IROM First boot UART ->USB	eSSD			X-TAL
					1						X-TAL(USB)
				1	0			Nand 2KB, 5cycle			X-TAL
					1						X-TAL(USB)
			1	0	0			Nand 4KB, 5cycle			X-TAL
					1						X-TAL(USB)
				1	0			Nand 16bit ECC (Nand 4KB, 5cycle)			X-TAL
					1						X-TAL(USB)
		1	0	0	0			OneNandMux(Audi)			X-TAL
					1						X-TAL(USB)
				1	0			OneNandDemux(Audi)			X-TAL
					1						X-TAL(USB)
			1	0	0			SD/MMC			X-TAL
					1						X-TAL(USB)
				1	0			eMMC(4-bit)			X-TAL
					1						X-TAL(USB)

从表 9-2 可以看出，OM[0]是用来选择时钟的来源的。OM[5]用来决定 S5PV210 处理器的启动模式，也即是否使能 2 次启动。当 OM[5]为 "0" 时，S5PV210 处理器

不具备 2 次启动功能。所谓的"2 次启动"功能是指 S5PV210 处理器从启动设备首次启动失败后，处理器还可以选择从其他启动设备进行第 2 次启动的功能。当 OM[5]为"1"时，S5PV210 处理器具备 2 次启动功能。换言之，当 S5PV210 处理器首次从启动设备启动过程中出现了错误时，处理器还可以选择从其他启动设备来 2 次启动。

　　那么 S5PV210 处理器究竟从哪一个存储设备来启动系统呢？S5PV210 处理器的引脚 OM[3:1]正是用来决定处理器的启动设备的。由表 9-2 可以看出，当 OM[3:1] = "000"时，处理器的启动设备为 eSSD；当 OM[3:1] = "001"时，处理器的启动设备则是 2 K，5 cycle，8 bit ECC 的 NAND FLASH；当 OM[3:1] = "010"时，处理器的启动设备则是 4 K，5 cycle，8 bit ECC 的 NAND FLASH；当 OM[3:1] = "011"时，处理器的启动设备则是 4 K，5 cycle，16 bit ECC 的 NAND FLASH；当 OM[3:1] = "100"时，处理器的启动设备则是 OneNandMux(Audi)；当 OM[3:1] = "101"时，处理器的启动设备则是 OneNandDemux(Audi)；当 OM[3:1] = "110"时，处理器的启动设备则是 SD/MMC；当 OM[3:1] = "111"时，处理器的启动设备则是 eMMC。

　　对于天嵌科技开发的 TQ210 开发板而言，由于该开发板在设计时，已经对引脚 OM[5:0]的电平状态进行预先处理，因此 TQ210 开发板上的 S5PV210 处理器的启动方式需要具体对待。图 9-4 是 TQ210 开发板的 OM[5:0]引脚的硬件电路，该电路原理图显示了 OM[5:0]各个引脚的电平状态。

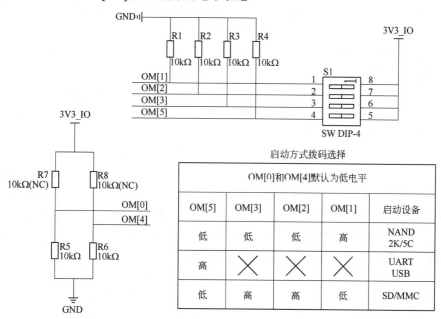

说明：
　　①表中"低"和"高"分别代表低电平和高电平。
　　②表中的叉号表示启动设备的选择与该引脚的电平无关。
　　③图中的电阻R7和R8在TQ210开发板上并未焊接，即为NC状态。

图 9-4　TQ210 开发板引脚 OM[5:0]的硬件连接图

从图 9-4 可以看出，TQ210 开发板只提供了 NAND FLASH、UART/USB、SD/MMC 这 3 种方式。其主要原因在于 TQ210 开发板已经将引脚 OM[4]和 OM[0]默认接到了低电平。所以 TQ210 处理器的启动方式的选择只取决于引脚 OM[5]、OM[3]、OM[2]以及 OM[1]的电平状态。

值得注意的是：当引脚 OM[5]的电平状态为"1"时，S5PV210 处理器具备了 2 次启动的功能。在 TQ210 开发板中，能进行 2 次启动的配置是当拨码开关 OM[5]拨到了高电平状态，S5PV210 处理器可以进行第 2 次启动的功能。从图 9-4 中的启动方式拨码选择表可以看出，此时 S5PV210 处理器的启动设备为 UART/USB。这是什么原因呢？对于其中的缘由，需要先更全面地了解 S5PV210 处理器的启动流程图。

9.2.2　S5PV210 处理器的启动流程图

上一小节中提到了 S5PV210 处理器具有 2 次启动的功能，那么 S5PV210 处理器的第 1 次启动流程是什么样的呢？第 2 次启动流程和第 1 次启动流程有何区别呢？什么时候才会启用 S5PV210 处理器的第 2 次启动流程？解答这些问题需要对 S5PV210 处理器的启动流程有更进一步的认识和了解。

首先，对 S5PV210 处理器的启动流程的分析做一个简单的归纳。总的来说，从功能上而言，S5PV210 处理器的启动流程分为了 BL0、BL1 以及 BL2 这 3 个基本阶段，它们分别位于处理器的内部存储器 IROM 和外部存储器中。其中 BL0 阶段的代码在处理器出厂前已经被固化在 IROM 中，BL1 和 BL2 阶段的代码则需要开发者根据 S5PV210 处理器启动流程的相关规定来编写。BL0、BL1 和 BL2 这 3 个阶段的代码所实现的功能在前面的小节中已进行详细的介绍。

接下来对 S5PV210 处理器启动流程的分析重点将放在启动流程的总体流程和 BL1 以及 BL2 阶段的代码的编写规则上。

S5PV210 处理器第 1 次启动的总体流程如图 9-5 所示。

如图 9-5 所示，该图详细归纳了 S5PV210 处理器在第 1 次启动过程中所经历的各种操作以及处理器处于不同状态下启动流程。

此外，在图 9-5 中 BL0 阶段时，当检查从启动设备加载的启动代码的校验和出现错误且 OM[5] = "1"时，S5PV210 处理器将尝试第 2 次启动。那么第 1 次启动失败后，处理器进行第 2 次启动的具体流程是怎样的呢？接下来，同样以一幅图来简要说明 S5PV210 处理器第 2 次启动的流程图。

如图 9-6 所示，正是 S5PV210 处理器第 1 次启动失败后，尝试第 2 次启动以及后续的启动流程。

注　意

图 9-6 所描述的 S5PV210 处理器的启动流程是在非安全启动（Non-Secure Boot）模式下的，安全启动(Secure Boot)模式下的 2 次启动流程图与此图类似，其区别在于第 1 次和第 2 次启动过程中将加入代码完整性检查的步骤。

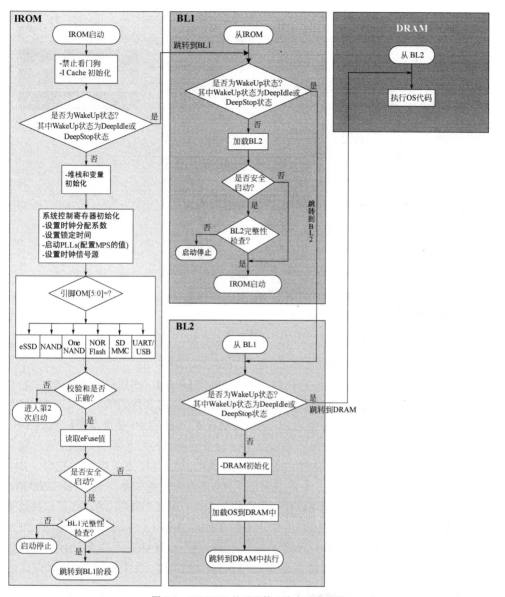

图 9-5　S5PV210 处理器第 1 次启动流程图

图 9-6 基本上展示了 S5PV210 处理器启动过程的全貌。在图中可以看到，当第 1 次从启动设备中加载 BL1 阶段的代码校验失败后，S5PV210 处理器将第 2 次从启动设备中加载 BL1 阶段的代码到 IRAM 中的 0xD0020000 地址处并进行校验和的检查。值得注意的是：第 2 次启动时的启动设备为 MMC 的第 2 个通道。

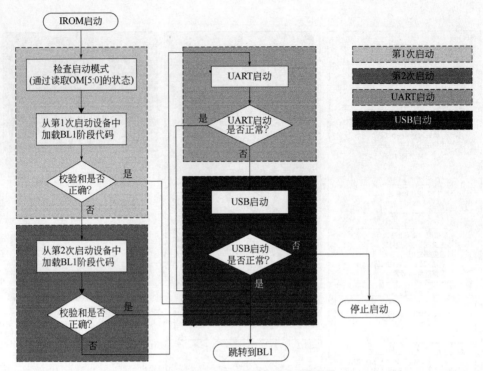

图 9-6   S5PV210 处理器 2 次启动流程图

若第 2 次启动的校验和检查仍然没有通过，S5PV210 处理器进入 UART 启动模式，UART 启动模式是通过 UART 的通道 2 来加载启动代码的。如 UART 启动方式仍然失败，S5PV210 处理器进入 USB 启动模式，S5PV210 处理器可以通过 USB 启动模式将 BL1 阶段的启动代码加载到 IRAM 中的 0xD0020000 地址处，然后按照后续的流程启动系统。值得说明的是：采用 UART 或 USB 方式启动系统时，BL1 阶段的代码不需要头部信息，且此时 BL1 阶段的代码的起始地址为 0xD0020000。

到此为止，现在可以理解 TQ210 开发板所说的 UART/USB 启动方式了。其前提在于引脚 OM[5]的状态为高电平，且 S5PV210 处理器在第 1 次和第 2 次启动均失败的情况下，才会启用 UART/USB 启动模式。一般情况下，UART/USB 启动模式仅用于调试方式。在实际中，S5PV210 处理器采用 NAND FLASH 或者 SD 卡的启动方式。

9.2.3   BL1 阶段代码的结构

由 S5PV210 处理器的启动流程图 9-5 可知，处理器在启动过程中会利用 BL1 的头部信息对 BL1 的代码进行校验。那么现在的问题是 BL1 的头部信息究竟是怎样的呢？S5PV210 处理器如何利用 BL1 的头部信息对 BL1 阶段的代码进行校验？这些问题正是本小节将要介绍的。

从 S5PV210 处理器的用户手册和 IROM 启动应用手册可以获知：BL1 阶段的代码包括了一段 16 字节的头部信息，该头部信息主要作用在于 S5PV210 处理器启动过程中 BL1 阶段代码的校验。BL1 的头部信息主要包括 2 个方面的内容：BL1 阶段代码的大小以及 BL1 阶段代码的校验和。BL1 阶段代码的结构如图 9-7 所示。

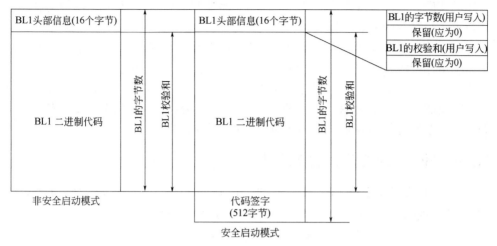

图 9-7　BL1 阶段代码的结构

从图 9-7 可以看出，BL1 阶段的代码结构在安全启动模式下和非安全启动模式下是有区别的。其主要区别在于安全启动模式下的 BL1 末尾包括了一段 512 字节的代码签字。除此之外，这两种模式下的 BL1 结构是相同的。

以非安全启动模式为例，BL1 阶段的代码主要由 2 部分组成，它们分别是 BL1 的头部信息和 BL1 阶段的二进制代码。BL1 阶段的代码以头部信息开始，紧接着的是 BL1 阶段的二进制代码，其中 BL1 的头部信息又与紧接其后的 BL1 阶段的二进制代码密切相关。下面重点来介绍一下 BL1 的头部信息。

BL1 的头部信息只有 16 个字节。具体的格式和内容如表 9-3 所示。

表 9-3　**BL1 的头部信息的格式和内容**

字节序数	内容
第 1 个 4 字节	BL1 的字节数
第 2 个 4 字节	保留(应为 0)
第 3 个 4 字节	BL1 的校验和
第 4 个 4 字节	保留(应为 0)

说　明

　　BL1 的字节数是指从头部信息的首字节算起，到 BL1 二进制代码结束为止的字节数。BL1 的校验和是指从头部信息之后的第 1 个字节开始，以异或的方式下一个字节进行逻辑运算，并将得到的异或结果与接下来的字节内容依次异或，直到 BL1 二进制代码的最后一个字节为止所得到的最终异或结果。更形象的说明可以参考图 9-7 关于 BL1 字节数和校验和的图例。

从前面的介绍中可以知道，BL0 阶段的代码即 IROM 中的代码在处理器出厂前已经被固化在内部存储器 IROM 了，因此开发者不需要对其进行修改。而 BL1 阶段的代码一般被存放在启动设备中，因此需要开发者结合 BL1 的结构信息和具体需求来编写相应的启动代码。

BL1 阶段的启动代码与其他的启动代码的编写方法区别不大。其唯一的差别在于：利用相应的软件开发工具生成 BL1 的二进制代码后，还需根据 BL1 的结构信息为其添加头部信息。在前面的章节中一直对制作 BL1 的头部信息未涉及，其中一个重要的原因在于对 BL1 阶段的启动代码的结构信息缺乏认识。接下来从代码的角度来掌握如何编写完整的 BL1 阶段的启动代码。

9.2.4 BL1 头部信息的制作工具

BL1 的头部信息可以通过如下的一段代码来制作。给这段代码命名为：mkv210_image.c。制作 BL1 头部信息的代码的基本思路如下所示。

首先，对输入到该程序的参数个数进行判断。

其次，开辟一块大小为 16KB 的缓冲区，并将该缓冲区初始化为 0。

然后，将前面开辟的 16KB 的缓冲区的前 16 个字节用 BL1 头部字符串初始化，并将满足要求的 BL1 二进制源文件内容复制到缓冲区的第 16 个字节开始的地址处，并计算出 BL1 二进制源文件内容的大小。

再次，计算出 BL1 二进制源文件的校验和，并将该校验和赋值给缓冲区的第 8~11 个字节单元。

最后，将制作好的含头部信息的 BL1 二进制文件写到目标文件中，此时输出的目标文件就是制作好头部信息的 BL1 启动代码。

其具体代码如下所示：

```
1    / * 在 BL0 阶段，IROM 内固化的代码读取 NAND FLASH 或 SD 卡前 16KB 的内容，
2     * 并比对前 16 字节中的校验和是否正确，正确则继续，错误则停止。
3     */
4
5    #include <stdio.h>
6    #include <string.h>
7    #include <stdlib.h>
8
9    #define BUFSIZE              (16*1024)
10   #define IMG_SIZE                (16*1024)
11   #define SPL_HEADER_SIZE     16
12
13   int main (int argc, char *argv[])
14   {
15       FILE    *fp;
16       char        *Buf, *a;
17       int BufLen;
```

```
18      int nbytes, fileLen;
19      unsigned int    checksum, count;
20      int i;
21
22      // 第 1 步：判断输入的参数是否为 3 个
23      if (argc != 3)
24      {
25      printf("Usage: mkbl1 <source file> <destination file>\n");
26          return -1;
27      }
28
29      // 第 2 步：分配 16KB 的缓冲区 Buf
30      BufLen = BUFSIZE;
31      Buf = (char *)malloc(BufLen);
32      if (!Buf)
33      {
34          printf("Alloc buffer failed!\n");
35          return -1;
36      }
37
38      memset(Buf, 0x00, BufLen);
39
40      // 第 3 步：将源二进制代码读到 Buf 中，并将 Buf 的前 16 个字节初始化
41      // 首先是打开二进制源文件
42      fp = fopen(argv[1], "rb");
43      if( fp == NULL)
44      {
45          printf("source file open error\n");
46          free(Buf);
47          return -1;
48      }
49
50      // 其次计算出二进制源文件的大小
51      fseek(fp, 0L, SEEK_END);
52      fileLen = ftell(fp);
53      fseek(fp, 0L, SEEK_SET);
54
55      //然后需要判断二进制源文件的大小不能超过 16KB
56      count = (fileLen < (IMG_SIZE - SPL_HEADER_SIZE))
57          ? fileLen : (IMG_SIZE - SPL_HEADER_SIZE);
58
59      // 最后将二进制源文件内容复制到 Buf 的第 16 个字节开始的地址处
60      nbytes = fread(Buf + SPL_HEADER_SIZE, 1, count, fp);
61      if ( nbytes != count )
62      {
```

```
63          printf("source file read error\n");
64          free(Buf);
65          fclose(fp);
66          return -1;
67      }
68      fclose(fp);
69
70      // 第 4 步：计算 BL1 的校验和
71      a = Buf + SPL_HEADER_SIZE;
72      for(i = 0, checksum = 0; i < IMG_SIZE - SPL_HEADER_SIZE; i++)
73          checksum += (0x000000FF) & *a++;
74
75      //将计算出来的校验和 checksum 保存到 Buf[8~11]
76      a = Buf + 8;
77      *( (unsigned int *)a ) = checksum;
78
79      // 第 5 步：拷贝 Buf 中的内容到目标二进制文件中
80      // 打开目标二进制文件
81      fp = fopen(argv[2], "wb");
82      if (fp == NULL)
83      {
84          printf("destination file open error\n");
85          free(Buf);
86          return -1;
87      }
88
89      // 将 16KB 的 Buf 中的内容复制到目标二进制文件中
90      a = Buf;
91      nbytes = fwrite( a, 1, BufLen, fp);
92      if ( nbytes != BufLen )
93      {
94          printf("destination file write error\n");
95          free(Buf);
96          fclose(fp);
97      return -1;
98      }
99
100     free(Buf);
101     fclose(fp);
102
103     return 0;
104 }
```

代码详解：

第 9～11 行，利用#define 宏，定义了 3 个宏定义符号 BUFSIZE、IMG_SIZE

以及 SPL_HEADER_SIZE。它们分别对应于程序中使用到的缓冲区的大小、目标二进制文件的大小、BL1 头部信息的大小以及 BL1 头部信息的初始化字符串。

第 15~20 行，定义了程序中使用到的中间变量、指针、文件指针等，用来表示 BL1 二进制源文件的大小、校验和、缓冲区的起始地址以及文件相关操作的指针。

第 22~27 行，主要完成对输入参数个数的判断，对于不满足输入参数的情形直接退出程序并给出错误提示。

第 30~38 行，分配一块大小为 16KB 的缓冲区，并将缓冲区初始化为 0。其中第 31 行使用 malloc 函数来动态申请一块 16KB 的缓冲区，第 38 行采用 memset 函数将 16KB 的缓冲区初始化为 0。第 32~36 行则对动态分配缓冲区失败的情形做出了相应的处理。

第 42~68 行，完成的功能为：将源二进制代码读到 Buf 中，并将 Buf 的前 16 个字节初始化。其中第 42~48 行的代码将 BL1 二进制源文件打开，若打开出错则退出本程序并给出错信息。第 51~53 行的代码通过文件函数调用得出 BL1 二进制源文件的大小。第 56 行对输入的 BL1 二进制源文件的大小做出了限制，最大可以达到 16KB。第 60~68 行采用 fread 函数将 BL1 二进制源文件的内容复制到 Buf 的第 16 字节开始的地址处，并对复制过程中出现的可能错误进行了判断和错误提示，最后关闭文件指针 fp。

第 71~77 行，计算出 BL1 二进制源文件的校验和，并将计算所得的校验和赋值给 Buf 缓冲区的第 8~11 字节单元。

第 81~87 行，利用文件打开函数 fopen 将目标文件打开，若打开目标文件失败，则退出本程序并打印出相应的出错信息。

第 90~98 行，利用文件写函数 fwrite 将 Buf 缓冲区中的内容写到打开的目标文件中，在写的过程中若出现问题，则退出本程序，并打印出相应的出错信息。

第 100 行，释放动态分配的缓冲区 Buf。

第 101 行，最后关闭文件指针 fp。

值得说明的是，本程序中所做的主要工作就是为 BL1 二进制源文件添加一个 16 字节的头部信息，并将 BL1 的校验码赋值给头部信息的第 3 个 4 字节单元。细心的读者可能会发现，没有对 BL1 的头部信息的第 1 个 4 字节进行赋值，即并没有将 BL1 的字节数赋值给头部信息的第 1 个 4 字节单元。但是即使这样，利用该程序制作出来的可执行文件同样能正常启动，即说明 BL1 的字节数对于 S5PV210 处理器的正常启动影响不大。从 S5PV210 处理器的启动流程图可以看出，启动过程中只会对 BL1 的校验和进行检查，只要 BL1 的字节数不超过 16KB 一般就不会出现问题的。

9.2.5　启动过程中的内存映射

在 S5PV210 处理器的启动过程中，经过了 BL0(IROM)、BL1、BL2 这 3 个阶段。在 BL0 这个阶段涉及到了许多基本的初始化，其中一项重要的内容就是堆栈的初始化。S5PV210 处理器在完成 BL0 阶段的基本初始化后，从启动设备中加载 BL1 阶段的启动代码到处理器的 IRAM 中，经过校验后执行 BL1 阶段的启动代码。此后，BL1 阶段的启动代码完成其他必要的初始化工作，并为加载 BL2 阶段的代码做好准备。当 BL2 阶段的代码加载 DRAM 中后，S5PV210 处理器最终跳转到 DRAM 中运行。

在上述过程中，读者可能对 S5PV210 处理器启动过程 3 部曲的相关细节还存在疑惑，其中一个重要的方面是 S5PV210 处理器在 3 个阶段的地址跳转、处理器的堆栈的物理地址等内存映射相关的问题。

接下来以一张 S5PV210 处理器在启动过程中涉及到的存储器地址映射图来结束本小节的内容。如图 9-8 所示，该图大致展示了 S5PV210 处理器在启动过程中的内存地址映射，读者可以对照此图来理解 BL0、BL1 以及 BL2 这 3 个阶段所做工作的相关细节。

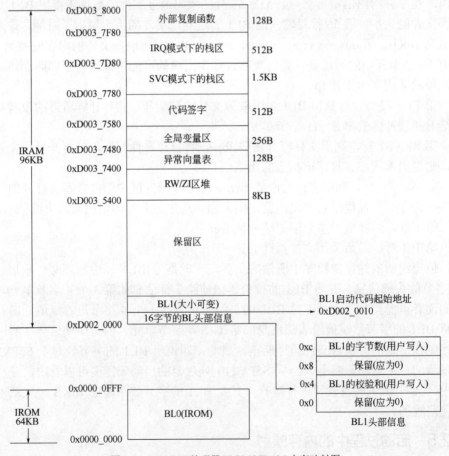

图 9-8 S5PV210 处理器 IROM&IRAM 内存映射图

图 9-8 给出了 S5PV210 处理器在启动过程中，在执行代码时的内存映射图。

从该图中可以清晰地看出 BL0 阶段的启动代码在初始化相关的堆栈指针后，其所指向的内存区域、全局变量区、异常向量表等。此外，读者还可以从该图看出 BL1 阶段的启动代码在执行代码时的起始地址为 0xD0020010，IRAM 的最大容量以及其在 S5PV210 处理器内存映射中的位置。

9.3　本章小结

本章从 S5PV210 处理器在启动过程中经历的 3 部曲的角度使读者对处理器的启动流程有了比较深入和全面的认识。对处理器所经历的 BL0、BL1 以及 BL2 这 3 阶段的诸多问题进行了详细地介绍和分析，对 3 个阶段的工作内容、代码特点以及所在的运行位置进行了介绍。重点对 BL1 阶段的启动代码展开了较为详尽的剖析。

与此同时，还对 S5PV210 处理器的启动设备的选择、2 次启动以及安全启动模式进行了讲解。上述内容都是 S5PV210 处理器在启动过程中将要遇到的问题。通过对 S5PV210 处理器的启动流程进行深入分析之后，相信读者对前面章节中出现的诸多问题和疑问能做到心中有数了。

正是因为 S5PV210 处理器的 BL0 阶段的启动代码已经对处理器做了许多必要的初始化工作，所以对于嵌入式裸机开发部分而言，S5PV210 处理器的启动代码就显得相对容易了。这也为读者更快地掌握 S5PV210 处理器的嵌入式开发铺平了道路。

在下一篇中，将介绍嵌入式处理器 Android 应用开发方面的知识。有了前面 9 个章节基本知识的铺垫，在 Android 应用开发方面读者将变得底气十足。

第二篇

Android 应用
开发连连看

第⑩章

传说中的 Android

<<<<<<<<

在 Android 操作系统发布之前，手机操作系统的成本是手机成本的重要组成部分，因此手机的价格居高不下。但是，2008 年 9 月发布了 Android 第一版，从此开源手机操作系统就得到了广大开发者的支持。到目前为止，Android 开源手机操作系统得到了大幅度的更新，已经被工程师们移植到形形色色的开发平台。如今，几百元的智能手机已经分布在各大卖场，Android 开发者论坛上面这样描述到："Android gives you a world-class platform for creating apps and games for Android users everywhere, as well as an open marketplace for distributing to them instantly."

当然，也并不是说 Android 开源手机操作系统强大到了无可匹敌的程度。据悉，LiMo Foundation 和 Linux Foundation 两大 Linux 联盟携手英特尔和三星电子共同开发的 Tizen（中文名：泰泽）操作系统，就是旨在针对手机和其他移动设备的开源操作系统，该系统整合了 LiMo 和 MeeGo 两个操作系统，并于 2012 年 2 月正式公布。

在 2014 年 MWC(全称 Mobile World Congress，即移动世界大会。MWC 前身为 3GSM 展会，其由 GSM 协会发起并举办。MWC 是全球移动通信领域最具规模和影响的展会)大会上，三星电子发布了基于该操作系统的智能手表 Samsung GALAXY Gear 2 Neo。可见开源手机操作系统的战场上，各大厂商仍在角逐。当然，本书仅仅对 Android 开发进行讲解。

目前 Android 的新版本 Android 4.4 KitKat 版本，无论是从功能上还是性能上，都得到了极大程度的改进，极大地方便了开发者进行应用程序开发，本书所有代码均以 Android 4.4 KitKat 版本进行讲解。

10.1 什么是 Android

通俗地讲，Android 操作系统内核是 Linux 的，但是应用程序开发是基于 java 语言的，Android 平台最大程度考虑到了嵌入式平台的特点，进行了有效的整合，因此，从发布之初到现在才得到了广大开发者的欢迎。

Android 是基于 Linux 的开源手机操作系统，设计的主要应用领域包括各种移动设备，例如平板电脑、智能手机等，Android 最早由 Andy Rubin 开发，最初只是支持手机操作系统，2005 年 8 月，Google 公司注资收购了该公司，从此 Android 得到了飞速的发展。

Google 公司于 2007 年 11 月组织了 84 家硬件制造商、软件开发商以及电信运营商，共同组建了开放手机联盟，致力于 Android 开源手机操作系统的研发和推广工作；后来 Google 以 Apache 开源许可证的授权方式，发布了 Android 源代码。2008 年 10 月，第一部 Android 智能手机面世。

随着 Android 开源操作系统的发展，该系统逐渐应用在平板电脑以及其他数码设备领域，如智能电视、智能相机以及智能游戏机等。

2011 年第一季度，Android 在全球的市场份额首次超过塞班系统，跃居全球第一。2012 年 11 月数据显示，Android 占据全球智能手机操作系统市场 76%的份额，中国市场占有率为 90%。2013 年 09 月 24 日，Google 开发的操作系统 Android 在迎来了 5 岁生日时，全世界采用这款系统的设备数量已经达到 10 亿台。Android 设备增长示意图如图 10-1 所示。

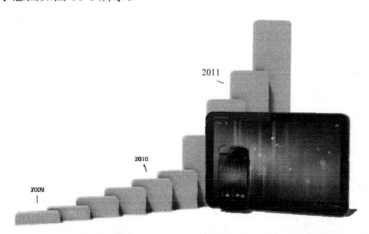

图 10-1　Android 设备增长示意图

Android 智能手机操作系统包含了数以万计的源代码，但是初学阶段只需要对 Android 操作系统的主要架构有个大概的了解即可，Android 系统主要分成 4 个层：

- Linux 内核及驱动层；
- 本地代码（C/C++）框架层；
- Java Framework 层；
- Java Application 层。

Android 系统的架构如图 10-2 所示。

Linux 内核及驱动层主要由 C 语言实现，本地代码(C/C++)框架层由 C/C++语言实现，Java Framework 层和 Java Application 层主要由 Java 代码实现。

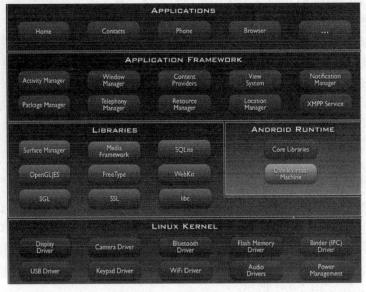

图 10-2　Android 系统的架构

对于 Linux 操作系统而言，Linux 内核及驱动层和本地代码(C/C++)框架层之间对应的是内核空间和用户空间的分水岭，Linux 内核及驱动层运行在内核空间，本地代码(C/C++)框架层、Java Framework 层和 Java Application 层都运行于用户空间。

Java Framework 层和 Java Application 层之间，是 Android 的系统应用程序编程接口 API（Application Program Interface）的接口。

图 10-3　捕获手机界面

开发 Android 应用程序时，对开发工程师而言，Java Framework 层以下的内容是不可见的，因此开发者只需要关注各个系统 API 即可。读者对各个 API 的熟悉程度很大程度上决定了 Android 应用程序开发的水平。

对于 Android 应用程序的开发，主要关注 Java Framework 层和 Java Application 层之间的调用接口即可。

此外，对于 Android 应用程序开发而言，开发者除了关注软件本身的代码之外，还需要对 Android 提供的一系列辅助工具有一定的了解，例如查看某个应用程序的内存情况、查看手机的内存状态等，例如可以捕获手机当前界面如图 10-3 所示。

总体而言，Android 系统常用的工具概括如下，读者在此只是大概了解各个工具的功能即可，至于如何使用这些功能，本书后文会有详细的讲解。

- adb（Android 调试桥，Android Debug Bridge）：使用 adb 工具可以和手机

或者 Android 模拟器进行通信，查看手机信息，执行命令来访问手机，安装 Android 应用程序等。

使用 adb 工具（环境变量需要配置，本书后文会讲解这部分内容，在此只是演示命令的执行效果）：

在命令行状态下输入 adb shell 命令，然后按回车键即可，如图 10-4 所示。

使用 adb 命令连接手机后，可以执行相应的命令，如查看手机内存信息可以使用命令：cat /proc/meminfo，命令执行效果如图 10-5 所示。

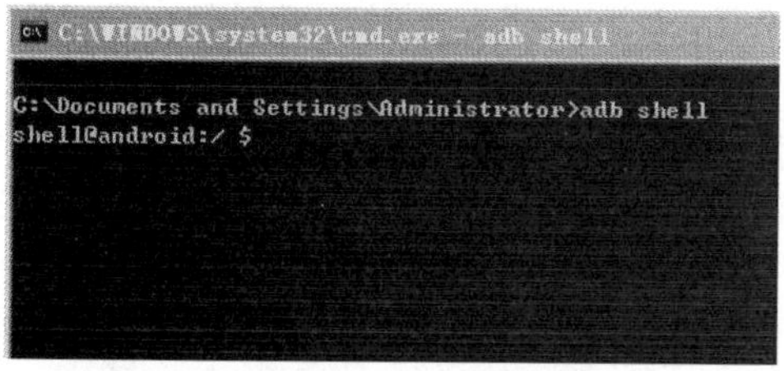

图 10-4　adb shell 命令执行效果图

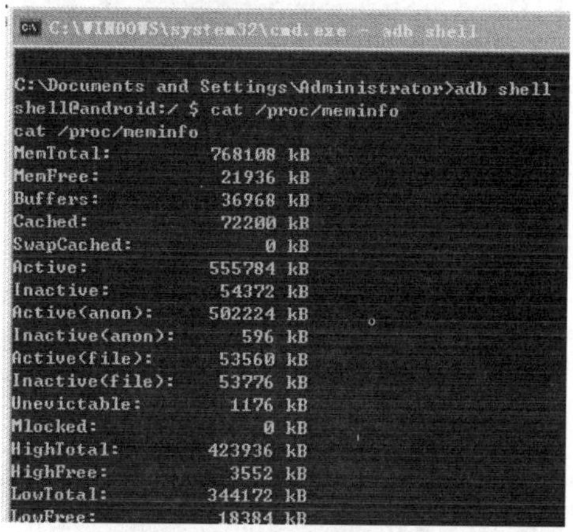

图 10-5　查看手机内存信息

使用 adb 工具查看手机 CPU 信息可以使用命令：cat /proc/cpuinfo，执行效果如图 10-6 所示。

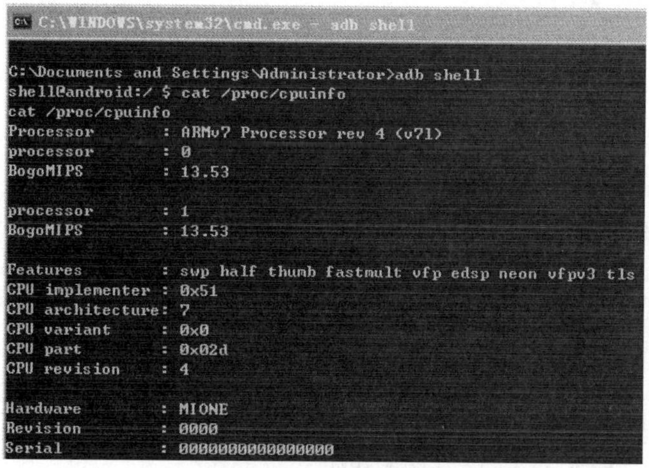

图 10-6　查看 CPU 信息

- AVDs（Android 虚拟设备，Android Virtual Devices）：该工具用于配置 Android 模拟器，Android 模拟器可以使读者在没有 Android 设备的情况下调试应用程序，极大地降低了前期开发的成本，特别是对于没有充足资金购买 Android 设备的读者来说尤其方便。Android 模拟器效果如图 10-7 所示。

- DDMS（Dalvik 调试监视器服务，Dalvik Debug Monitor Service）：该工具可以管理手机或者设备上的进程信息，例如可以 kill 掉某个特定的进程，查看某个进程的堆内存信息以及捕获 Android 模拟器画面等。DDMS 界面如图 10-8 所示。

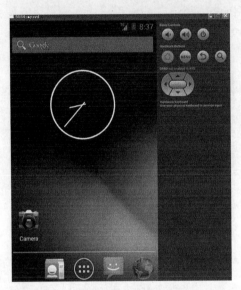

图 10-7　Android 模拟器效果图　　　　图 10-8　DDMS 界面

10.2　Android 历史

前文讲到，2005 年由 Google 收购注资 Android 操作系统团队，并组建开放手机联盟开发改良。经过 6 年的发展，到 2011 年第一季度，Android 在全球的市场份额首次超过塞班系统，跃居全球第一。 2012 年 7 月，Android 占据全球智能手机操作系统市场 59%的份额，中国市场占有率为 76.7%。

Android 操作系统发展历程中几个关键时间节点如下。

2003 年 10 月，Andy Rubin 等组建 Android 团队，并注册成立 Android 公司。

2005 年 8 月 17 日，Google 公司正式宣布收购高科技企业 Android 及其团队。

2007 年 11 月 5 日，Google 公司正式向外界展示了这款名为 Android 的操作系统，宣布建立一个全球性的联盟组织，来共同研发改良 Android 系统，这一联盟将支持 Google 发布的手机操作系统以及应用软件，Google 以 Apache 免费开源许可证的授权方式，发布了 Android 的源代码。

2008 年，在 Google I/O 大会上，Google 提出了 Android HAL 架构图。

2008 年 9 月，Google 正式发布了 Android 1.0 系统，这也是 Android 系统最早的版本。

2009 年 4 月，Google 正式推出了 Android 1.5，从 Android 1.5 版本开始，Google 开始将 Android 的版本以甜品的名字命名，Android 1.5 命名为 Cupcake(纸杯蛋糕)。

2009 年 9 月份，Google 发布了 Android 1.6 的正式版，同时 HTC Hero(G3)手机发布，当时该机搭载了最新版的 Android 操作系统，一跃成为当时全球最受欢迎的智能手机，改版的甜品名称为 Donut(甜甜圈)。

2010 年 5 月份，Google 发布了 Android 2.2 操作系统，其别名为 Froyo（冻酸奶）。

2010 年 10 月，Google 宣布 Android 应用市场得到官方认证的应用数量突破 100000 个，同年 12 月份，Google 正式推出 Android 2.3 操作系统，其别名为 Gingerbread (姜饼)，该操作系统也是目前为止最受欢迎、应用最广的版本之一。

2011 年 7 月，Android 系统设备的用户总数达到了 1.35 亿，Android 智能手机操作系统正式成为智能手机领域市场占有率最高的操作系统。

2011 年 9 月份，Android 系统经过官方认证的应用数量突破 48 万，而在智能手机市场，Android 系统的占有率已经达到了 43%，仍旧排在移动操作系统首位。

2011 年 10 月 19 日，Google 发布了 Android 4.0 操作系统，这款系统被 Google 命名为 Ice Cream Sandwich(冰激凌三明治)。该操作系统也是应用较为广泛的一个版本。

Android 各个版本及其别名如图 10-9 所示。

Version	Codename	API
2.2	Froyo	8
2.3.3 - 2.3.7	Gingerbread	10
3.2	Honeycomb	13
4.0.3 - 4.0.4	Ice Cream Sandwich	15
4.1.x	Jelly Bean	16
4.2.x		17
4.3		18
4.4	KitKat	19

图 10-9　Android 各个版本及其别名

10.3　Android 开发介绍

从事 Android 开发的工程师是个庞大的队伍，每天都有大量的工程师加入到 Android 开发的队伍中来，但是对于刚接触 Android 开发的读者，可能会有以下疑问：

- 如何搭建 Android 开发环境；
- 如何进行 Android 开发；
- 没有手机怎么进行 Android 应用程序开发；
- 如何将自己开发的 Android 应用程序下载到手机；
- 什么是 Android 驱动开发；
- 如何进行 Android 内核移植。

或许还有其他一系列的问题，但是，正因为有这些问题困扰着，读者才有了继续探究的动力。

本书只进行 Android 应用程序开发的讲解，涉及到了 Android 开发环境的搭建，应用程序组件的基本讲解，Android 应用程序开发的基本步骤讲解，目的是带领读者进入 Android 开发的大门，如果读者真正想熟练地掌握 Android 开发，需要不断地去尝试，多做实验，多动手，多思考。

　　进行 Android 开发时，在开始阶段，不需要去探究复杂的 Android 内核架构，也不需要去研究 Android Framework 架构和 Linux 内核架构，读者需要做的仅仅是阅读本书，尝试着去使用 Android 操作系统开发简单的 HelloWorld 程序，尝试着使用 Android 操作系统去开发简单的按键响应程序……只有使用了 Android 操作系统，才会慢慢熟悉，然后进行研究。

10.4　Android 初体验

　　刚刚接触 Android 开发的工程师急需解决以下几个问题：
- 如何进行 Android 开发环境的搭建；
- 如何开发第一个 Android 应用程序；
- 如何将应用程序下载到手机；
- 如何使用 Android 模拟器调试应用程序。

　　上述几个问题是急需解决的，至于 Android 操作系统的一些知识可以慢慢来。面对一个未知的系统，首要的是先尝试着去使用，慢慢地积累经验，相信经过一段时间的积累，读者对 Android 应用程序的开发会有一个全新的认识。

10.5　本章小结

　　本章主要讲述了 Android 智能手机操作系统发展历史、现状以及进行 Android 应用程序开发过程中的常见问题，试图使读者对 Android 应用程序开发有一个整体的概念。本章最后，提出了一些常见的问题，在本书后续章节中将会对这些问题进行剖析。

第①①章

Android 开发
平台搭建

<<<<<<<<

进行 Android 应用程序开发之前需要搭建 Android 开发平台，根据开发环境不同可以分为几种情况，例如在 Windows 下开发 Android 应用程序，在 Linux 操作系统下开发 Android 应用程序，在 Mac 操作系统下开发 Android 应用程序。本书只针对 Windows 操作系统下开发 Android 应用程序，其他平台的搭建方法请读者参考其他资料，在此不再赘述。

Android 开发平台搭建主要分为如下几个步骤：

* Java JDK 安装；
* Eclipse 安装；
* Android SDK 安装；
* ADT 安装。

但是初学者在搭建 Android 开发环境时会遇到各种各样的问题，在此笔者推荐一个简单的方法搭建 Android 开发环境，读者只需要安装 Java JDK 即可，其他软件可以通过一个简单的方法获取。

11.1 操作系统平台

在 Windows 操作系统下开发 Android 应用程序时，主要涉及 Java JDK（Android 应用程序开发使用 Java 语言，因此需要安装 Java JDK）、Eclipse、Android SDK 等，这些软件对于操作系统要求不高，具体参见表 11-1。

表 11-1   开发平台要求

项目	基本要求
操作系统	Windows XP/Windows 7
Java JDK	JDK 1.6 以上

项目	基本要求
IED	Eclipse
Android 软件包	Android SDK

11.2 软件安装

进行 Android 应用程序开发从一定程度上来说，就是调用 Android SDK 提供的编程接口进行应用程序设计开发的过程，使用 Android 的 SDK Windows 版本需要安装如下控件：

- JDK 1.5 或者 JDK 1.6。
- Eclipse 开发环境。
- ADT（Android Development Tools）插件，ADT 主要功能可以概括为：使构建 Android 应用程序的过程变得更加简单；很方便地从 Eclipse 集成开发环境调用其他 Android 开发工具。例如，ADT 可以很方便地访问 DDMS 工具，如实现屏幕截图、设置断点、查看进程内存使用信息；具有项目向导功能，帮助读者快速建立新 Android 应用程序所需的最基本文件。

11.2.1 JDK 安装

JDK (Java Development Kit)是 Sun 公司针对 Java 开发人员提供的产品，现在 JDK 已经成为使用最为广泛的 Java SDK（Software Development Kit）。JDK 是整个 Java 的核心，包括了 Java 运行环境（Java Runtime Envirnment）、各种各样的 Java 工具以及 Java 基础的类库(rt.jar)。

在如下网站下载 JDK：

http://www.oracle.com/technetwork/java/javase/downloads/index.html

进入该网站，可以看到如下下载界面，选择 JDK DOWNLOAD 按钮如图 11-1 所示。

此时弹出如下界面，根据自己的硬件选择即可，例如笔者电脑是 32 位系统，选择 Windows x86 即可，如图 11-2 所示。

下载完成后，双击"jdk-7u51-windows-i586.exe"进行安装，弹出如图 11-3 所示界面。

单击"下一步"按钮，此时弹出选择安装目录界面如图 11-4 所示（需要特别注意的是：安装目录添加到系统环境变量中，所以此时需要记住安装目录）。

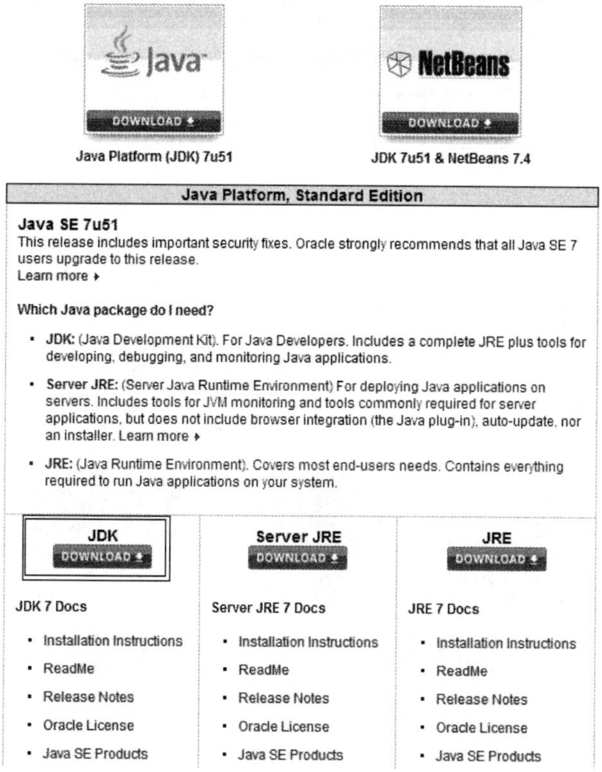

Java Platform (JDK) 7u51

JDK 7u51 & NetBeans 7.4

Java Platform, Standard Edition

Java SE 7u51
This release includes important security fixes. Oracle strongly recommends that all Java SE 7 users upgrade to this release.
Learn more ▸

Which Java package do I need?

- **JDK:** (Java Development Kit). For Java Developers. Includes a complete JRE plus tools for developing, debugging, and monitoring Java applications.

- **Server JRE:** (Server Java Runtime Environment) For deploying Java applications on servers. Includes tools for JVM monitoring and tools commonly required for server applications, but does not include browser integration (the Java plug-in), auto-update, nor an installer. Learn more ▸

- **JRE:** (Java Runtime Environment). Covers most end-users needs. Contains everything required to run Java applications on your system.

JDK DOWNLOAD ⬇	Server JRE DOWNLOAD ⬇	JRE DOWNLOAD ⬇
JDK 7 Docs	Server JRE 7 Docs	JRE 7 Docs
• Installation Instructions	• Installation Instructions	• Installation Instructions
• ReadMe	• ReadMe	• ReadMe
• Release Notes	• Release Notes	• Release Notes
• Oracle License	• Oracle License	• Oracle License
• Java SE Products	• Java SE Products	• Java SE Products

图 11-1　选择 JDK DOWNLOAD 按钮

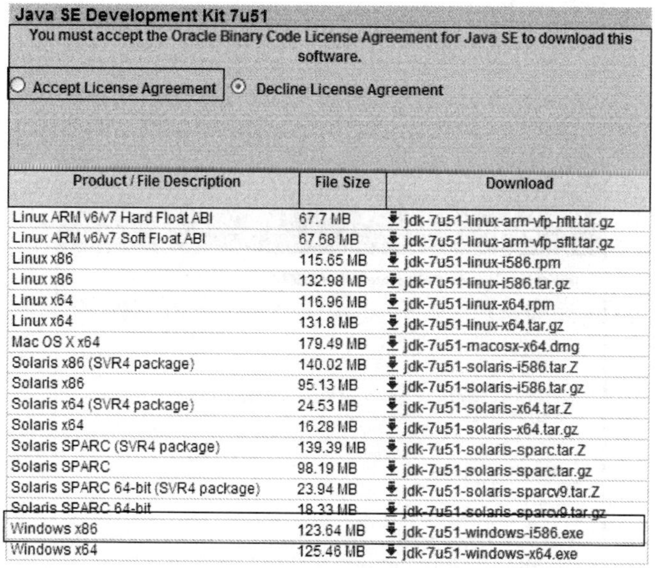

Java SE Development Kit 7u51

You must accept the Oracle Binary Code License Agreement for Java SE to download this software.

○ Accept License Agreement　⊙ Decline License Agreement

Product / File Description	File Size	Download
Linux ARM v6/v7 Hard Float ABI	67.7 MB	⬇ jdk-7u51-linux-arm-vfp-hflt.tar.gz
Linux ARM v6/v7 Soft Float ABI	67.68 MB	⬇ jdk-7u51-linux-arm-vfp-sflt.tar.gz
Linux x86	115.65 MB	⬇ jdk-7u51-linux-i586.rpm
Linux x86	132.98 MB	⬇ jdk-7u51-linux-i586.tar.gz
Linux x64	116.96 MB	⬇ jdk-7u51-linux-x64.rpm
Linux x64	131.8 MB	⬇ jdk-7u51-linux-x64.tar.gz
Mac OS X x64	179.49 MB	⬇ jdk-7u51-macosx-x64.dmg
Solaris x86 (SVR4 package)	140.02 MB	⬇ jdk-7u51-solaris-i586.tar.Z
Solaris x86	95.13 MB	⬇ jdk-7u51-solaris-i586.tar.gz
Solaris x64 (SVR4 package)	24.53 MB	⬇ jdk-7u51-solaris-x64.tar.Z
Solaris x64	16.28 MB	⬇ jdk-7u51-solaris-x64.tar.gz
Solaris SPARC (SVR4 package)	139.39 MB	⬇ jdk-7u51-solaris-sparc.tar.Z
Solaris SPARC	98.19 MB	⬇ jdk-7u51-solaris-sparc.tar.gz
Solaris SPARC 64-bit (SVR4 package)	23.94 MB	⬇ jdk-7u51-solaris-sparcv9.tar.Z
Solaris SPARC 64-bit	18.33 MB	⬇ jdk-7u51-solaris-sparcv9.tar.gz
Windows x86	123.64 MB	⬇ jdk-7u51-windows-i586.exe
Windows x64	125.46 MB	⬇ jdk-7u51-windows-x64.exe

图 11-2　选择 Windows x86

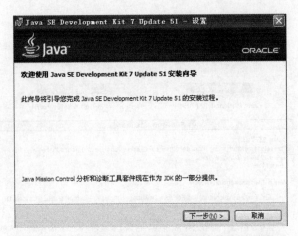

图 11-3　安装 JDK 界面

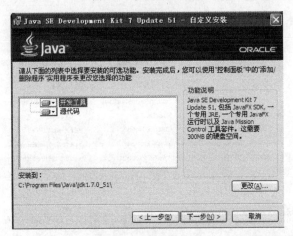

图 11-4　选择安装目录

经过一系列的安装后，最终安装成功，此时弹出安装完成界面如图 11-5 所示。

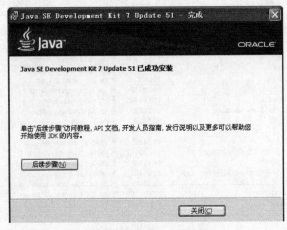

图 11-5　安装完成界面

JDK 安装完成后，需要将其绝对路径添加到系统环境变量，设置方法如下：右键单击"我的电脑"，然后选择"属性"对话框，在弹出的窗口中选择"高级"标签页，然后选择"环境变量"，按照如下方法设置即可：

- 系统变量→新建→变量名：JAVA_HOME 变量值为"C:\Program Files\Java\jdk1.7.0_51"（即 JDK 的安装目录）；
- 系统变量→新建→变量名：CLASSPATH 变量值为".;%JAVA_HOME%\lib"；
- 系统变量→编辑→变量名：Path 在变量值的最前面加上"%JAVA_HOME%\bin;"。

设置好环境变量后，在命令行窗口输入"java –version"，弹出 JAVA 版本信息如图 11-6 所示，证明前面的 JDK 安装成功。

```
C:\WINDOWS\system32\cmd.exe

Microsoft Windows XP [版本 5.1.2600]
(C) 版权所有 1985-2001 Microsoft Corp.

C:\Documents and Settings\Administrator>java –version
java version "1.7.0_51"
Java(TM) SE Runtime Environment (build 1.7.0_51-b13)
Java HotSpot(TM) Client VM (build 24.51-b03, mixed mode, sharing)
```

图 11-6　JAVA 版本信息

11.2.2　Eclipse、Android SDK 安装

安装完 Java JDK 以后需要安装集成开发环境 Eclipse，然后安装 Android SDK，但是上述安装过程中，安装 Android SDK 过程耗时较长，因此推荐读者直接安装绑定好的版本即可。

打开网站 developer.Android.com，弹出网站首页如图 11-7 所示，选择"Develop"页面，然后选择"Tools"子页面，然后选择"Download"标签，最后选择"Download the SDK"即可。

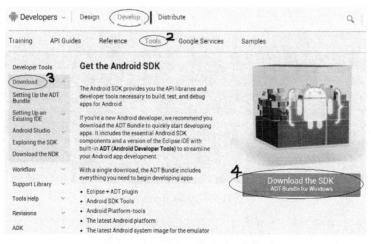

图 11-7　Android 开发者论坛首页

下载完成后，打开文件夹可以看到2个文件夹eclipse、sdk和一个升级工具SDK Manager.exe，如图11-8所示。其中eclipse文件夹包含Eclipse集成开发环境；sdk目录下是当前最新版的Android SDK；SDK Manager.exe是Android SDK升级工具，可以进行升级和下载Android SDK。

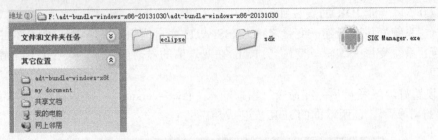

图11-8　下载得到的目录

双击进入sdk目录，打开tools文件夹，可以看到一些Android开发的工具如图11-9所示。

图11-9　tools目录

将tools文件夹的绝对路径添加到系统环境变量的path中，然后在命令行窗口输入Android –h命令可以看到该命令的输出（有时候需要重启电脑）如图11-10所示。

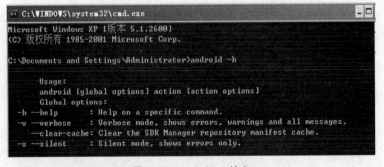

图11-10　Android –h输出

在sdk目录中还有一个文件夹platform-tools如图11-11所示，按前文讲解的方法，将platform-tools的绝对路径添加到系统环境变量中。

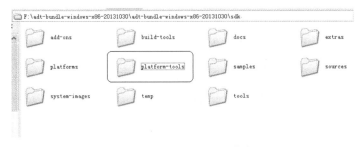

图 11-11　platform-tools 文件夹

11.2.3　开发平台测试

上一节设置好了系统环境变量，因此，此时可以通过命令行连接手机或者平板电脑等设备了。笔者使用小米 1S 手机连接到电脑，电脑端安装小米 1S 手机驱动，在命令行窗口输入 adb shell，可以看到该命令的输出界面如图 11-12 所示，证明可以连接手机。

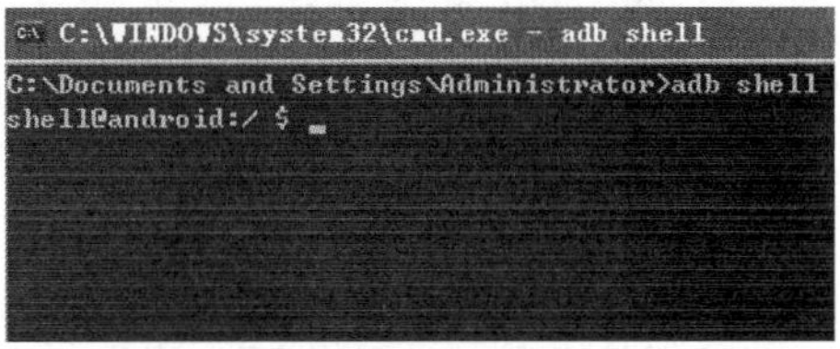

图 11-12　adb shell 输出

例如此时可以通过 1s 命令来查看手机内部的文件信息，输入 1s 命令，然后回车，此时该命令的输出如图 11-13 所示，请读者注意，1s 命令输出中可以看到有个 proc 目录，关于这个目录里面的内容，本书后文会专门讲解 proc 目录下的几个参数。

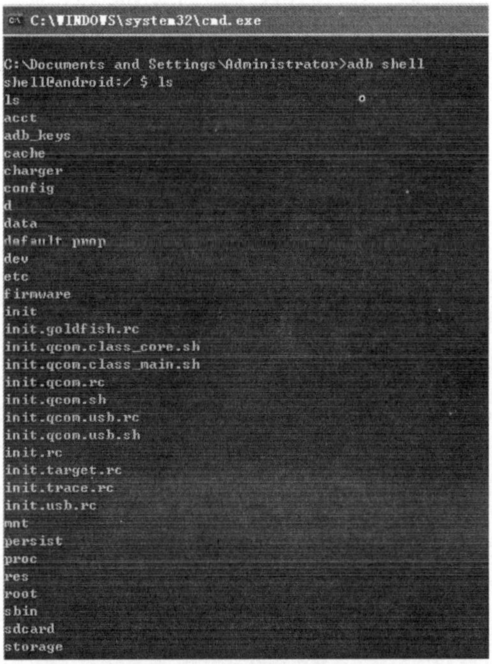

图 11-13　手机文件信息

双击进入 Eclipse 文件夹如图 11-14 所示，双击 eclipse.exe 即可打开该软件，关于该集成开发环境的使用细节，后文将进行详细的讲解。

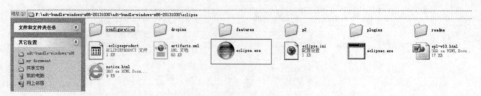

图 11-14　Eclipse 集成开发环境

至此，读者可能会有各种各样的问题，例如：

- Android SDK 是什么？
- adb shell 是什么？
- 还有哪些命令可以操作手机？
- 如何使用 Eclipse 进行 Android 应用程序开发？
- 如何进行 Android 应用程序的安装？

建议读者在读书学习的过程中适当地总结整理，归纳出本阶段主要的任务，然后有选择地学习，先学主要的部分，等主要部分学个差不多了，其他部分的内容也就慢慢懂了。

本阶段的主要任务可以概括为：按照本书的思路，看看第一个 Android 应用程序是如何编写的，以及该应用程序是如何下载的。

至于开发 Android 应用程序的语言、调试 Android 应用程序的方法都是次要的，关键是了解下流程，只有流程熟悉了，其他的慢慢也就会了。

11.3　本章小结

本章主要讲述了 Android 应用程序开发平台的搭建，笔者结合自身开发经验，阐述了搭建 Android 开发环境的方法，本章最后提出了一些常见的问题，在本书后续章节中将会对这些问题进行剖析。

第⑫章

第一个 Android 应用程序

◄◄◄◄◄◄◄

古人云"条条大道通罗马"，于是很多读者疯狂地加入到了 Android 开发的热潮中，可是古人没说通往罗马的道路很多，有些道路虽然大方向是向前的，但是中途是崎岖的、蜿蜒曲折的，因此我们要辨明方向，只有找到捷径才能早日到达"罗马"。

哲学上有 2 大派系：唯物论和唯心论，唯物论认为世界是物质的，物质是变化发展的，事物的变化发展是有规律的，因此我们要怎么做呢？

我们要善于发现事物发展的规律，认识事物发展的规律，进而更好地遵循事物的发展规律，我们认识事物发展规律的过程是从感性认识到理性认识升华的过程。这恰恰提示我们认识事物要从感性认识入手。

何谓感性认识呢？联系到 Android 开发，就是从 Android 应用程序的界面入手，看看 Android 应用程序的开发环境，看看 Android 应用程序界面是什么样的，然后看看 Android 应用程序的源文件有哪些组成部分，只需要了解大概即可，正所谓"世上本没有路，走的人多了变成了路"。因此，Android 应用程序开发不难，练习的多了就熟悉了，因此也就掌握了 Android 应用程序开发的"路"。

笔者也希望本章能给读者展示 Android 应用程序开发的外貌，更多地给读者展示 Android 应用程序开发的各个环节，力争帮助读者建立感性认识，为后续更好地学习 Android 应用程序开发铺好路。

12.1 Hello World 项目分析

学习软件开发一般都是从简单的"HelloWorld"开始，这里同样也是讲解"HelloWorld"，希望可以带领读者一览 Android 开发的"冰山一角"。

本节主要是给读者展示一下 Android 应用程序项目的一些基本要素，读者对于个别知识点不必深究，粗略地看一遍即可，如果有兴趣可以试着做一做，只要熟悉大概流程即可。

12.1.1　新建工程

前文讲解了 Android 应用程序开发环境的搭建，打开 Eclipse 集成开发环境，双击"eclipse.exe"即可，如图 12-1 所示。

图 12-1　打开 Eclipse

然后选择"File"菜单下的"New"菜单项，在弹出的菜单项中选择"Android Application Project"子菜单项即可，具体操作流程如图 12-2 所示。

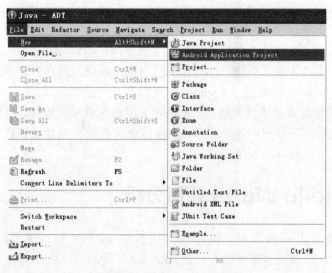

图 12-2　新建 Android 工程

在弹出的对话框中，Application Name 和 Project Name 都输入"HelloWorld"，

其他几项默认即可，如图 12-3 所示（注意 Minimum Required SDK、Target SDK、Compile With、Theme 等项默认即可，本书后文会讲解，读者实际操作时，默认的 SDK 版本号可能跟笔者的略有不同）。然后单击"Next"按钮即可。

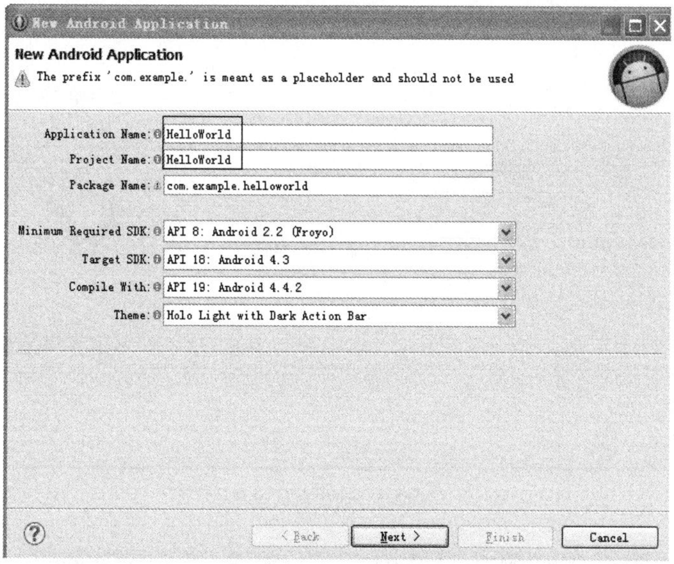

图 12-3　输入 Application Name

接下来就比较简单了，直接按照默认设置单击"Next"即可，如图 12-4～图 12-6 所示。

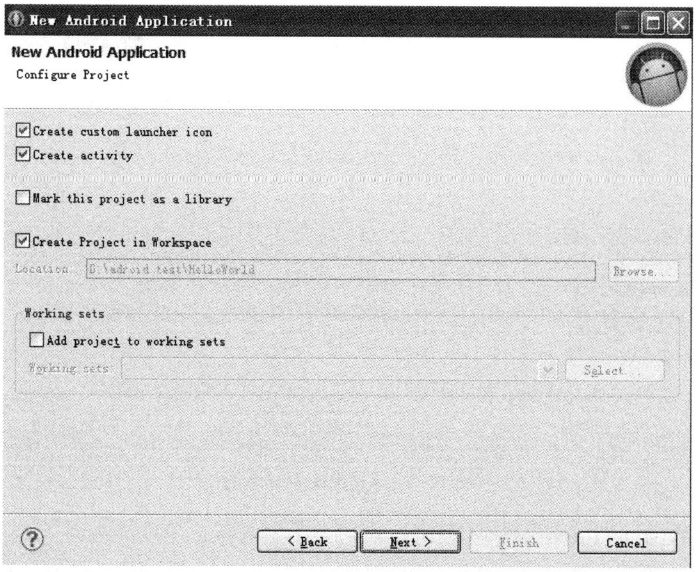

图 12-4　单击"Next"

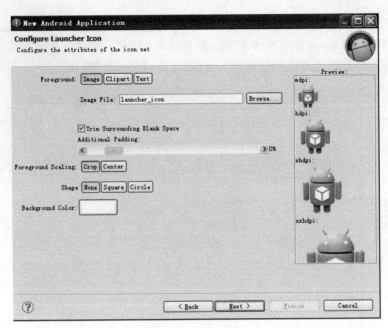

图 12-5　选择默认设置

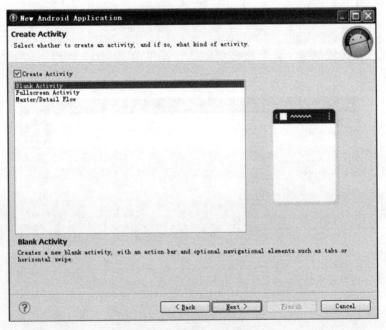

图 12-6　选择 Blank Activity

最后，单击"Finish"按钮即可，如图 12-7 所示。

此时可以看到 HelloWorld 工程的左侧有几个文件夹，打开 src 目录下的 MainActivity.java 文件可以看到整个工程的源码，如图 12-8 所示。

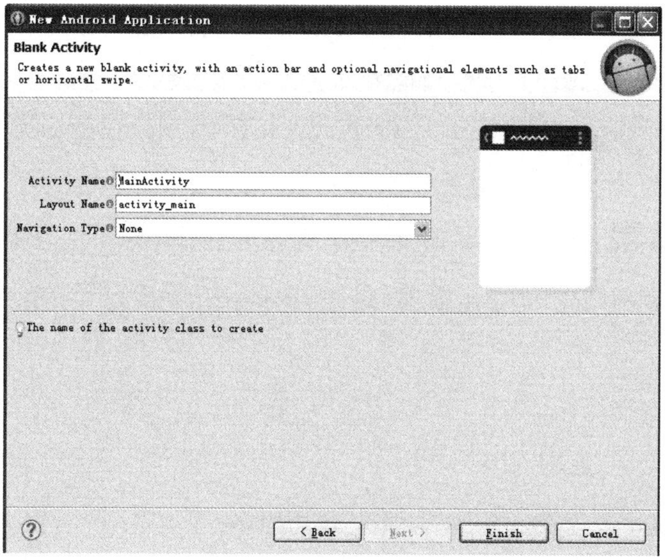

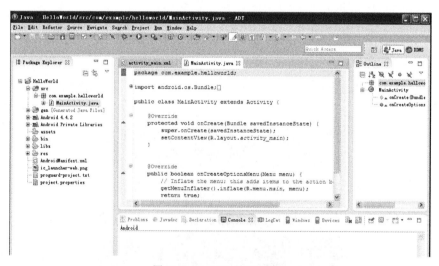

图 12-7　单击 "Finish"

图 12-8　HelloWorld 工程源码

　　到此为止，整个 HelloWorld 工程的建立、源码的位置等方面的内容已经讲解完毕。可能大部分读者还是有不少疑问例如图 12-8 中 src 目录下是源码，但是 gen 目录下和 res 目录下又是什么呢？

　　其实本章的目的只是带领读者见识下 Android 应用程序开发的基本过程，所以更为细致的问题待后续章节再详细介绍，目前只是大概了解即可。

12.1.2　编译运行

　　接下来是编译运行。选择工程 HelloWorld，单击右键，在弹出的下拉菜单中选择"Run As",然后选择"Android Application"即可,如图 12-9 所示。

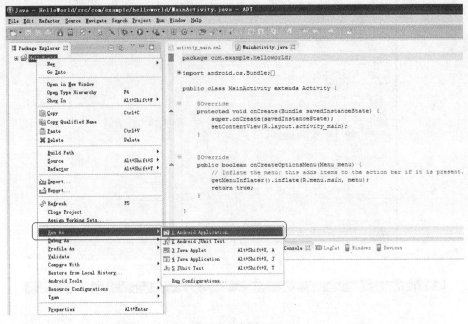

图 12-9　编译运行

第一次运行时通常较慢,经过一段时间的等待会出现模拟器的开机界面,如图 12-10 所示。

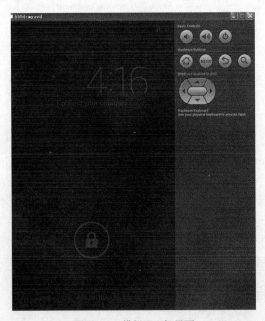

图 12-10　模拟器开机界面

屏幕解锁以后可以看到 HelloWorld 运行界面，如图 12-11 所示。

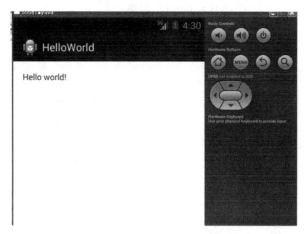

图 12-11　HelloWorld 运行界面

12.1.3　导入工程

进行应用程序开发，有些时候需要参考别人写的程序，借鉴别人的开发技巧与思路，这时候就需要导入一个工程，使用 Eclipse 进行工程的导入的基本步骤如下。

在 Eclipse 界面左侧单击右键，在弹出的下拉菜单中选择"Import"，如图 12-12 所示。

然后，在弹出的对话框中选择"Existing Android Code Into Workspace"，如图 12-13 所示。

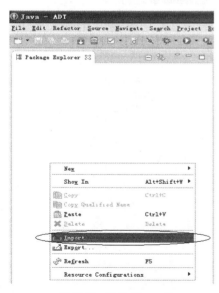

图 12-12　选择"Import"

图 12-13　选择工程路径

此时，会弹出对话框选择工程路径，在 Boot Directory 右侧选择"Browse"按钮，如图 12-14 所示，然后查找相应的工程路径即可。

图 12-14　单击"Browse"

添加完工程路径后，可以选择"Copy projects into workspace"选项，此时会自动拷贝工程文件到相应的 workspace 下，最后单击"Finish"即可，如图 12-15 所示。

图 12-15　单击"Finish"

12.1.4　程序实现

其实本章讲述到此已经基本结束了，但是很多读者此时还有不少疑问，特别是以前从事 C 语言开发的读者，更希望尝试着去分析源代码，来理清楚程序的来龙去脉。基于上述原因，在此笔者对 HelloWorld 的源代码进行简要的讲解。

```
1   package com.example.helloworld;
2   import Android.os.Bundle;
3   import Android.app.Activity;
4   import Android.view.Menu;
5
6   public class MainActivity extends Activity {
7
8       @Override
9       protected void onCreate(Bundle savedInstanceState) {
10          super.onCreate(savedInstanceState);
11          setContentView(R.layout.activity_main);
12      }
13
14      @Override
15      public boolean onCreateOptionsMenu(Menu menu) {
16          // Inflate the menu; this adds items to the action bar if
it is present.
17          getMenuInflater().inflate(R.menu.main, menu);
18          return true;
19      }
20  }
```

细心的读者可能已经发现，整个源码里面并没有"HelloWorld"。源码里面并没有"HelloWorld"字符串，那么程序运行时显示的"HelloWorld"是哪里的呢？关于这个问题本书后文会有详细的讲解。

12.2　程序调试技巧

对程序员而言，进行应用程序开发有些时候需要查看程序的执行顺序，了解程序执行过程中某些变量的值，等等。因此，本节还需要介绍几个必要的程序调试技巧，例如如何设置断点，如何进行单步调试，如何查看某个变量的值等。

为了便于调试，将上面程序添加几行代码（如以下代码加黑部分），修改后的代码如下：

```
1   package com.example.helloworld;
2
3   import Android.app.Activity;
4   import Android.os.Bundle;
```

```
5    import Android.view.Menu;
6    import Android.widget.TextView;
7
8    public class MainActivity extends Activity {
9
10   @Override
11   protected void onCreate(Bundle savedInstanceState) {
12       super.onCreate(savedInstanceState);
13       setContentView(R.layout.activity_main);
14       String str = new String("Hello Android! Designed by zkz!") ;
15       TextView tv = new TextView(this) ;
16       tv.setText(str) ;
17       setContentView(tv) ;
18   }
19   @Override
20    public boolean onCreateOptionsMenu(Menu menu) {
21   // Inflate the menu; this adds items to the action bar if it is present.
22      getMenuInflater().inflate(R.menu.main, menu);
23       return true;
24   }
25   }
```

按照前面的方法编译并运行上述代码，运行后，模拟器界面如图 12-16 所示。

图 12-16　运行界面

12.2.1　设置断点

当需要设置断点时，在程序界面的左侧单击右键，在弹出的下拉菜单中选择
"Toggle Breakpoint"选项即可设置断点（再次单击右键时选择该选项即可取消断
点），设置断点的方法如图 12-17 所示。

图 12-17　设置断点

12.2.2　单步执行

单步执行时，首先需要进入调试模式，进入调试模式的方法是：右键单击工程，在弹出的下拉菜单中选择"Debug As"，然后选择"Android Application"即可，如图 12-18 所示。

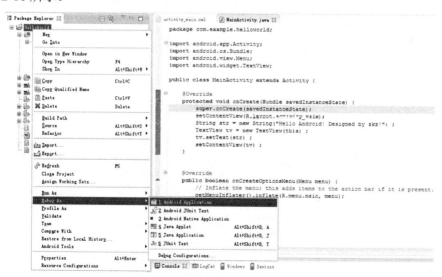

图 12-18　进入调试模式

进入调试模式后可以看到光标停在了刚才设置断点的那行代码处，如图 12-19 所示，此时按键盘上的"F6"快捷键即可进行单步调试了。

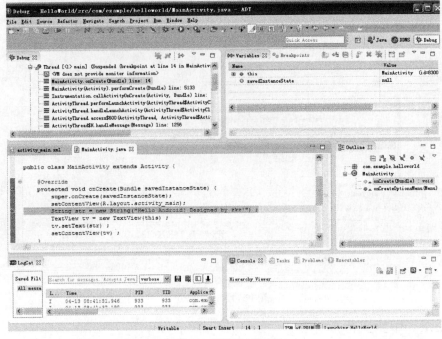

图 12-19　光标停在断点处

12.2.3　查看变量

在调试模式下可以查看某个特定变量的值，选中要查看的变量然后单击右键，在弹出的菜单中选中"Watch"，如图 12-20 所示。

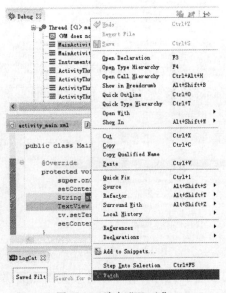

图 12-20　选中"Watch"

此时可以在 Expressions 选项卡下看到变量 str 的值，如图 12-21 所示。

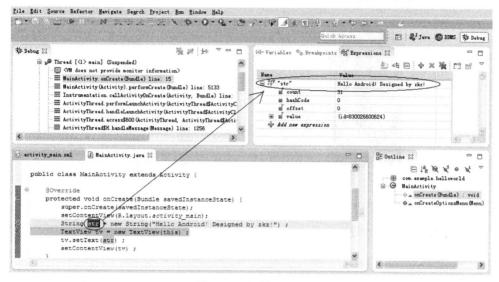

图 12-21　查看变量的值

12.2.4　下载到 TQ210 开发板

前面讲解了很多知识点，但是对于初学者来说可能还是感觉比较困惑，因为 Android 开发涉及的东西太多了，并不是几句话就能讲清的，笔者尽可能全面地展示 Android 应用程序开发的全貌。

总的来说，前面内容讲解了 Android 应用程序开发的流程，HelloWorld 程序在模拟器运行起来了，但是没有讲解如何将开发好的应用程序下载到 TQ210 开发板。

其实这一步很简单，读者只需要将 TQ210 上电（前提是 TQ210 开发板已经成功烧写了 Android 操作系统，出厂时默认是烧写该系统的），然后插上 USB 调试线缆，PC 端需要安装手机助手，如 360 手机助手等工具，当 TQ210 开发板通过 USB 电缆连接到电脑后，360 手机助手会自动识别并安装相应的驱动，其实就是安装三星处理器的驱动程序，安装成功后，360 手机助手成功识别 TQ210 开发板的界面如图 12-22 所示，注意左下角显示型号为"Full AOSP on TQ210"。

关闭之前的 Android 模拟器，在项目名字上面右键单击，在弹出的下拉菜单中选择"Run As"，然后选择"Android Application"，如图 12-23 所示。

此时会弹出下载到 TQ210 开发板的界面如图 12-24 所示，此时单击"OK"即可。

程序下载成功后，可以看到 TQ210 开发板已经成功运行 HelloWorld 程序，如图 12-25 所示。

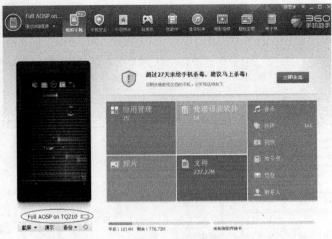

图 12-22　手机助手识别 TQ210 开发板

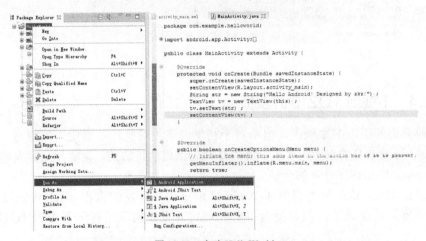

图 12-23　启动 HelloWorld

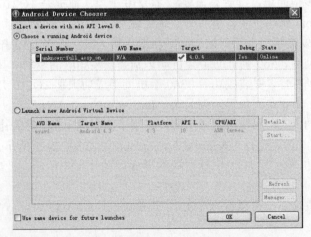

图 12-24　选择 TQ210 界面

图 12-25　TQ210 运行 HelloWorld 程序

12.3　本章小结

　　本章主要讲述了应用程序开发的基本知识，包括第一个 Android 应用程序的开发过程；还讲解了 Android 开发过程中的调试技巧，其中讲解了设置断点、单步执行以及如何查看变量的值；在本章的最后，讲解了将 Android 应用程序下载到 TQ210 开发板的方法。相信在后续的学习过程中，读者会慢慢熟悉上述技巧。

第13章

Android 基本
组件大串烧

‹‹‹‹‹‹‹‹

进行 Android 应用程序开发，需要了解 Android 操作系统的基本架构、Java 语言、Android 应用程序的 4 大组件（Activity、Service、Content Provider、Broadcast Receiver）等一系列的内容，如果按照这样的思路学习，会是一个长期的过程。但是从另一方面讲，完全可以暂时抛开这些，按照本章的思路进行学习，等这些基本的组件学会了，用熟悉了，再慢慢去学习上面的内容将会变得容易很多。

经过前文的讲解，相信读者已经跃跃欲试了，可能有的读者具有 Windows 应用程序开发经验，其实不管在什么操作系统平台，进行应用程序开发的基本步骤都是相同的，概括而言，可以分为如下 3 个阶段。

（1）认识应用程序集成开发环境

这个阶段主要学习集成开发环境的使用，例如常见的 Visual Stdio 集成开发环境、Qt 集成开发环境以及前文讲到的 Eclipse 集成开发环境等。集成开发环境是帮助开发人员进行应用程序开发的利器，虽然很复杂，但是经常使用的功能就那么几个，读者结合前文讲解的 Eclipse 集成开发环境的使用学习一下，基本能够满足开发需求。

（2）学习基本的应用程序组件

这个阶段是认识应用程序开发的过程，学习基本的小组件的使用，例如如何使用按钮、如何使用文本框来显示字符、如何响应按钮的消息响应函数、如何使用单选框和复选框以及如何使用滚动条来显示某件工作的执行进度等。

这个阶段可谓比较"痛苦"，毕竟刚刚接触各个控件时，读者对控件的各种属性比较生疏，所以学起来比较慢，控件使用起来也不熟练，但是，这是起步，一定要坚持下去，过了这个阶段就慢慢步入应用程序开发的大门。

（3）使用应用程序组件进行开发

在这个阶段，读者掌握了基本的应用程序组件，对某些常用控件使用起来也比较熟练，可以进行基本的应用程序开发了。刚开始可以尝试着进行简单功能的开发，积累经验，多看多学别人的程序源码与界面，慢慢总结属于自己风格的应用程序开发技巧。

本章主要讲解第二阶段的内容，带领读者学习 Android 应用程序基本组件的使用，笔者试图通过适当的实例来帮助读者理解各个组件的使用方法以及编程技巧。

13.1 文本框(TextView)

有个形象的比喻，TextView 就像一块画布，用来显示字符，一个程序中可以使用多块"画布"来显示，如何区分不同的"画布"呢？使用其 ID 即可区分，每个 TextView 都有一个唯一的 ID。因此，想要显示字符时，只需要找到对应的 TextView，然后显示字符即可。

例如第 3 章中显示字符时使用的方法如下：

```
String str = new String("Hello Android! Designed by zkz!") ;
TextView tv = new TextView(this) ;
tv.setText(str) ;
setContentView(tv) ;
```

调用 TextView 的构造函数得到当前界面的显示文本框，然后调用 setText()方法(面向对象编程中函数通常也称作方法)将要显示的内容输出到文本框，然后调用 setContentView()方法即可实现显示。

读者可能会问：调用 setContentView()是怎么显示的呢？

这是 Android 系统提供的接口，目前阶段，读者只需要知道何时调用哪种接口实现某项功能即可，至于该接口是如何和操作系统交互的以及其内部实现机制可以暂时不予理会。毕竟，目前只是学习各个组件的使用方法。

13.1.1 实例编程实现

按照第 12 章讲解的方法，导入 HelloWorld 工程（读者也可以新建一个工程），然后将工程名字重命名为"TextView"，重命名的方法是选择工程名字，然后单击右键，在弹出的下拉菜单中选择"Refactor"，然后选择"Rename"即可，如图 13-1 所示。

此时可以输入新的工程名字"TextView"，如图 13-2 所示。

前文讲到一个程序可以有多个"画布"来显示，那么如何添加一个 TextView 并进行显示呢？下面主要解决这个问题。

概括而言，一个 Android 工程主要有 2 个部分来实现上述功能：布局文件和源码文件。

（1）布局文件

布局文件来实现 TextView 的位置布局，例如该 TextView 放置在界面的什么位置；源码文件用于实现显示内容的更新。

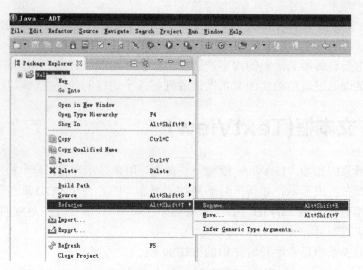

图 13-1　重命名工程

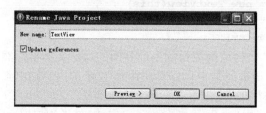

图 13-2　输入工程名字

打开工程文件可以看到布局文件和源码文件的位置，如图 13-3 所示。

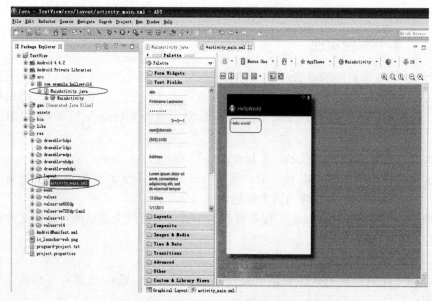

图 13-3　布局文件和源码文件

布局文件对应的是 activity_main.xml，顾名思义即负责界面显示时各个控件的位置管理等，强大的 Android 系统使用 xml 文件进行布局管理，极大地方便了网页开发的工程师，至于 xml 文件的格式、语法等，本书不过多涉及，直接拖动控件即可，本书所有实例不会涉及复杂的 xml 语句，因为在初学阶段，程序界面布局的美观与否不会影响读者编程水平能否大幅度提高。因此，还没学会编程的时候，可将布局暂时放弃。

activity_main.xml 分为 2 种页面显示视图：Graphical Layout 和 activity_main.xml，当读者拖动控件放在 Graphical Layout 视图时，对应的 xml 文件会自动添加相应的 xml 语句，因此，读者不必为不会 xml 编程而烦恼，只需要拖动控件完成布局即可。

（2）源码文件

源码文件对应的是 MainActivity.java，该文件实现对控件的各种操作，本书主要涉及该文件的程序设计以及源码实现方式的讲解。

上一章讲解 HelloWorld 源码时，留了个疑问，屏幕上是如何显示 HelloWorld 的呢？打开，activity_main.xml 可以看到 android:text="@string/hello world"，如图 13-4 所示。

图 13-4　xml 文件

现在的问题是@string/hello world 和最终显示在屏幕上的 Hello World 有什么关系呢？打开 strings.xml 文件，如图 13-5 所示，可以看到 Hello World 字符串了，尽管有些读者不是很熟悉这里的语法，但是从字面意思看@string/hello world 的意思就是找到 string.xml 文件中名字为 hello_world 的变量所对应的字符串。

因此只要修改这个地方，就可以显示其他字符了，例如做如下修改：<string name="hello_world">Hello Zhangkaizhi!</string>，然后编译运行该程序，程序执行效果如图 13-6 所示。

还有没有简单的方法来修改所要显示的字符串呢？其实直接修改 activity_main.xml 文件即可，如图 13-7 所示。

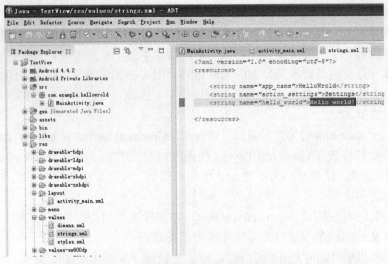

图 13-5　Hello World 字符串

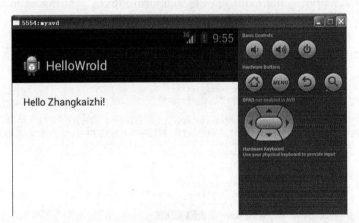

图 13-6　执行效果

图 13-7　修改后的文件

将修改后的程序编译运行，执行效果如图 13-8 所示。

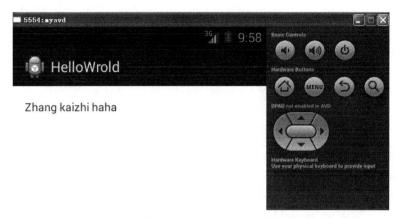

图 13-8　第二次修改后的执行效果

13.1.2　实例演示

前文讲解了修改 TextView 显示内容的方法，但是该方法并不常用，在程序运行过程中如何用 TextView 控件来实时地显示内容呢？下面讲解一下如何通过编程来实现对 TextView 的显示控制。

在讲解之前，给出一个 Android 控件使用法则，概括如下：

- 通过 findViewById()方法找到控件；
- 操作控件。

具体而言，使用控件时需要使用 findViewById()方法找到控件，每个控件都有一个独立的 ID，然后使用控件独有的方法来对其进行操作即可。

下面结合源代码进行讲解，修改 MainActivity.java，添加如下 3 行代码（阴影部分）：

```
1   package com.example.hellowrold;
2
3   import android.app.Activity;
4   import android.os.Bundle;
5   import android.view.Menu;
6   import android.widget.TextView;
7
8   public class MainActivity extends Activity {
9
10  @Override
11  protected void onCreate(Bundle savedInstanceState) {
12      super.onCreate(savedInstanceState);
13      setContentView(R.layout.activity_main);
14      TextView tv = (TextView)findViewById(R.id.textView1) ;
15      tv.setText("TextView Test!");
```

```
16
17  }
18
19  @Override
20  public boolean onCreateOptionsMenu(Menu menu) {
21
22      getMenuInflater().inflate(R.menu.main, menu);
23      return true;
24  }
25
26  }
```

使用 TextView 控件时，需要引入对应的包，TextView 对应的包就是 android.widget.TextView，那么多控件如何正确地引入对应的包呢？其实很简单，当使用控件时，Eclipse 编译器会自动检查有没有引入对应的包，如果没有引入对应的包，则会在编辑器的左侧出现一个错误提示，如图 13-9 所示，此时只需要按同时 "Ctrl+Shift+O" 这个组合快捷键即可自动引入对应的包（读者可以自行试一试）。

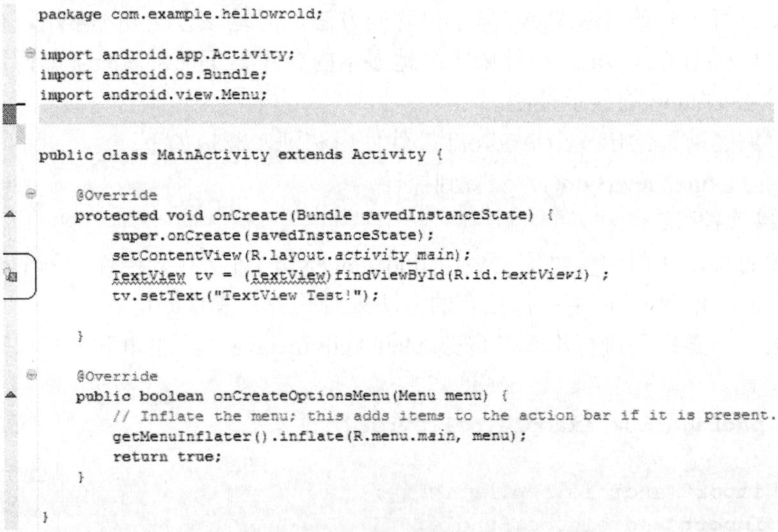

```
package com.example.hellowrold;

import android.app.Activity;
import android.os.Bundle;
import android.view.Menu;

public class MainActivity extends Activity {

    @Override
    protected void onCreate(Bundle savedInstanceState) {
        super.onCreate(savedInstanceState);
        setContentView(R.layout.activity_main);
        TextView tv = (TextView)findViewById(R.id.textView1) ;
        tv.setText("TextView Test!");
    }

    @Override
    public boolean onCreateOptionsMenu(Menu menu) {
        // Inflate the menu; this adds items to the action bar if it is present.
        getMenuInflater().inflate(R.menu.main, menu);
        return true;
    }

}
```

图 13-9　错误提示

真正对 TextView 控件进行的操作只有如下 2 行代码：

```
TextView tv = (TextView)findViewById(R.id.textView1) ;
tv.setText("TextView Test!");
```

使用 findViewById()方法找到对应的 TextView 对象，该方法需要一个参数即控件的 ID，那么这里的 R.id.textView1 是哪里定义的呢？前文 activity_main.xml 文件中有对 TextView 的描述，如图 13-10 所示。

读者可能已经发现 textView1 是这个文件中定义的，但是使用 findViewById() 方法时传递的 TextView 控件的 ID 是 R.id.textView1，R.id.textView1 和上述文件中的 textView1 有什么关系呢？

图 13-10　布局文件对 TextView 描述信息

这还得从 Eclipse 编译器说起，当读者在 activity_main.xml 文件中设定 TextView 的控件 ID 时，Eclipse 编译器会自动生成该控件的全局 ID，并添加到 R.java 文件中，R.java 文件是自动生成的，读者无需修改，R.java 文件如图 13-11 所示（R.java 文件中保存了每一个 Android 应用程序所有的控件、图片、字符串等资源的 ID 信息，这样就可以在程序中方便地查找到每一个资源的对象然后对其进行操作）。

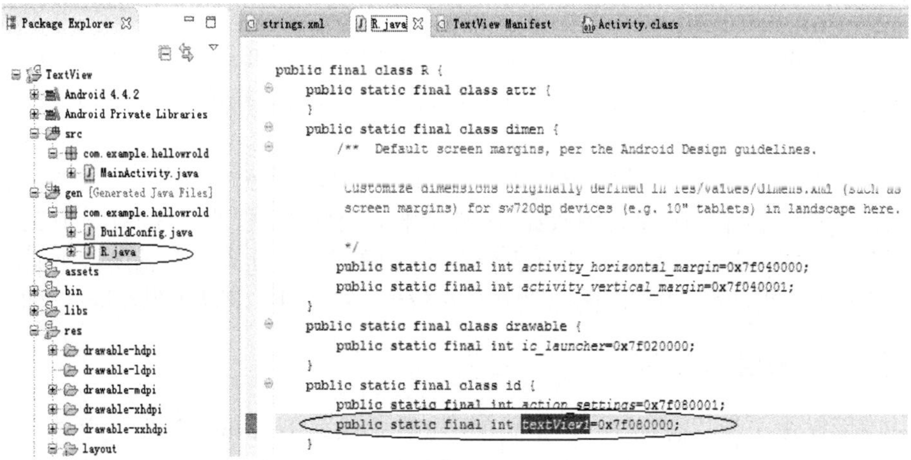

图 13-11　R.java 文件

回顾前面的代码如下：

```
TextView tv = (TextView)findViewById(R.id.textView1) ;
tv.setText("TextView Test!");
```

通过 findViewById()方法根据传入的控件 ID 可以找到对应的控件，然后强制转换成对应的控件对象即可，然后就可以操作该控件了，例如上面代码使用 setText()方法可以显示相应的文本信息。

经过上述修改后，编译运行效果如图 13-12 所示。

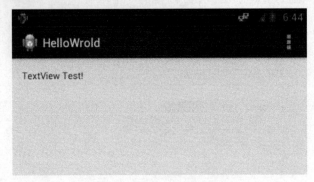

图 13-12　TextView 运行效果图

13.2　编辑框（EditText）

前文讲解了 TextView 的使用方法，本节学习 EditText 的使用方法，读者可能已经看出，还是 3 行代码实现对 EditText 的操作：

- 引入 EditText 对应的包，使用"Ctrl+Shift+O"快捷键即可；
- 使用 findViewById()找到对应的 EditText 控件；
- 然后调用 EditText 控件的方法操作。

有个问题需要说明一下，findViewById()需要使用 EditText 控件的 ID 作为参数，上面的例子中 TextView 控件是默认添加的，使用 EditText 控件时需要添加该控件，然后才能使用。

前文讲到 Android 应用程序分为 2 个部分：布局文件和源码文件，这里说的添加 EditText 控件就是在布局文件中放置对应的控件，当然放置控件也有讲究，放置在什么位置、控件的大小、宽度、是否显示等一系列的内容，但是，目前阶段不用过多考虑，只要能用就行，因为无论放置在什么位置，控件都不可能出现在屏幕外面。

13.2.1　实例编程实现

下面有 2 个步骤需要做：首先在布局文件中放置 TextView 控件，当然需要定义其 ID；然后在源码文件中调用 findViewById()找到该控件，并对其进行操作即可。

打开布局文件 activity_main.xml，切换到 Graphical Layout 视图，然后将 Text Fields 标签下的 Plain Text 拖动到屏幕区域即可，如图 13-13 所示。

上述操作完成后，切换到 activity_main.xml 视图即可看到对应的 xml 描述的布局信息，如图 13-14 所示。

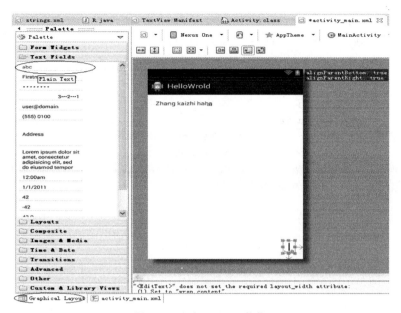

图 13-13　添加 Edit Text 控件

```xml
<RelativeLayout xmlns:android="http://schemas.android.com/apk/res/android"
    xmlns:tools="http://schemas.android.com/tools"
    android:layout_width="wrap_content"
    android:layout_height="wrap_content"
    android:paddingBottom="@dimen/activity_vertical_margin"
    android:paddingLeft="@dimen/activity_horizontal_margin"
    android:paddingRight="@dimen/activity_horizontal_margin"
    android:paddingTop="@dimen/activity_vertical_margin"
    tools:context=".MainActivity" >

    <TextView
        android:id="@+id/textView1"
        android:layout_width="wrap_content"
        android:layout_height="wrap_content"
        android:text="Zhang kaizhi haha" />



    <EditText
        android:id="@+id/editText1"
        android:layout_width="wrap_content"
        android:layout_height="wrap_content"
        android:layout_alignParentBottom="true"
        android:layout_alignParentRight="true" >

        <requestFocus />
    </EditText>

</RelativeLayout>
```

图 13-14　activity_main.xml 视图下的布局信息

经过上述分析，略微修改 MainActivity.java 文件，修改后的代码如下：

```
1    package com.example.hellowrold;
2
3    import android.app.Activity;
4    import android.os.Bundle;
```

```
5    import android.view.Menu;
6    import android.widget.EditText;
7
8    public class MainActivity extends Activity {
9
10       @Override
11       protected void onCreate(Bundle savedInstanceState) {
12           super.onCreate(savedInstanceState);
13           setContentView(R.layout.activity_main);
14           EditText et = (EditText)findViewById(R.id.editText1) ;
15           et.setText("TextView Test!");
16
17       }
18
19       @Override
20       public boolean onCreateOptionsMenu(Menu menu) {
21           // Inflate the menu; this adds items to the action bar if
it is present.
22           getMenuInflater().inflate(R.menu.main, menu);
23           return true;
24       }
25
26   }
```

在上述代码中，首先调用 findViewById()方法找到对应的 EditText 控件，然后调用该控件的 setText()方法即可显示相应的字符信息。

13.2.2 实例演示

将上述代码下载到 TQ210 开发板，运行效果如图 13-15 所示。

图 13-15 EditText 实例测试图

到此为止，实例效果达到了，但是有些读者不禁会问：EditText 控件的 setText()方法是哪里学到的呢，EditText 控件还支持哪些方法呢？毕竟 Android 开发过程中，各种各样的控件，每个控件有各自的方法，开发人员不可能记住每个控件的方法，那么有没有地方可以查找到每个控件的信息以及该控件所提供的方法信息呢？

请读者参考 http://developer.android.com，在搜索框中输入对应的控件的名字即可，如图 13-16 所示。然后就可以看到该控件提供的各种各样的方法了。

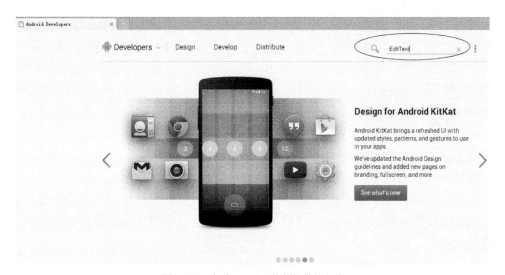

图 13-16　查看 EditText 控件提供的方法

13.3　按钮（Button）

经过前面的讲解，相信有些读者已经可以理解 Android 控件开发的思路。概括而言，首先需要在布局文件中通过"拖动"控件的方式添加对应的控件，然后在源码文件中通过 findViewById()方法找到描述该控件的类，然后就可以调用该控件提供的方法来操作该控件了。

本节根据上述步骤来练习使用 Button 控件的方法。一方面，读者可以借此实例加深对于上述步骤的理解，另一方面，读者可以熟悉 Button 控件的使用方法。

13.3.1　实例编程实现

在布局文件 activty_main.xml 文件的 Graphica Layout 视图中找到 Button 控件，如图 13-17 所示。

然后将其拖动到布局界面即可，拖动完 Button 控件后效果图如图 13-18 所示。

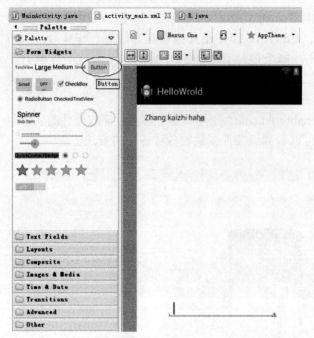

图 13-17　找到 Button 控件　　　　　　图 13-18　拖动 Button 控件

　　此时查看 activity_main.xml 文件的 xml 视图，可以看到 Button 控件的信息已经自动添加了，如图 13-19 所示。

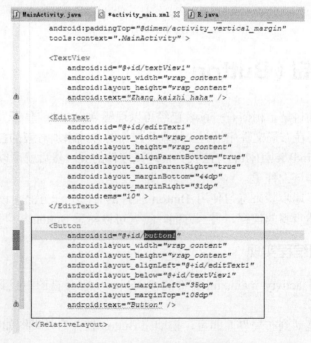

图 13-19　Button 控件的 xml 描述信息

从图 13-19 中看到，刚才添加的 Button 控件的 ID 为 button1，该 ID 可以作为 findViewById()方法的参数，在后文源码分析部分读者将会看到该 ID 的用法。

修改源码文件 MainActivity.java，修改后的内容如下：

```
1    package com.example.hellowrold;
2
3    import android.app.Activity;
4    import android.os.Bundle;
5    import android.view.Menu;
6    import android.widget.Button;
7    import android.widget.EditText;
8
9    public class MainActivity extends Activity {
10
11   @Override
12      protected void onCreate(Bundle savedInstanceState) {
13      super.onCreate(savedInstanceState);
14      setContentView(R.layout.activity_main);
15
16      EditText et = (EditText)findViewById(R.id.editText1) ;
17      et.setText("TextView Test!");
18
19      Button bt = (Button)findViewById(R.id.button1) ;
20      bt.setText("hello!");
21   }
22
23   @Override
24   public boolean onCreateOptionsMenu(Menu menu) {
25      // Inflate the menu; this adds items to the action bar if it
is present.
26      getMenuInflater().inflate(R.menu.main, menu);
27      return true;
28      }
29   }
```

从源码中可以看到，首先调用 findViewById()方法找到 Button 控件对应的类，然后调用该类提供的 setText()方法实现按钮的显示。

13.3.2　实例演示

经上述修改后，将程序下载到开发板，程序执行效果如图 13-20 所示。

虽然实验效果出来了，但是 Button 控件一般用来响应用户的控制请求，例如按下按键后，执行某个操作。因此，还需要学习一下如何为 Button 控件添加响应函数，当按键按下后，调用该响应函数，进而达到执行某个操作的效果。

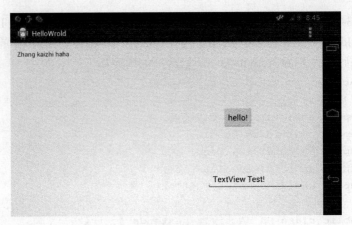

图 13-20   Button 实验效果

13.3.3   Button 扩展实验——消息响应

本实验主要目的是添加 Button 控件被按下时的响应函数，例如当 Button 按下时，EditText 显示一串字符串。

修改上述源码文件，修改后如下：

```
1    package com.example.hellowrold;
2
3    import android.app.Activity;
4    import android.os.Bundle;
5    import android.view.Menu;
6    import android.view.View;
7    import android.widget.Button;
8    import android.widget.EditText;
9    import android.view.View.OnClickListener;
10
11   public class MainActivity extends Activity {
12
13   @Override
14   protected void onCreate(Bundle savedInstanceState) {
15       super.onCreate(savedInstanceState);
16       setContentView(R.layout.activity_main);
17
18       EditText et = (EditText)findViewById(R.id.editText1) ;
19       et.setText("TextView Test!");
20
21       Button bt = (Button)findViewById(R.id.button1) ;
22       bt.setText("hello!");
23       bt.setOnClickListener(clicklinstener);
24
25   }
```

```
26  private OnClickListener clicklinstener = new OnClickListener()
27  {
28
29      public void onClick(View v)
30      {
31          EditText et = (EditText)findViewById(R.id.editText1) ;
32          et.setText("Button Clicked!");
33      }
34  };
35  @Override
36  public boolean onCreateOptionsMenu(Menu menu) {
37      // Inflate the menu; this adds items to the action bar if it
is present.
38      getMenuInflater().inflate(R.menu.main, menu);
39      return true;
40  }
41  }
```

从上述源代码中可以看到，Button 控件消息响应函数主要是实现了一个
onClickListener()对象，在该对象内部实现 onClick()方法即可，在 onClick()方法内
部，找到 EditText 控件，然后调用其 setText()方法即可显示对应的字符串。

测试效果如图 13-21 所示。

图 13-21　Button 消息响应测试

13.4　进度条

在程序设计过程中，经常用到显示某个事情的进度，例如下载图片时可以显示图
片下载的进度，本节讲解下 Android 提供的进度条（ProgressBar）控件及其使用方法。

13.4.1　实例编程实现

本节实验使用的工程文件是在上一节代码的基础上做了适当的修改，具体而

言，在布局文件 activty_main.xml 文件中找到 ProgressBar 控件如图 13-22 所示，然后将其拖动到布局界面即可。

图 13-22　ProgressBar 控件

此时查看 activity_main.xml 文件的 xml 视图，可以看到 ProgressBar 控件的信息已经自动添加了，如图 13-23 所示。

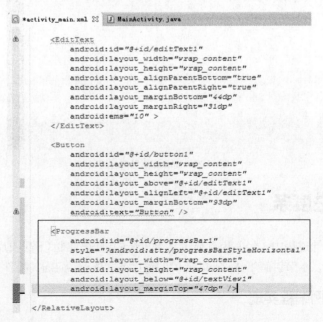

图 13-23　ProgressBar 控件的 xml 描述信息

为了显示方便，将上述代码中个别参数稍作修改，修改后如图 13-24 所示。

```
activity_main.xml ⊠   MainActivity.java

        <textView
            android:id="@+id/textView1"
            android:layout_width="wrap_content"
            android:layout_height="wrap_content"
            android:text="Zhang kaizhi haha" />

        <EditText
            android:id="@+id/editText1"
            android:layout_width="wrap_content"
            android:layout_height="wrap_content"
            android:layout_alignParentBottom="true"
            android:layout_alignParentRight="true"
            android:layout_marginBottom="44dp"
            android:layout_marginRight="31dp"
            android:ems="10" >
        </EditText>

        <Button
            android:id="@+id/button1"
            android:layout_width="wrap_content"
            android:layout_height="wrap_content"
            android:layout_above="@+id/editText1"
            android:layout_alignLeft="@+id/editText1"
            android:layout_marginBottom="93dp"
            android:text="Button" />

        <ProgressBar
            android:id="@+id/progressBar1"
            style="?android:attr/progressBarStyleHorizontal"
            android:layout_width="fill_parent"
            android:layout_height="wrap_content"
            android:layout_below="@+id/textView1"
            android:layout_marginTop="47dp" />

</RelativeLayout>
```

图 13-24　修改后的代码

从图 13-24 中看到，刚才添加的 ProgressBar 控件的 ID 为 ProgressBar1，该 ID 可以作为 findViewById()方法的参数，在后文源码分析部分读者将会看到该 ID 的用法。

修改源码文件 MainActivity.java，修改后的内容如下：

```
1   package com.example.helloworld;
2
3   import android.app.Activity;
4   import android.os.Bundle;
5   import android.view.Menu;
6   import android.view.View;
7   import android.view.View.OnClickListener;
8   import android.widget.Button;
9   import android.widget.EditText;
10  import android.widget.ProgressBar;
11
12
```

```
13  public class MainActivity extends Activity {
14      private ProgressBar pbr ;
15      private int value=0 ;
16      @Override
17      protected void onCreate(Bundle savedInstanceState) {
18          super.onCreate(savedInstanceState);
19          setContentView(R.layout.activity_main);
20
21          EditText et = (EditText)findViewById(R.id.editText1) ;
22          et.setText("TextView Test!");
23
24          Button bt = (Button)findViewById(R.id.button1) ;
25          bt.setText("hello!");
26          bt.setOnClickListener(clicklinstener);
27
28          pbr = (ProgressBar)findViewById(R.id.progressBar1);
29          pbr.setMax(1000);
30
31  }
```

首先定义了 ProgressBar 类的一个对象 pbr，然后在 OnCreate()函数中对其进行了初始化。需要注意的是，在上述代码中使用了 ProgressBar 的 setMax()方法，来设置进度条的最大显示值。

此外还定义了一个 value 变量来存储进度条的值，每当按键按下时，该值增加50，通过进度条来显示相应的进度变化情况。

```
1   private OnClickListener clicklinstener = new OnClickListener()
2   {
3
4       public void onClick(View v)
5       {
6           EditText et = (EditText)findViewById(R.id.editText1) ;
7           et.setText("Button Clicked!");
8           value = value % 1000 ;
9           value = value + 50 ;
10          pbr.setProgress(value);
11
12      }
13  }
```

在上述代码中，在按键的消息响应函数部分，调用进度条的 setProgress()方法来设置进度条的值。

```
1   @Override
2   public boolean onCreateOptionsMenu(Menu menu) {
3       // Inflate the menu; this adds items to the action bar if it is
present.
```

```
4        getMenuInflater().inflate(R.menu.main, menu);
5        return true;
6    }
7
8    }
```

13.4.2 实例演示

经上述修改后，将程序下载到开发板，程序执行效果如图 13-25 所示，当按键不断按下时，进度条会发生相应的变化。

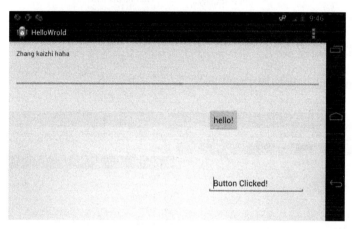

图 13-25　ProgressBar 实验测试效果图

13.5 Android 进阶——Intent 和 Activity

各式各样的 Android 应用程序由各种各样的界面组成，不同的界面是如何实现跳转的呢？通常而言，手机显示界面的一屏可以称作一个 Activity，不同界面间的跳转本质上就是不同的 Activity 之间的跳转。通常情况下，每一个 Activity 对应源文件中的一个 Class，因此，不同界面之间的跳转本质上对应于不同的 Class 之间的跳转。

不同 Activity 之间的跳转借助 Intent 来实现，什么是 Intent 呢？Android 官方的解释是："An intent is an abstract description of an operation to be performed"。下面结合一个例子来看一看在实际的开发过程中是如何借助 Intent 来实现界面跳转的。

使用 Intent 实现不同 Activity 之间的跳转，直接的跳转可以使用如下代码实现：

```
Intent in = new Intent(FirstActivity.this, SecondActivity.this);
startActivity(in);
```

通过上面的代码可以很容易地看出，上述代码实现的功能是从 FirstActivity 跳转到 SecondActivity，如图 13-26 所示。

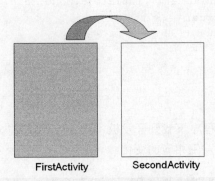

FirstActivity　　　SecondActivity

图 13-26　界面跳转示意图

13.5.1　实例编程实现

新建 Android 工程如图 13-27 所示。

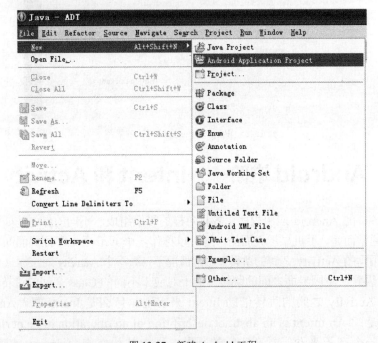

图 13-27　新建 Android 工程

工程名字命名为"IntentTest"，如图 13-28 所示。

此时可以看到工程文件布局，如图 13-29 所示。

因为本例子需要演示 2 个 Activity 之间的跳转，每个 Activity 对应一个 java 文件和 xml 格式的布局文件，因此接下来需要产生这 2 个文件。

首先复制 activity_main.xml，并重命名为"second_main.xml"，如图 13-30 所示。

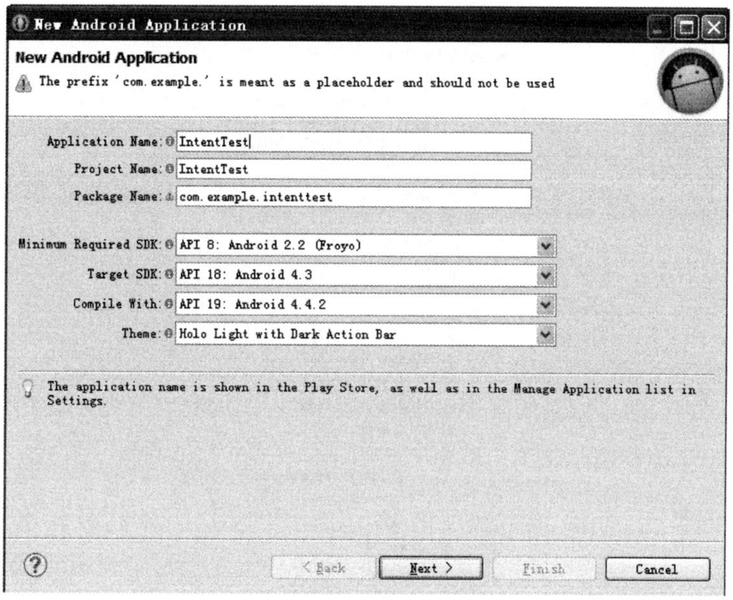

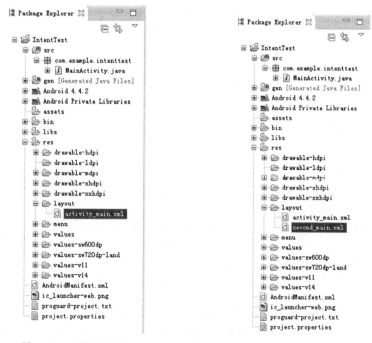

图 13-28　输入工程名

图 13-29　工程文件布局

图 13-30　产生 xml 文件

　　然后复制 MainActivity.java 文件，并重命名为 "SecondActivity.java"，如图 13-31 所示。

图 13-31　产生 java 文件

到此为止，所需的文件已经准备就绪，下一步需要对文件内容略作修改，修改 SecondActivity.java 文件如下：

```
1    package com.example.intenttest;
2
3    import android.app.Activity;
4    import android.os.Bundle;
5    import android.widget.TextView;
6
7    public class SecondActivity extends Activity {
8
9        @Override
10       protected void onCreate(Bundle savedInstanceState) {
11       super.onCreate(savedInstanceState);
12       setContentView(R.layout.second_main);
13       TextView tv = (TextView)findViewById(R.id.textView2) ;
14       tv.setText("Second Activity!");
15       }
16   }
```

前文讲到，一个 Activity 对应 2 个文件：源码文件和布局文件，但是源码文件和布局文件是如何对应起来的呢？

从上面代码中可以看到，使用 setContentView()方法即可实现源码文件和布局文件的关联，即：setContentView(R.layout.*second_main*);其中，R.layout.second_main 即标示了布局文件 second_main.xml。

MainActivity.java 文件代码如下：

```
1   package com.example.intenttest;
2
3   import android.app.Activity;
4   import android.content.Intent;
5   import android.os.Bundle;
6   import android.view.Menu;
7   import android.view.View;
8   import android.view.View.OnClickListener;
9   import android.widget.Button;
10  import android.widget.EditText;
11
12  public class MainActivity extends Activity {
13
14
15      @Override
16      protected void onCreate(Bundle savedInstanceState) {
17          super.onCreate(savedInstanceState);
18          setContentView(R.layout.activity_main);
19          Button bt = (Button)findViewById(R.id.button1) ;
20          bt.setOnClickListener(clicklinstener) ;
21
22      }
23      private OnClickListener clicklinstener = new OnClickListener()
24      {
25          public void onClick(View v)
26          {
27              Intent in = new Intent(MainActivity.this,SecondActivity.class) ;
28              startActivity(in) ;
29          }
30      };
31
32      @Override
33      public boolean onCreateOptionsMenu(Menu menu) {
34          // Inflate the menu; this adds items to the action bar if it is present.
35          getMenuInflater().inflate(R.menu.main, menu);
36          return true;
```

```
37        }
38
39   }
```

从上述代码可以看到当单击按钮时即可跳转到 SecondActivity。

此时还需要修改一个文件，即 AndroidManifest.xml，该文件中需要添加刚刚修改过的 SecondActivity，修改后代码如下：

```
1    <?xml version="1.0" encoding="utf-8"?>
2    <manifest
xmlns:android="http://schemas.android.com/apk/res/android"
3        package="com.example.intenttest"
4        android:versionCode="1"
5        android:versionName="1.0" >
6
7    <uses-sdk
8        android:minSdkVersion="8"
9        android:targetSdkVersion="18" />
10
11   <application
12       android:allowBackup="true"
13       android:icon="@drawable/ic_launcher"
14       android:label="@string/app_name"
15       android:theme="@style/AppTheme" >
16       <activity
17           android:name="com.example.intenttest.MainActivity"
18           android:label="@string/app_name" >
19           <intent-filter>
20               <action android:name="android.intent.action.MAIN" />
21
22               <category   android:name="android.intent.category.
LAUNCHER" />
23           </intent-filter>
24       </activity>
25
26       <activity
27           android:name="com.example.intenttest.SecondActivity"
28           android:label="@string/app_name" >
29
30       </activity>
31
32   </application>
33
34   </manifest>
```

Android 应用程序中的所有 Activity 都需要添加到 AndroidManifest.xml 文件中，

添加方法如下：

```
1  <activity
2      android:name="com.example.intenttest.SecondActivity"
3      android:label="@string/app_name" >
4
5  </activity>
```

13.5.2 实例演示

经上述修改后，将程序下载到开发板，程序执行效果如图 13-32、图 13-33 所示，当按下按钮时实现屏幕切换。

图 13-32　初始界面

图 13-33　跳转后效果图

参 考 文 献

[1] 韦东山. 嵌入式 Linux 应用开发完全手册[M]. 北京: 人民邮电出版社, 2011.

[2] 杜春雷. ARM 体系结构与编程[M]. 北京: 清华大学出版社, 2003.

[3] Samsung Corporation. S5PV210 RISC Microprocessor User's Manual. 2010.

[4] 天嵌计算机科技有限公司. TQ210 开发板使用手册. 2012.

[5] 谭浩强. C 语言程序设计[M]. 北京: 清华大学出版社, 2006.

[6] 王爽. 汇编语言[M]. 北京: 清华大学出版社, 2008.

[7] Samsung Corporation. S5PV210 Application Note. 2009.

[8] 王小强, 李英花等. ARM 处理器裸机开发实战——机制而非策略[M]. 北京: 电子工业出版社, 2012.

[9] 李刚. 疯狂 Android 讲义[M]. 北京: 电子工业出版社, 2013.

[10] 明日科技. Android 从入门到精通[M]. 北京: 清华大学出版社, 2012.

[11] Bill Phillips, Brian Hardy 等.Android 编程权威指南[M]. 北京: 人民邮电出版社, 2014.